Jacques Benjamin Boislève

La Dynamique Triangulaire de la Vie

Holosys Éditions
Science & Santé

Du même auteur :

Santé Vivante
Holosys Éditions 2017
Science et santé

Les Lumières de Cuzco
Holosys Éditions 2018
Roman

Disponibles sur www.lulu.com

Troisième édition - 20/05/2018
© 2018 – Jacques Benjamin Boislève
Impression et distribution : www.lulu.com

ISBN 978-0-244-32648-7

Toute ma gratitude à celles et ceux qui m'ont activement
soutenu lors de la réalisation de ce projet,
en particulier Sylvie, Mariette, Maïté

Merci à

Jacqueline Bousquet,
Pierre-Jean Garel
Jacques Janet,
Claude Lagarde,

pour les éclairages issus de nos entretiens
qui ont contribué à faire émerger la vision globale
exposée dans la dynamique triangulaire de la vie

Merci également à tous les auteurs et chercheurs dont les ouvrages
ou les retranscriptions de travaux m'ont été particulièrement
précieux, plus particulièrement :

Jean-Sebastien Berger, Fritjof Capra, Henri Laborit, Erwin Lazlo,
Bruce Lipton, Edgar Morin, Jean Piaget, Fritz Albert Popp, Henri Prat,
Ilya Prigogine, Viktor Schauberger, Rupert Sheldrake, Jean Staune,
Lynn Mac Taggart, Francisco Varela.

Les schémas imprimés dans ce livre
en format réduit et en noir et blanc
sont disponibles en taille réelle et en couleur
sur le site **www.sante-vivante.fr**
(page : Publications Holosys Éditions)

SOMMAIRE

Avant-propos

« Le plus beau sentiment du monde, c'est le sens du mystère.
Celui qui n'a jamais connu cette émotion, ses yeux sont fermés. »
ALBERT EINSTEIN

Au cours du XXᵉ siècle, les physiciens ont révélé par la rigueur de l'expérience qu'une observation ne peut pas être complètement isolée de son observateur, ce qui revient à dire que l'objectivité fondamentale n'existe pas.

Dans la plus rationnelle des disciplines, les mathématiques, GÖDEL a démontré l'impossibilité de poser des postulats dont la vérité serait absolue.

Après cela, une nouvelle théorie ou de nouvelles explications sur un phénomène, et plus particulièrement sur la vie, demande beaucoup de prudence et d'humilité.

La vérité absolue sera toujours inaccessible à notre condition humaine, du fait que nous sommes des observateurs inclus dans ce qu'ils observent, et des penseurs au cerveau limité. Une fois posé ce cadre limitant, nous pouvons observer ce qui se passe, émettre des hypothèses, et soumettre ces hypothèses à l'épreuve des faits et des expériences. C'est la base d'une démarche scientifique.

Lorsqu'une hypothèse est vérifiée par les faits et constitue le modèle explicatif et prédictif le plus performant, elle devient la meilleure approche de la vérité relative. Cette vérité relative étant la seule qui nous soit accessible, une telle hypothèse fait office de loi. Nous avons en effet besoin de lois pour enraciner des constructions mentales capables de faire avancer concrètement un projet ou une action. Ces lois constituent un socle stable et collectif, prenant le relais des croyances qui fluctuent au gré des influences et varient d'un individu à l'autre. C'est ainsi que la science contemporaine a permis des avancées technologiques performantes, par un travail collectif.

Pour être cohérent et efficace dans l'action et la réflexion, nous ne devons avoir aucun doute sur l'hypothèse avec laquelle nous travaillons pendant que nous travaillons. En cela, les lois établies de manière consensuelle sont des bases plus stables que les croyances. Nous ne devons cependant pas oublier qu'elles sont relatives et peuvent s'avérer limitantes, voire fausses, dès lors qu'elles sont appliquées hors du domaine restreint dans lequel elles ont été établies et vérifiées.

Ainsi, lorsque des faits observés ou des expériences nouvelles mettent en défaut l'hypothèse qui fait loi, le moment est venu de remettre en cause cette hypothèse et d'en trouver une meilleure. C'est ainsi que la connaissance scientifique a toujours avancé, et avancera encore.

★ ★ ★

Présenter un modèle novateur du processus vivant est un projet ambitieux et prétentieux.

Je franchis aujourd'hui ce pas après avoir cherché en vain dans les théories actuelles des explications crédibles de multiples faits énigmatiques. J'ai toujours refusé cette accommodation bien facile qui consiste à botter en touche ce qui dérange les lois établies. Il me fallait donc trouver autre chose.

Le modèle que je propose à l'issue de ma longue recherche personnelle est le seul dans lequel je peux regrouper dans une vraie cohérence :
– la grande majorité des faits observés,
– le respect des lois indiscutables de la science
– de nombreuses connaissances avancées des traditions spirituelles (sans le joug d'une puissance divine gouvernante).

Ma démarche est à la fois philosophique et scientifique. Elle ne rompt pas avec celle des Scientifiques du XIXe et du XXe siècle, elle donne seulement un cadre plus large et plus ouvert à la biologie, avec une manière de penser différente, moins enfermée dans le réductionnisme limitant d'un modèle mécaniste, et plus adaptée à la compréhension du vivant.

Une telle hypothèse ne peut cependant pas se prétendre scientifique dans le contexte actuel, puisque la légitimité académique n'admet que les chercheurs ayant fait leurs preuves dans un programme de recherche, et rejette tout ce qui n'entre pas dans le dogme matérialiste.

L'auteur, qui n'est qu'un « chercheur à domicile » comme le dit JEAN STAUNE, et le traité, qui franchit plusieurs lignes rouges du paradigme scientifique en vigueur, sont donc deux raisons complémentaires d'être exclus de ce champ. Ce n'est cependant pas une raison pour ne rien faire. La négation de phénomènes jugés irrationnels conduit trop souvent ceux qui ressentent la réalité de ces phénomènes à s'éloigner encore plus de la raison, parfois jusque dans la dérive sectaire.

Face à tout ce qui est écarté du champ de la connaissance (car non explicable) et au désintérêt des milieux scientifiques pour de nouvelles données pourtant apportées par des chercheurs respectables, cette hypothèse est présentée à titre de modèle expérimental. Un modèle qui propose une autre vision sur le déroulement des processus vivants. Il ne s'agit pas de tout remettre en cause. Le modèle de la science actuelle n'est pas rejeté, il est simplement replacé dans le domaine limité dans lequel il a fait ses preuves. Pour tout ce qui dépasse ce cadre, l'hypothèse introduit des notions nouvelles apportées par des chercheurs indépendants, reconnus, mais dont l'approche trop innovante (et dérangeante) n'a pas été retenue.

★ ★ ★

Il n'y a bien évidemment aucune prétention de vérité dans cela. C'est une hypothèse philosophique, même si elle est ancrée sur une base scientifique.

En tant qu'hypothèse, elle est naturellement ouverte à la critique et plus encore à l'observation des faits. Elle ne demande qu'à s'affiner, à se perfectionner et se remettre en cause si elle est mise en défaut par un fait irréfutable. Son objectif est avant tout de proposer un modèle explicatif du monde vivant en phase avec la réalité des phénomènes observés, et capable de soutenir une action pragmatique et efficace, notamment dans le domaine de la santé.

Elle apporte en cela une solution au malaise grandissant vis-à-vis de la médecine dont la technologie adaptée à un corps-machine montre de plus en plus ses limites, sans revenir aux approches traditionnelles qui ont montré dans le passé qu'elles n'étaient pas non plus une réponse suffisante.

★ ★ ★

La *Dynamique Triangulaire de la Vie* n'est pas née d'une simple réflexion. Elle a émergé à l'issue d'une longue démarche qui est aussi un parcours de vie.

À l'Université, on m'a appris à concevoir la vie comme un ensemble de phénomènes physiques et chimiques. Toutes ses manifestations, y compris les émotions et la pensée, sont alors le résultat d'une organisation sophistiquée de la matière et de ses structures de plus en plus complexes. Cette conception, très fière de ses applications pratiques en médecine, et très fière aussi (voire arrogante) d'avoir montré la naïveté de l'approche spirituelle moyenâgeuse, n'a jamais songé à se remettre en cause, bien que de nombreux phénomènes lui échappent. Le hasard est un joker extraordinaire qui surgit pour résoudre bien des problèmes, tout comme le « nous n'avons pas encore les connaissances suffisantes pour l'expliquer ». Donc, faute d'explication, on s'accroche au dogme fondateur pour maintenir le système de connaissance qu'il a permis d'élaborer.

Dans les écoles spirituelles, avec des notions qui ont bien évolué depuis le Moyen Âge, il m'a été enseigné que la vie est la manifestation dans la matière de ce qui existe préalablement dans l'esprit. Ce que nous voyons dans ce monde serait ainsi du même ordre que l'image projetée sur un écran, depuis un ordinateur, et c'est au niveau du programme de l'ordinateur, donc de l'esprit, que tout se jouerait. Évidemment, avec un tel schéma, il est facile d'expliquer le monde vivant. Le physique dépend de l'énergétique qui dépend lui-même du psychique avec, au bout de la chaîne, « l'esprit » et une cause finale enracinée dans le mystère divin qui gouverne l'ensemble. Cette source divine étant omnipotente, elle peut tout expliquer.

Appliqué à la maladie : plus nous remontons les causes, plus nous nous approchons de la vraie guérison, alors que traiter les symptômes ne fait que corriger la façade, comme la rectification d'une image sur un écran. Dans ce contexte, il est bien évident que si rien n'a été changé sur l'ordinateur, ce qui a été rectifié directement sur l'écran va réapparaître rapidement… Au final, il est illusoire de soigner le corps !

Face au nombre important de phénomènes inexpliqués par la biologie physico-chimique, j'avais adhéré à ce modèle holistique issu des traditions spirituelles, bien pratique puisqu'une fois son principe, accepté, tout s'explique. Mais il restait pour moi un mystère.

Si effectivement nos organismes sont le résultat final d'un processus spirituel, la médecine allopathique ne devrait avoir que des résultats transitoires et ne jamais pouvoir guérir une maladie comme le cancer, dont l'origine interne semble évidente. Or, des malades sont guéris de leur cancer depuis plus de 20 ans, alors qu'ils ont simplement suivi un traitement destiné à éradiquer la tumeur, sans s'occuper des causes psychologiques ou spirituelles. À l'inverse, d'autres qui font le maximum du côté de l'esprit meurent quand même !

Bien sûr, les mystères divins sont impénétrables et la loi du karma qui va chercher dans nos actions antérieures, y compris celles de vies passées, la causalité de ce qui nous arrive, a réponse à tout. Ce modèle très linéaire entre facilement dans notre système de pensée. Il est à la fois simple et omnipotent. Comme le hasard pour les matérialistes !

Dans cette conception, comme dans celle de la science universitaire, les phénomènes qui défient les lois conduisent souvent un repli automatique sur le dogme initial, avec son joker tout puissant qui a réponse à tout.

Dans le domaine de la santé et de la maladie, la réalité des faits est que certaines personnes guérissent en adoptant rigoureusement les traitements allopathiques et que d'autres guérissent en faisant un travail spirituel (ou en allant à Lourdes !). Les premiers confortent le premier système de pensée, les seconds un autre, alors que ces deux systèmes de pensée sont totalement opposés et contradictoires.

Ne sommes-nous pas tous soumis aux mêmes lois ? Cela est difficile à admettre dans ce contexte ! Pour sortir de cette contradiction, diverses synthèses ont été élaborées, distinguant la part de l'esprit et la part de la matière, dans un ensemble généralement confus. Il y a alors une question de fond qui ne trouve pas de réponse claire : l'origine de la vie est-elle dans la matière ou dans l'esprit ?

Ma recherche entrait alors dans une impasse…

Je n'aurais jamais osé sortir de ces deux dogmes (matérialistes et spiritualistes) qui me semblaient incontournables si je n'avais trouvé, auprès de travaux scientifiques, de nouvelles clefs qui permettent de se libérer de cette dualité. Ces travaux publiés et diffusés depuis plusieurs décennies ne sont pas méconnus du milieu scientifique, ils sont même appliqués dans diverses sciences humaines, mais ils restent étonnamment négligés par la biologie et la médecine.

Parmi ces travaux, ceux qui ont conduit à la science des systèmes décrivent très bien le monde de la matière et lèvent une grande part de mystère sur le fonctionnement des organismes vivants. D'autres, qui se sont intéressés aux informations qui donnent la forme, expliquent le mécanisme par lequel l'esprit (les *archétypes*) se manifeste dans la matière, et lèvent le voile sur des phénomènes considérés comme des faits étranges, notamment la manifestation de mémoires qui n'ont jamais été acquises par l'apprentissage, l'intuition, les phénomènes télépathiques…

Le point commun de ces deux approches (la science des systèmes et le champ d'information) est que ni l'une ni l'autre ne prétend détenir l'origine de la vie. C'est peut-être la clef qui permet de sortir de la dualité. Cesser de revendiquer l'origine de la vie ! Pourquoi sa source ne serait-elle pas indépendante de la matière et de l'esprit ? Cela ouvre alors la porte à une conception ternaire (en triangle) dans laquelle les phénomènes vivants que nous observons ont trois composantes : la matière, l'esprit et la vie elle-même.

La vie n'est plus une émanation directe de l'esprit, ni de la matière. Elle est l'émanation d'elle-même et devient de ce fait, la composante mystérieuse de cet ensemble.

En déplaçant le mystère sur la vie elle-même, qui devient une composante à part entière du phénomène vivant, la matière et l'esprit deviennent moins mystérieux. Ils peuvent alors répondre à des lois générales plus faciles à énoncer, vérifiables par des faits et des expériences.

Ce nouveau paradigme est innovant parce qu'il sort de la sempiternelle dualité matière-esprit et propose un modèle du phénomène vivant globalement simple, compatible avec l'ensemble des phénomènes observés.

Dans le domaine de la santé, ce modèle est particulièrement éclairant. Il ouvre une vision globale sur le mécanisme général de la maladie et de la guérison, en distinguant la part des phénomènes génétiques, psychologiques et environnementaux.

Il prend pleinement en compte la relation entre le psychisme et l'organisme biologique. Il explique comment fonctionnent vraiment la médecine allopathique et les autres pratiques que l'on appelle aujourd'hui alternatives. Il permet de mieux comprendre pourquoi certaines approches thérapeutiques conduisent plus facilement à la guérison. Il donne des clefs pour établir une stratégie cohérente d'accompagnement et de soins face à un problème de santé.

Cette application à la santé était le moteur initial de ma recherche, elle fera finalement l'objet d'un autre ouvrage[1].

Avant cela, la *Dynamique Triangulaire de la Vie* propose d'exposer les faits scientifiques sur lesquels repose cette démarche, et l'hypothèse innovante qui les relie.

---

[1] *Santé vivante, stratégies innovantes et pragmatiques face aux maladies chroniques pour une santé durable*

Introduction : un nouveau regard sur la vie

« La richesse du réel déborde chaque langage, chaque structure logique, chaque éclairage conceptuel. »
ILYA PRIGOGINE

♦ **Qu'est-ce que la vie ?**

Il y a quelques années, j'effectuais pour une revue associative des entretiens avec diverses personnalités, et je les débutais toujours par cette question : « pour vous, qu'est-ce que la vie ? ».

Les réponses décrivaient de manière métaphorique diverses facettes de ce grand mystère. « Un courant » m'avait dit PIERRE-JEAN GAREL[2]. C'est l'image qui m'a le plus marqué, décrivant ce phénomène impalpable qui bouge sans cesse et semble savoir où il va.

Plus tard je me suis demandé pourquoi cette question, en dehors du fait de satisfaire un mental qui se fait plaisir en dominant par l'explication ce qu'il observe.

Les animaux vivent pleinement sans être individuellement conscients de ce qu'ils sont et de ce qu'ils font. Le processus vivant fonctionne de lui-même, que l'on y prête attention ou non, qu'on le comprenne ou non. Notre conscience et nos facultés mentales capables de comprendre sont bien peu de chose dans ce grand courant qui s'écoule depuis des milliards d'années.

Cependant, notre spécificité humaine a intégré cette dimension mentale avec laquelle il nous faut bien composer. Pendant des siècles, les peuples amérindiens et aborigènes ont vécu intensément au plus près de leur environnement. À fond dans le courant, ai-je envie de dire, et ceci, sans disserter sur le pourquoi et le comment. En le vivant avant tout, et en se référant à une représentation du monde héritée de leurs ancêtres, dans laquelle ils peuvent ressentir et exprimer cette intensité de la vie.

La biologie m'a donné des clefs pour comprendre l'aspect biochimique des mécanismes par lesquels le processus vivant s'exprime dans un organisme. Plus tard, la psychologie m'a apporté une autre clef,

---

[2] *Biologiste, ancien chercheur au CNRS*

inattendue, qui relativise bien des choses : notre esprit humain est fait de telle manière que toute son activité est fondée sur une représentation du monde construite sur des croyances !

♦ Une recherche de connaissance dans la conscience de ses limites

Aussi loin que nous puissions aller dans la connaissance mentale, ce sera toujours une représentation qui ne peut pas intégrer toute la complexité du réel. C'est pourquoi la manifestation du monde réel débordera toujours notre capacité à comprendre sa globalité.

Faut-il pour cela renoncer à connaître ? Tout dépend des objectifs de la connaissance que nous recherchons.

Si l'objectif est de percer le mystère et maîtriser ce qui se passe, il est clair que nous perdons notre temps. Au mieux, nous adhérerons à un dogme qui prétend englober le tout, alors qu'il ne maîtrise qu'une partie, et nous alimenterons les conflits de dogmes qui ont fait tant de dégâts dans l'histoire de l'humanité.

En revanche, si notre souhait est de mieux comprendre le fonctionnement de ce qui nous entoure afin de mieux agir en synergie avec le courant de la vie, la démarche prend un tout autre sens. Elle conduit à une connaissance qui ne prétend plus maîtriser le monde, seulement donner un cadre de représentation dans lequel l'action est efficace, tout en respectant ce qui nous dépasse.

Mieux connaître la vie pour mieux composer avec elle.

C'est dans cet esprit que la *Dynamique Triangulaire de la Vie* propose un modèle destiné à mieux comprendre certains mécanismes du processus vivant. Il ne s'agit pas de savoir ce qu'est la vie, mais de trouver une représentation plus proche de ce que nous ressentons en l'observant. Ainsi, nous pouvons mettre en œuvre des actes qui sont à la fois efficaces vis-à-vis de nos objectifs et respectueux du courant vivant collectif auquel nous appartenons.

♦ Deux sources de connaissance fondamentalement opposée

Au départ de cette hypothèse, il y a une recherche de compréhension de la vie par les deux voies qui prétendent répondre à la question : la science et la spiritualité.

J'ai appris la biologie issue de la science matérialiste. Il est évident qu'elle apporte de vrais éclairages sur les mécanismes du monde vivant. Il est tout aussi évident qu'elle se heurte à l'impossibilité de comprendre certains phénomènes. Au final, j'ai retenu que le modèle mécanique proposé par la biologie permet d'obtenir des résultats spectaculaires dans le domaine de la santé et de l'agriculture, mais qu'il ne respecte pas le processus naturel de la vie, ce qui induit des dommages collatéraux à la plupart de ses applications, ceux-ci se révélant parfois à long terme. D'un point de vue plus personnel, je dirais que ce modèle mécanique est bien trop rigide pour s'accorder à la fluidité que j'observe et ressens dans tout ce qui vit.

J'ai découvert auprès de l'ésotérisme et des traditions spirituelles une tout autre vision, plus large, plus vivante, expliquant si bien tant de mystères. Mais là aussi, quelque chose ne collait pas. Derrière la spiritualité, je ressentais de plus en plus un fond de déterminisme, parfois habilement masqué, qui ne s'accorde pas non plus à ce que j'observe et ressens de la vie. Et j'ai constaté avec étonnement que le plus souvent, dans les communautés spirituelles, la valeur de l'amour est encensée, alors que je ressentais rarement sa manifestation dans la proximité immédiate de ceux qui en parlent si bien. Comme si cette valeur était un peu extérieure, s'accordant mal à la représentation. Avec le recul, je crois qu'il est difficile de concilier la recherche prioritaire de croissance personnelle vers la conscience individuelle et l'amour immédiat de ce qui est présent autour de soi. Or la vie m'apparaît comme une manifestation permanente d'amour qui s'exprime localement dans le présent.

◆ L'émergence d'une troisième voie

De nombreux chercheurs et auteurs parvenus au même constat d'insuffisance des deux voies classiques ont choisi le compromis et semblent s'en accommoder. Pour ma part, je ne peux m'y résoudre. J'ai trop observé à quel point le compromis est source d'incohérence, de frustration et de tension, des valeurs qui ne sont pas en phase avec la fluidité de la vie.

C'est dans ce contexte que j'ai mené une recherche qui ressemble à une enquête journalistique, afin de rassembler les éléments qui décrivent le monde vivant. Je pensais au début faire une synthèse, comme cela se fait généralement dans ce contexte. J'ai compris au cours de la recherche que les synthèses ont souvent une allure de montage collé dont la cohérence est bancale. Et je voulais éviter cela.

C'est ainsi que progressivement s'est dessinée une nouvelle vision de la vie, jusqu'au jaillissement d'une dynamique triangulaire qui englobe instantanément tout ce qui la compose. Un modèle neuf, que je n'ai rencontré dans aucun livre, et qui s'accorde enfin à ce que je peux observer et ressentir face à la vie.

♦ Témoigner plutôt que chercher à convaincre

Après une telle découverte qui remet tout à sa place et réunifie l'ensemble, une question se pose inévitablement, qu'en faire ?

Vouloir la transmettre et la défendre serait à ce stade bien prétentieux.

En revanche, la partager est une nécessité. Mais ce n'est pas si simple ! On ne présente pas en quelques mots ou en quelques heures ce qui a émergé au bout d'un parcours de plusieurs années.

La seule voie est donc de témoigner en présentant les différentes étapes de la démarche, les différents concepts rencontrés, jusqu'à l'explication de l'hypothèse qui a jailli de leur combinaison.

Certains concepts dépassent le cadre de notre culture actuelle et vont sans doute paraître ardus, abstraits ou compliqués. Pour y entrer, il est parfois nécessaire de cesser de s'accrocher à ce qui est déjà connu.

Il n'est nul besoin de tout comprendre pour capter l'essentiel de ce qui est présenté. Les résumés en fin de chapitre sont là pour passer directement à la suite, quand certains passages sont trop difficiles à suivre dans le détail.

I - Matière et esprit, sortir d'une dualité tenace

« Le spiritualisme ne vaut guère mieux que le matérialisme généralisé. Ils se rejoignent dans une vision unificatrice et simplificatrice de l'univers. »
EDGAR MORIN

« Rien c'est trop peu, Dieu c'est trop. »
JEAN ROSTAND

« On veut toujours être matérialiste ou spiritualiste, comme si la vérité ne pouvait être que dans l'une ou l'autre de ces opinions extrêmes. La vérité est, au contraire, dans les deux vues réunies et convenablement interprétées. »
CLAUDE BERNARD

Toute connaissance transmissible repose sur une représentation du monde qui elle-même s'établit sur un postulat de départ et un mode de pensée. Pour franchir la porte qui conduit progressivement à la *Dynamique Triangulaire de la Vie*, un minimum de métaphysique est donc nécessaire.

Un système de pensée capable d'établir une représentation du monde s'enracine dans un principe fondamental. Celui-ci est le socle qui soutient tout l'ensemble. Sa remise en cause entraînerait donc un effondrement général de la connaissance élaborée. On comprend donc la difficulté pour une culture de changer son mode de pensée, et la montagne que doivent affronter ceux qui proposent ce type de changement.

La philosophie nous apprend que le principe fondamental qui pose le socle d'un système de pensée est un postulat. Par conséquent, il ne peut pas être démontré, il peut juste être argumenté.

En clair nous y croyons ou nous n'y croyons pas ! Nous l'admettons ou nous ne l'admettons pas ! En l'adoptant, nous pouvons nous lancer dans l'aventure de ce système de pensée et des thèses qu'il a développées. En s'y opposant, nous pouvons essayer de suivre, mais nous sommes toujours en décalage, à côté, et tôt ou tard dans la critique, en position de rebelle !

La science actuelle dont les fondements dominent le monde contemporain et les traditions spirituelles qui ont dominé la longue histoire de l'humanité sont les deux courants majeurs de la pensée humaine. Ils s'opposent et s'opposeront toujours, parce qu'ils ont des postulats de base différents et contradictoires. Pour simplifier, sans pour autant dévier de l'essentiel, considérons la position de ces deux courants vis-à-vis de la plus vieille des dualités : celle qui oppose l'esprit et la matière. Nous définirons plus tard ces deux termes sujets à bien des confusions. Voyons auparavant ce qui caractérise ces deux courants de pensée et comment il est possible de sortir de la dualité.

1. Matérialisme et spiritualisme

Le matérialisme qui est à la base de la science moderne et le spiritualisme qui a inspiré les traditions culturelles jusqu'au XIXe siècle sont donc les deux courants philosophiques majeurs de la pensée humaine. Connaître leurs postulats de départ aide à mieux comprendre la représentation du monde auxquels ils conduisent.

◆ Deux approches radicalement opposées

Selon la vision spirituelle, l'esprit est la réalité première et donc précède la matière. Ce qui se passe au niveau de la matière est la manifestation de ce qui a précédé au niveau de l'esprit. Ce qui est en bas est comme ce qui est en haut ! Et la vie, forcément, est arrivée du côté de l'esprit. Dans une formulation symbolique souvent prise au pied de la lettre, on dit qu'elle a été créée par Dieu.

Cette vision appelée *éternaliste* ou *platonicienne*, se réfère aux " idées " ou archétypes de PLATON, qui préexistent dans le monde spirituel avant de se manifester dans la matière.

> **Principe fondamental spiritualiste :**
> l'esprit précède la matière, et la vie prend
> sa source dans l'esprit.

Selon la vision scientifique issue du XIXe siècle, qui domine encore au début du XXIe, la matière est la réalité première. L'esprit est donc secondaire. Il émerge d'une organisation sophistiquée de la matière. Ce qui est "en haut" n'est donc qu'une conséquence de ce qui se passe en bas. La vie est aussi un phénomène secondaire, né de la matière, lorsque les atomes ont par un heureux hasard commencé à s'organiser pour former des molécules organiques, puis des protéines, de l'ADN, et enfin une cellule.

> **Principe fondamental matérialiste :**
> la matière précède l'esprit,
> et la vie prend sa source dans la matière.

À ce stade, nous pouvons observer de quel côté nous avons ancré notre système de pensée et notre représentation du monde.

Nous pouvons aussi nous demander si cela a été acquis par une démarche souveraine, ou simplement imprégné sous une influence culturelle.

Nous pouvons aussi voir la confusion que peut amener le fait de ne pas avoir vraiment tranché sur cette question.

♦ ... et deux approches dogmatiques

Cette distinction de la primauté de la matière ou de l'esprit sur l'origine de la vie est-elle fondamentale ?

Pour vivre au quotidien, non bien sûr !

Pour expliquer la plupart des mécanismes de ce monde, non !

Pour discuter des grandes idées humaines, non plus !

Cependant, dès lors que nous entrons dans le processus vivant, si nous voulons pénétrer dans son intimité pour être en phase avec la manière dont il fonctionne, tôt ou tard la question va nous hanter, et même franchement se poser. Alors abordons-la courageusement !

Qui de la matière et de l'esprit précède l'autre ?

Et d'où vient la vie ?

Si vous espériez une réponse immédiate, vous allez être déçus... ou peut-être rassurés. Il est impossible de choisir en étant certain que choix est la vérité. Nous pouvons choisir l'un ou l'autre des principes fondateurs, par affinité, parce qu'il s'arrange mieux avec notre perception du monde, ou parce que quelqu'un en qui nous avons une grande confiance (ou une grande peur) nous a fortement influencés. Cela s'appelle une croyance ! À ce niveau, dans la hiérarchie du système de pensée, c'est plus précisément un dogme.

Le rôle d'un dogme est d'expliquer par les incertitudes qu'il efface ce qui ne peut pas être maîtrisé par la raison. Il définit un espace limité qui évite de s'égarer vers ce qui est incompatible avec le postulat fondateur.

Le dogme pose un cadre enfermant et sécurisant. Il permet, à l'intérieur de ce cadre, de construire des hypothèses et de faire des lois solides avec tout ce qui se vérifie. Il porte une représentation du monde qui peut aller très loin dans ses explications. Cependant, cette représentation reste une construction, et sa vérité est relative.

Alors soyons clairs, les traditions spirituelles et la science matérialiste sont deux systèmes qui à la base sont aussi dogmatiques l'un que l'autre. Le combat que mène la science contre les religions prend des allures ubuesques si l'on considère qu'elle est aussi une religion, du fait que son principe fondamental est également un dogme.

♦ Un choix inconscient par défaut

Dans cette dualité, sommes-nous obligés de choisir ? Nous avons intérêt à choisir, parce que notre conscience cérébrale est prévue pour cela. Dès lors qu'une question nécessaire au fonctionnement de la pensée se pose, elle a besoin d'une réponse pour ne pas entraver le processus mental qui se déroule ensuite. Nous avons besoin de ce processus pour notre action et pour notre survie. Pour agir de manière plus efficace, nous devons choisir.

Si ce choix n'est pas effectué par une démarche consciente, il y a un plan B, qui fonctionne très bien. Nous adoptons par défaut la position qui domine dans notre entourage ou notre culture. En d'autres termes, chaque fois que nous n'effectuons pas souverainement un choix nécessaire au fonctionnement de notre pensée, celui-ci se fait automatiquement. Et il est évident qu'il ne se fait pas au hasard !

D'une manière un peu imagée, l'inconscient collectif auquel nous sommes reliés choisit pour nous, et nous recevons l'information présente dans la mémoire collective qui passe le mieux la porte (ou le filtre) de notre inconscient individuel.

♦ Un choix conscient difficile
et les conséquences d'un compromis

Et si lors d'une démarche consciente nous choisissions de ne retenir aucun des deux choix proposés ? Suivons ce qui se passe alors. Nous n'avons aucune raison d'admettre que l'esprit a précédé la matière, ni l'inverse. Alors, nous devons fermer les yeux sur l'origine de la vie qui est un grand mystère. C'est un positionnement courageux, qui peut aussi être dangereux en conduisant à l'impasse face à certaines situations demandant de s'engager. La solution est alors de devenir contemplatif, de s'émerveiller face au mystère, et de trouver ses propres solutions en se fiant aux intuitions qui nous traversent. Or, si celles-ci sont parfois inspirées par la véritable essence des choses, elles sont souvent déformées par les filtres du moment (notamment nos attentes et nos craintes !)

Lorsque nous ne posons pas de choix sur une base fondamentale, notre système de pensée devient instable, il génère des incohérences, et s'égare parfois dans les méandres angoissants d'un puits sans fond. L'attitude contemplative ne permet pas toujours d'en sortir aussi vite que nous le souhaiterions.

Il y a aussi la voie du compromis, dans laquelle se sont engagés certains penseurs. Certaines choses seraient du domaine de l'esprit, d'autres du domaine de la matière, et chaque domaine a son territoire d'influence. C'est une stratégie pragmatique pour s'y retrouver. Il est cependant compliqué de suivre un tel compromis s'il n'est pas le nôtre. Or, tous sont plus ou moins différents. C'est ainsi que de nombreux compromis coexistent et essaient de se comprendre, et finissent parfois par se combattre et créer des conflits de chapelle. Cette situation a créé de la confusion vis-à-vis des thèses alternatives aux deux grands systèmes classiques de pensée.

2. Une troisième voie

Le tantrisme propose de sortir de cette dualité en considérant que matière et esprit ne font qu'un. Une unité qui peut être vécue dans un présent libéré de toutes les oppositions et ouvert à l'immensité du mystère de la vie. La tradition tantrique enseigne cette voie depuis très longtemps.

Une telle approche centrée sur l'expérience vécue est au-delà du mental qui peut comprendre. Cela exclut la démarche scientifique qui doit proposer un modèle accessible à la raison et à l'expérience objective.

Il existe une autre manière de sortir de la dualité matière/esprit. Il ne s'agit plus de se placer au cœur de l'expérience où matière et esprit se confondent dans une même réalité, mais dans une représentation qui observe avec recul comment les choses se passent en acceptant à la fois une réalité matérielle et une réalité spirituelle. Cette approche différente, personnelle, que je présente ici, est le fondement philosophique de la *Dynamique Triangulaire de la Vie* qui se veut un système de pensée cohérent, et doit donc reposer sur un principe fondamental clair.

♦ La dynamique triangulaire pour sortir de la dualité

Ce nouveau fondement proposé applique une démarche simple. Quand deux entités sont en opposition et qu'aucune n'a l'ascendant définitif, il y a le choix entre un conflit permanent, un compromis qui installe la confusion, ou l'introduction d'une troisième entité qui déplace le centre du problème. Cette dernière solution met fin à la dualité, sans renier les deux parties qui étaient en conflit. La "magie" de la triangulation, employée avec succès dans bien des domaines, est particulièrement éclairante pour approcher le mystère de la vie.

Revenons à notre dualité entre matière et esprit. C'est la question de l'origine de la vie qui nous oblige à choisir la primauté de l'un ou de l'autre. Considérons la vie comme un phénomène qui ne vient ni seulement de la matière, ni seulement de l'esprit, ni même de la simple conjonction des deux. Nous devons alors introduire un troisième pôle comme source de vie. Si la matière, l'esprit et cette « source de vie » sont les trois composantes essentielles de ce monde, leur dynamique en triangle met fin à la dualité et permet de considérer le problème d'une manière résolument nouvelle.

Dans cette hypothèse : la vie ne vient ni de la matière ni de l'esprit. Matière et esprit peuvent donc cohabiter sans qu'il y ait ascendance de l'un sur l'autre. Une fois le mystère de la vie déplacé, relié à une autre source, les mondes de la matière et de l'esprit deviennent beaucoup moins mystérieux.

Nous verrons lors des chapitres suivants comment les données de la science holistique indépendante apportent des éclairages étonnants sur les modes de fonctionnement de chacun de ces deux plans, dès lors qu'ils ne s'opposent plus. Et comment leur relation ne va plus linéairement de l'un vers l'autre, mais circulairement dans les deux sens.

♦ Une vision réellement innovante : l'approche systémique globale (holosystémique)

Cela semble simple, évident et peut-être pas si innovant que cela ! Prenons quand même le temps de considérer l'ampleur de la révolution en appliquant cette nouvelle approche dans un système de pensée cohérent, afin de mieux comprendre le processus vivant. Nous verrons que la biologie, la psychologie, la maladie et bien d'autres manifestations de la vie trouvent un éclairage étonnant face à des observations qui apparaissent aujourd'hui encore énigmatiques.

Pour la différencier des visions matérialistes et spiritualistes, j'ai nommé cette approche *holosystémique* (holistique et systémique). Sa première caractéristique est de toujours considérer les choses prioritairement par le tout auquel elles appartiennent. De ce fait, elle s'appuie sur les diverses connaissances développées autour des systèmes complexes et leur logique non linéaire.

> **Principe fondamental *holosystémique* :**
> l'esprit et la matière sont deux pôles interdépendants
> et la vie prend forme grâce à leur dynamisation
> par un troisième.

♦ Hasard, déterminisme et interdépendance

Ces trois notions ont des interprétations fortement liées aux trois approches métaphysiques déjà évoquées.

Le <u>hasard</u> qualifie un événement qui n'est la conséquence d'aucun autre et donc, n'a aucune cause. Cette notion est essentielle dans l'approche matérialiste, le monde s'étant créé par conjonction de hasards et n'ayant ni sens prédéfini, ni relations entre les éléments au-delà de ce qui se mesure physiquement ou chimiquement. Tout ce qui est soumis au hasard n'est prévisible qu'en termes de probabilités, évaluées par les statistiques.

Le <u>déterminisme</u> est une notion clé de l'approche spiritualiste. Il est souvent caché derrière des lois compliquées qui laissent une part de liberté aux êtres vivants. Cette liberté se résume le plus souvent au choix du bon ou d'un mauvais chemin, le choix du mauvais chemin ayant des conséquences qui vont réorienter tôt ou tard vers le bon. Le déterminisme direct (qui pousse vers le bon chemin) ou indirect (qui sanctionne si le bon chemin n'est pas choisi) sous-tend que l'avenir est tracé, avec dans le cas du déterminisme indirect des nuances possibles sur la manière d'y arriver. Tout est donc prévisible ! Dans le sillage de cette croyance, des sciences divinatoires (astrologie, numérologie, voyance par canalisation…) ont trouvé une légitimité.

L'interdépendance est une notion qui entre pleinement dans l'approche *holosystémique*. Ce qui arrive n'est pas prédéterminé mais résulte de toutes les interactions en cours et des automatismes accumulés par la mémoire. De ce fait, il y a peu de place pour le hasard, mais il reste toutefois une incertitude. L'avenir est en partie prévisible, avec un risque d'erreur lié à la complexité des interactions et des changements de comportement entre l'instant de la prédiction et celui de la survenue du résultat prédit.

Approche métaphysique	Mot-clef	Prévision de l'avenir	Moyens de prévision
MATÉRIALISTES	Hasard	Impossible Rien ne permet de le prévoir	Évaluation par statistiques de "chances"
SPIRITUALISTE	Déterminisme (direct ou indirect)	Possible L'objectif étant fixé, il est inévitable	Intuition, Méthodes divinatoires
HOLOSYSTEMIQUE	Interdépendance	Possible avec marge d'erreur L'avenir résulte du passé avec une marge créatrice du présent	Extrapolation d'un modèle intégrant l'ensemble des éléments en relations et leurs lois d'évolution connues

3. La nécessité de faire un choix

Trois hypothèses métaphysiques ont été présentées. Faire un choix est une démarche souveraine pour sortir de certains automatismes inconscients et des confusions.

♦ Des bases métaphysiques souvent confuses

À la lumière de ce qui a été dit précédemment, vous savez peut-être mieux désormais où vous vous situez. Vous constatez peut-être que vous êtes clairement ancrés dans l'une des trois approches, ou que vous oscillez entre deux. Et vous constaterez peut-être, que plus vous êtes partagés entre deux, voire trois approches, plus il vous est difficile d'être simple, clair, et affirmé dans vos prises de position sur des questions fondamentales de la vie.

Il y a de nombreux points communs entre l'approche spiritualiste et *holosystémique*, et nombreux sont celles et ceux qui se retrouvent entre les deux. Ce qui les différencie est l'existence en même temps que l'arrivée de la vie d'une intention sur son devenir ou non. Dans le premier cas, c'est l'intention qui tire le mouvement vers son but. Dans le second, c'est le pouvoir créateur des êtres vivants qui dessine le but, qui peut changer en cours de chemin. Il est d'ailleurs impossible de trancher entre ces deux hypothèses en dehors d'une croyance personnelle. Et il est aussi concevable qu'il y ait une partie des deux !

♦ Incertitude générale et choix déterminé d'une hypothèse

L'approche *holosystémique* permet de sortir de la dualité entre les dogmes actuels en les renvoyant dos à dos, et surtout, en leur retirant les droits de pouvoir créateur de la vie, que chacun revendiquait.

Mais ne nous illusionnons pas ! Faire de la source de la vie un troisième pôle est une nouvelle base fondamentale qui n'est pas plus démontrable dans l'absolu que les deux autres. Elle a le mérite, nous l'aborderons par la suite, d'élargir le champ de vision et d'intégrer la plupart des avancées du matérialisme et du spiritualisme, dans une dynamique où ils ne s'opposent pas.

Cette base deviendrait un nouveau dogme si elle s'affirmait comme fondamentalement vraie. Il faut bien être conscient qu'elle ne peut reposer que sur une croyance choisie. Choisir sa croyance est un acte souverain. Il nous appartient alors de ne pas nourrir l'esprit dogmatique en gardant l'humilité de nos limites, afin de ne pas prendre notre croyance pour la vérité.

♦ Explorer pleinement le concept holosystémique

J'ai choisi le concept *holosystémique* comme fondement métaphysique de cette nouvelle approche de la vie parce qu'il permet de développer un système de pensée cohérent avec un grand nombre de faits existants et de lois démontrées.

Je vous invite donc, le temps de la lecture de cet ouvrage, à expérimenter pleinement ce fondement de départ. Si ce n'est pas le vôtre, vous pouvez engager un contrat à durée déterminée qui s'achèvera à la fin de la lecture. À ce moment-là, vous jugerez, à la lumière de ce qu'il aura éclairé ou non, si cet angle de vue vous est utile ou non.

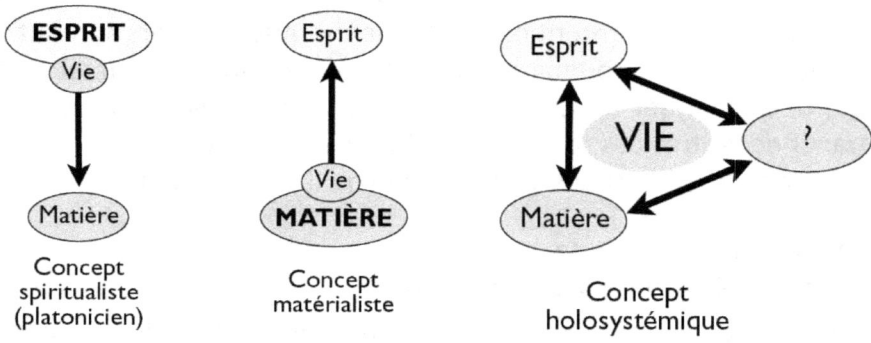

Fig. 1 : Trois conceptions générales de la vie

I - Matière et esprit, sortir d'une dualité tenace (en résumé)

Toute connaissance repose sur une représentation du monde, elle-même enracinée dans un postulat fondateur, puisqu'il n'est pas possible d'avoir des certitudes sur la question la plus fondamentale qui se pose à nous : l'origine de la vie.

Le postulat spiritualiste, qui a dominé la pensée humaine jusqu'au XIXe siècle, affirme la primauté de l'esprit sur la matière. Tout ce qui existe en ce monde est une expression de l'esprit immatériel. Et la vie, qui fait partie du monde matériel, est aussi née de l'esprit.

Le postulat matérialiste, énoncé dès l'antiquité grecque, validé et confirmé par la science du XIXe et du XXe siècle, affirme tout le contraire. La matière est la réalité première et l'esprit qui se manifeste avec la conscience humaine n'est qu'une émanation de l'organisation de la matière, tout comme la vie issue d'un heureux hasard de cette organisation.

Pour sortir de cette dualité, l'hypothèse *holosystémique* pose un nouveau postulat : la matière et l'esprit sont deux manifestations distinctes et interdépendantes, sans primauté de l'une sur l'autre. Et la vie n'est issue ni de l'une de l'autre. Elle provient d'un troisième pôle de manifestation, capable d'animer les deux autres dans une dynamique triangulaire.

Tout système de pensée cohérent doit reposer sur un postulat solide, c'est la limite de notre conscience humaine enfermée dans un cerveau. À défaut de le choisir consciemment, nous adoptons inconsciemment celui de notre culture, et parfois un mélange des plusieurs modes de pensée, dans un compromis qui favorise la confusion.

Le concept *holosystémique* libère de la dualité et intègre de manière cohérente les approches matérialistes et spiritualistes qui, sans lui, ne cessent de s'opposer.

Il permet également de développer une représentation du monde et de la vie qui apporte des explications rationnelles à de nombreuses énigmes auxquelles la science actuelle ne peut répondre.

II - Science, connaissance et vérité

« *Si vous comprenez vraiment ce qu'est la science, alors la science
(au moins jusqu'à présent) n'a pas été une méthode pour
explorer la vérité. La science a été une méthode pour explorer la
représentation commune de ce que nous pensons être la vérité.
Et la carte n'est pas le territoire !* »
DEEPAK CHOPRA

La science est la voie choisie par l'humanité depuis plus d'un siècle pour connaître le monde. Malgré ses imperfections et ses limites, cette voie a eu le grand mérite d'accroître l'objectivité des connaissances et d'instaurer un langage commun à partir duquel tout le monde peut communiquer.

C'est dans cet esprit que je souhaite me situer, avec une liberté et une ouverture qui autorisent à franchir les limites contestables que la communauté scientifique actuelle s'impose. Ce qui importe avant tout, c'est la démarche. Une démarche que ce chapitre propose de décrire pour en souligner l'intérêt, tout en montrant ses déviations et ses limites, afin de poser les frontières de la vérité relative à laquelle elle donne accès.

L'approche *holosystémique* est une démarche scientifique. Elle se différencie de la science dominante actuelle par le fait qu'elle n'est pas matérialiste. Elle adopte donc la démarche de la science, sans le cadre limitant dans lequel les scientifiques se sont enfermés progressivement depuis près de deux siècles.

1. Deux voies de connaissance

Il y a deux manières d'accéder à une connaissance nouvelle : celle qui utilise la pensée rationnelle, et celle qui utilise la pensée intuitive.

La <u>pensée intuitive</u> a apporté aux traditions un niveau de connaissance dont la profondeur et la capacité à mettre en œuvre des applications pratiques ne peuvent être contestées. En revanche, elle a conduit également à des interprétations erronées et des doctrines dangereuses. Aujourd'hui, ceux qui diffusent des connaissances acquises de cette manière (par intuition directe ou « channeling ») montrent les limites de cette approche. On trouve pour une même question des réponses très diverses. Il est certes possible de faire des ponts, mais c'est souvent un jonglage qui laisse la porte ouverte à bien des arrangements. Il s'avère surtout qu'elle conduit à une telle diversité de données qu'il est difficile d'en faire une synthèse collective cohérente. D'autre part, même avec la plus grande honnêteté, le risque d'erreur est bien réel.

La <u>pensée rationnelle</u> qui utilise la logique est plus lente et plus limitée. Cependant, en suivant un processus rigoureux et reproductible, elle est plus sûre. Lorsque sa démarche est honnête, le risque d'erreur est bien plus faible que dans la voie intuitive. Sa limite est généralement celle de ses dogmes fondateurs et de ses règles de raisonnement, mais l'un et l'autre sont nécessaires. Sans dogme fondateur, on se perd vite dans le flou et la dispersion. Sans règles de raisonnement, la logique ne peut s'opérer. En acceptant ces limites, la pensée logique permet de construire une connaissance collective cohérente accessible à tous.

La science utilise essentiellement la démarche rationnelle. La part intuitive y est aussi présente. C'est elle qui apporte les concepts nouveaux, concepts qui seront traduits en pensée logique et vérifiés par l'expérience. Cette démarche a fait ses preuves. Sa véritable frontière est atteinte avec cette question : le potentiel logique d'un cerveau humain est-il assez grand pour accéder à une connaissance qui engloberait toute la vérité ?

La réponse est non, sans équivoque. Certains aspects de la réalité seront toujours un mystère pour la raison. Seule l'intuition peut les approcher, mais sans certitude. Reste alors à définir où nous posons une frontière qui marque l'entrée de la zone de mystère, et quelle valeur nous donnons à l'intuition qui seule peut la franchir ?

Il convient donc de bien distinguer ce qui est de l'ordre de la pensée logique, vérifiable par tous, et ce qui est de l'ordre de la pensée intuitive, dont la valeur est personnelle. Ce qui est vérifiable par tous peut entrer dans le domaine de la connaissance scientifique. Ce qui est personnel est de l'ordre de l'hypothèse, soumis à l'adhésion de chacun, selon ses croyances et sa propre expérience.

2. Les quatre étapes de la démarche scientifique

Pour comprendre la démarche scientifique, il faut bien distinguer ses quatre étapes : l'observation, l'expérimentation, la modélisation, la vérification.

♦ L'observation

Observer est accessible à tous. Il y a deux manières de le faire : objectivement et subjectivement.

Observer objectivement est idéal mais illusoire. Idéal parce que plus une observation est objective, plus elle aide à comprendre les choses telles qu'elles sont. Illusoire pour au moins deux raisons. La première, fondamentale et non maîtrisable, est liée au fait qu'observer un phénomène entre dans le phénomène et donc le modifie, même si cette influence est parfois négligeable. La seconde est humaine et maîtrisable, au moins en partie. Elle est liée au fait que nous observons à travers le filtre de notre représentation fondée sur nos croyances, et que nous ne pouvons voir spontanément seulement ce qui s'accorde à ce modèle.

Le phénomène de couplage entre observateur et objet observé, découvert par la mécanique quantique, est à considérer dans sa juste proportion. Il nous apprend que tout élément est relié par communication aller-retour à tout ce qui l'entoure, avec un ajustement permanent à cet environnement. L'observateur influe sur ce qu'il observe, et ne peut donc l'observer objectivement.

Évitons cependant de glisser dans une paranoïa ! En pratique, l'influence de l'observateur interfère de manière négligeable sur les phénomènes du monde macroscopiques. Elle peut en revanche avoir un impact sur des phénomènes plus subtils, notamment d'ordre psychologique. Prendre en compte ce phénomène aujourd'hui bien reconnu permet surtout de ne pas s'illusionner sur l'idée d'une objectivité absolue dans l'observation.

L'observation subjective est un handicap que la rigueur de l'observateur peut surmonter. Nous vivons forcément dans une représentation du monde et un système de croyances qui filtre l'observation. En d'autres termes, nous jugeons ce que nous observons et nous percevons le résultat de notre jugement.

Pouvons-nous sortir de l'observation subjective ? En partie, oui. Nous nous illusionnons souvent sur le fait que nous puissions observer objectivement. Cela résulte d'une mauvaise connaissance de notre psychisme. En restant modeste par rapport à cela, il est légitime de tendre vers une objectivité maximale. Pour éviter tout équivoque, nous parlerons d'objectivité relative.

Cela demande de s'extraire de notre fonctionnement automatique pour se placer en conscience, en présence attentive à ce qui se passe vraiment, à l'écart des pensées qui commentent ou interprètent.

Cela demande aussi une capacité de remise en cause pour accepter d'être dérangé, et pour prendre le temps de considérer ce qui est spontanément rejeté, parce que cela ne passe pas directement à travers le filtre de nos croyances.

Les mesures effectuées par des appareils sont détachées de la subjectivité humaine. Ils fournissent les données les plus objectives. En revanche, les programmes informatiques qui façonnent ou interprètent ces mesures sont aussi subjectifs que les humains qui les ont conçus.

♦ L'expérimentation

L'observation spontanée s'intéresse à ce qui existe déjà. L'expérience consiste à créer une situation qui n'existe pas, pour observer comment se comporte un objet, un système, un être vivant… dans un contexte propice à révéler un comportement.

Le résultat d'une expérience (l'observation) est une chose, l'interprétation en est une autre. Le cadre de l'expérience influe sur ce qui est observé, et toute observation faite dans un cadre donné n'a de valeur que dans celui-ci. L'interprétation la plus objective possible ne prendrait en compte que le résultat obtenu dans le contexte où il a été obtenu. Une interprétation subjective va dévier de cet idéal de plusieurs manières :
– Utilisation d'un dogme préalable pour l'interprétation. Par exemple selon le dogme matérialiste, la matière et les lois d'interaction entre les particules sont la seule réalité, donc tout autre phénomène ne peut pas être pris en compte.
– Isolement d'un détail et non considération du tout.
– Généralisation abusive.

Une fois ces limites prises en compte, il est évident que les expériences jouent un rôle majeur dans la construction de la connaissance scientifique. Les observations et les expériences effectuées dans un cadre propice à l'interprétation ont permis de dégager les lois fondatrices de la connaissance actuelle.

L'expérience est le point fort de la science : elle permet d'acquérir des connaissances qui peuvent être vérifiées et confirmées. Elle est aussi son talon d'Achille : l'expérimentation subjective conduit à une connaissance subjective. Conduite dans le cadre d'un dogme, elle conforte le dogme.

L'expérience personnelle n'a aucune valeur scientifique. Elle est facilement subjective. Son cadre inclut de nombreux facteurs inconnus. Elle a de la valeur pour soi, parce qu'elle est un élément clé de nos apprentissages. Nous avons parfois tendance à la généraliser, ce qui est source d'erreurs.

♦ La modélisation

La notion de modèle est souvent méconnue. Modéliser est pourtant l'étape essentielle qui permet de fixer la connaissance, la mémoriser, et l'utiliser pour des actions ou des applications concrètes.

De l'expérience au modèle : la part de création humaine

Dans une démarche scientifique, les données issues de l'observation et surtout de l'expérience sont analysées. Puis, à partir des éléments fournis par cette analyse, une synthèse est effectuée. C'est à ce niveau que la part humaine est la plus importante.

L'observation et l'expérience fournissent des faits, mais pas les liens qui relient ces faits les uns aux autres. Ces liens doivent être déduits. La subjectivité intervient alors facilement, dès lors qu'il y a diverses possibilités. Elle donne la priorité aux interprétations les plus en phase avec nos croyances.

L'étape suivante, à partir des faits et des liens, est la reconstruction d'un mécanisme cohérent et conforme aux lois connues. Elle se fait par une démarche d'induction, qui imagine le processus le plus probable intégrant tous les éléments connus, et conduisant au résultat observé. La subjectivité est forte, à ce niveau, puisque la part créatrice humaine y est très importante. Il y a toujours plusieurs possibilités dans cette construction. La culture et les affinités personnelles du chercheur vont généralement orienter vers une piste qui s'imposera naturellement.

Le modèle est une création humaine. Il reconstitue par l'imagination un mécanisme représentant de la manière la plus fiable possible la réalité du processus. En d'autres termes, c'est un calculateur qui, à partir des données initiales, va donner un résultat qui devra être identique à celui observé par l'expérience.

Le modèle peut être un simple schéma qui permet de visualiser le phénomène étudié. Le plus souvent, c'est un ensemble de formules mathématiques conçues pour reproduire virtuellement le processus. Une sorte de boîte noire avec une porte d'entrée dans laquelle on introduit les données de départ, et une sortie qui délivre le résultat.

Les dessins et calculs ont longtemps été faits à la main. L'arrivée des ordinateurs a considérablement facilité la modélisation.

Exemples de modèles

L'observation sur un écran du schéma dynamique de la germination d'une graine en accéléré ne montre pas une véritable graine, c'est un modèle qui a intégré tous les éléments dans un programme informatique, afin de produire une image simplifiée du processus.

Un programme très élaboré ayant intégré de multiples données pourrait effectuer diverses simulations et prévoir ce qui va se passer en changeant quelques facteurs en présence, comme la réduction de l'eau disponible, l'introduction d'un toxique, etc.

L'histoire de la science pourrait se décrire par les modèles qu'elle a mis au point.

Au XVIIIe siècle, grâce à sa théorie de la gravité, NEWTON et ses successeurs ont pu élaborer différents modèles expliquant notamment les mouvements du système solaire, ou les trajectoires d'un objet propulsé par une force.

Plus tard, les physiciens ont rassemblé de nombreuses observations et expériences pour établir des modèles de l'atome, qui ont évolué chaque fois qu'arrivaient de nouvelles données. Ces modèles ont été établis alors qu'il n'a jamais été possible d'observer directement un atome, trop minuscule pour être atteint par le grossissement d'un microscope. Ils ont cependant permis de multiples applications, de la chimie à la production d'énergie nucléaire.

De même, après la découverte de L'ADN et de diverses réactions conduisant à la synthèse des protéines, des modèles ont permis de décrire les processus génétiques. Ils ont facilité la compréhension de la biologie, de l'évolution. Ils ont aussi fait naître une nouvelle discipline, la biologie moléculaire, dont les applications sont nombreuses : de nouvelles méthodes de diagnostic et de recherche policière (les tests ADN), les thérapies géniques, les manipulations génétiques à l'origine des OGM… Là aussi, c'est le modèle qui a permis tout cela. Aucun moyen technologique ne permet d'observer directement ce qui se passe au niveau de l'ADN.

Des sociétés modélisées

Aujourd'hui, les modèles sont omniprésents et constituent les outils de connaissance et de surveillance de nos sociétés. La physique des particules, la biologie des organismes, l'évolution des populations… tous les domaines que la science maîtrise sont modélisés.

Les modèles déterminent également les prévisions économiques, la météo, les opinions (sondages), les audiences de la télévision…

Le principe est toujours le même : des données sont recueillies suivant un protocole rigoureux, puis, entrées dans le calculateur qui grâce à un programme adéquat délivre mécaniquement son résultat.

Quand une audience de radio ou de télévision est déterminée, c'est à partir d'une mesure sur un échantillon de personnes choisies pour représenter la population. Un calcul donne alors le résultat pour l'ensemble de la population. On suppose que le modèle est juste, alors qu'aucune mesure en grandeur réelle ne permet de le vérifier ! On finit par oublier que c'est un modèle, et personne ne conteste aujourd'hui la validité de ces audiences !

C'est à travers ces modèles que le monde dans lequel nous vivons est connu. Un monde totalement virtuel qui détermine tout sur une carte alors que nous vivons sur un territoire. À notre échelle, le territoire est bien réel et nous pouvons parfois constater l'imprécision, voire l'erreur de la carte.

Un processus analogue au fonctionnement mental

L'intérêt des modèles est évident, puisqu'un modèle bien conçu et vérifié permet de mieux comprendre un processus. Il permet surtout de faire des simulations afin de prévoir ce qui se passera dans certaines conditions, avant qu'elles se présentent. Ainsi, il est possible d'anticiper et d'agir efficacement.

C'est en fait exactement la manière dont fonctionne le psychisme humain, qui connaît son environnement à travers une représentation élaborée par la conjugaison de son éducation et de son expérience.

L'intelligence humaine a reproduit à l'extérieur, pour appréhender la connaissance, ce qu'elle sait faire spontanément à l'intérieur pour assurer son propre fonctionnement.

La carte et le territoire

Les limites du processus, pour le psychisme et les modèles scientifiques, sont les mêmes. La représentation mentale du monde avec laquelle nous réagissons et construisons nos actions n'est pas le monde, ce que nous avons souvent l'occasion de constater ! De même, le modèle établi par une démarche scientifique, même la plus rigoureuse qui soit, n'est pas le processus qu'il décrit.

Le modèle est une carte et « une carte n'est pas le territoire », selon l'expression devenue célèbre d'ALFRED KORZYBSKI. Un modèle est une représentation qui peut approcher de très près la réalité, sans être cette réalité. Dès lors qu'un processus est complexe, il y a toujours une part d'approximation, voire d'erreur. Il y a aussi une normalisation par la statistique, qui fait que le modèle va correspondre au plus grand nombre, mais pas à tout le monde. Un modèle reconnu et accepté peut donner dans certains cas une simulation fausse, la météo en est un exemple bien connu ! Il en est peut-être de même avec les audiences de télévision, mais personne ne peut le vérifier !

Du fait de leur foi énorme en leurs modèles, certains scientifiques refusent de voir les aspects de la réalité qui n'entrent pas dans ces modèles, comme si le modèle était plus juste que ce qu'il est censé représenter ! Et c'est là un vrai danger !

D'où l'importance cruciale de la quatrième étape : la vérification, puis la relativisation ou remise en cause qu'elle doit induire.

♦ La vérification

Lorsqu'un modèle est établi, il est mis à l'épreuve, dans le plus grand nombre possible de situations. S'il est juste, il doit toujours s'accorder à ce qui est observé ou expérimenté. Si une observation ou une expérience le met à défaut, il doit être revu. S'il est régulièrement mis à défaut, il doit être abandonné.

La qualité d'un scientifique est de vérifier sans cesse ses modèles et de les revoir dès que leurs résultats ne corrèlent plus exactement à l'observation ou à l'expérimentation.

Malheureusement, des chercheurs (peu scientifiques dans leur démarche) généralisent des modèles validés par des observations dans un contexte où ils sont valides, sans les avoir confrontés à d'autres circonstances qui pourraient les mettre à défaut.

On peut vérifier des milliers de fois un modèle dans le contexte qui a permis son élaboration, cela n'a pas la valeur d'une vérification dans des contextes différents !

Que serait une démarche scientifique à titre personnel ?

1. Observer, expérimenter mais aussi s'informer des observations et expériences des autres en étant vigilant sur leur validité.

2. Adopter un modèle déjà proposé qui nous convient ou construire soi-même son modèle de représentation pour un processus que l'on observe et sur lequel nous sommes amenés à agir

3. Vérifier sans cesse la validité de ce modèle, savoir le remettre en cause afin de le relativiser ou le reconsidérer s'il est mis à défaut.

---

3. Connaissance scientifique et vérité

Dans un monde où la science est devenue la référence, la question de la validité de la connaissance scientifique est essentielle.

♦ Entre connaissance et doute absolus : éviter les excès

D'abord, sortons de toute illusion ! Du fait de l'impossible objectivité totale et de la grande complexité du monde dans lequel nous vivons, accéder à la vérité absolue est un rêve. Son existence est déjà une supposition, puisque tout ce que nous pouvons approcher est relatif. Et s'il y a une vérité, il est évident aujourd'hui qu'elle est inaccessible à l'esprit humain. Alors soyons humbles et admettons que nous ne pouvons approcher qu'une vérité relative, celle qui gouverne le monde que nous percevons.

À l'inverse, un perfectionnisme excessif nous conduit à douter de tout. Dans les limites du monde dans lequel nous vivons, des lois peuvent être connues et appliquées pour conduire des actions efficaces. L'objectif est donc de discerner ce qui peut être connu, et dans quelles limites.

♦ Épistémologie et connaissance scientifique

La discipline qui se penche sur la validité de la connaissance est l'épistémologie. Elle appartient depuis toujours au domaine de la philosophie. Les sciences, concernées au premier chef, se sont donc penchées sur un versant plus philosophique de leur activité.

La question la plus difficile est de savoir si la connaissance du monde est accessible à l'esprit humain. Les philosophes débattent de cela depuis que la philosophie existe, et pour faire simple, aucune réponse ne permet d'affirmer cela en dehors d'une conception spirituelle du monde donnant à l'homme un potentiel divin.

Dans une démarche scientifique qui exclut ce postulat, il s'agit donc de définir des règles optimales pour approcher une vérité relative proche de la réalité.

♦ Validité de la connaissance scientifique

Les philosophes des sciences ont tenté de définir un cadre de validité des connaissances. La première contribution marquante est le positivisme d'AUGUSTE COMTE au début de XIXᵉ siècle.

Aujourd'hui, c'est celle de KARL POPPER, apparue dans le courant du XXᵉ siècle qui constitue la principale référence, tandis que celle de THOMAS KUHN a défini un cadre évolutif de la connaissance scientifique.

Le positivisme

L'esprit positif selon COMTE admet que ni l'origine, ni la destination de l'univers ne peuvent être comprises. Il conduit donc à renoncer au *pourquoi* pour s'intéresser uniquement au *comment*. Les lois sont établies par l'observation des phénomènes. Elles conduisent à des applications technologiques.

L'observation et les expériences répétées, permettent de formuler les lois de la nature dans un langage objectif, qui est celui des mathématiques, expliquant ainsi la réalité des faits. Cette démarche, appelée positivisme scientifique, est à la base de toutes les sciences qui se sont développées à partir du XIXᵉ siècle. Elle repose sur l'absence de préjugé, la rigueur de l'observation et de l'expérience, l'usage de la raison et des mathématiques pour formuler des hypothèses, et l'expérience à nouveau pour les vérifier.

Selon l'idée de COMTE, la science est la seule méthode efficace capable de garantir l'ordre politique et social, parce qu'elle permet un véritable progrès. La philosophie, au sens "métaphysique", doit donc être abandonnée pour une religion sans Dieu. C'est l'humanité elle-même, avec tous les êtres qui participent à perfectionner l'ordre universel, qui devient sujet de vénération. Les grands hommes acquièrent une immortalité subjective et sont honorés après leur mort, constituant un panthéon moderne.

Cette extrapolation du positivisme (qu'on appelle scientisme) a été l'aspect le plus critiqué de l'œuvre de COMTE. Elle n'est cependant pas très éloignée de la manière dont les choses ont évolué !

Au cours du XXe siècle, le courant positiviste a dévié vers un néopositivisme qui a retenu essentiellement la primauté de la démarche scientifique, l'abandon de la question du pourquoi fondamental. De ce fait, il a mis à l'écart la philosophie. L'expérience reproduite et vérifiée est la seule démarche capable de déterminer le sens et la vérité.

La science véritable doit être aussi objective que possible. Seuls les faits expérimentaux et les lois entrent dans le domaine de la vérité. Une loi est une hypothèse vérifiée de multiples fois et jamais invalidée par une expérience qui la met en défaut. Il y a des lois générales, qui s'appliquent à toutes les conditions existantes, et des lois restreintes qui ne s'appliquent que dans un domaine défini.

Popper et le critère de réfutabilité

La grande question de KARL POPPER était la fiabilité d'une théorie scientifique. Selon lui, l'observation et l'expérimentation ne suffisent pas et la vérification n'est valable que dans le cadre dans lequel elle est effectuée. Le plus souvent, une loi provient de la démarche d'induction (née de la logique humaine) à partir de faits observés, et les vérifications qui viennent ensuite ne font que corroborer cette induction. C'est le piège de la subjectivité qui restreint le champ de vision pour ne pas remettre en cause sa validité.

La vérification valide une loi dans un cadre limité et ne permet pas la généralisation. Il n'y a donc pas de vérité, mais des champs de vérité.

Le fait qu'un énoncé soit vrai ou faux est souvent moins important que le cadre dans lequel il s'applique. Nous sommes bien dans la vérité relative.

Par la vérification dans des cadres différents, une loi acquiert ses jalons de validité et peut prétendre devenir générale. Pour cela, elle doit être formulée d'une manière qui permet cette vérification dans tous les domaines où elle s'applique.

Le critère de réfutabilité introduit par POPPER a pris une importance considérable dans le milieu scientifique actuel. « Le critère de scientificité d'une théorie réside dans la possibilité de l'invalider, de la réfuter ». C'est un solide garde-fou vis-à-vis d'hypothèses très adaptables, capables de traverser toutes les situations. La prédiction par l'astrologie est souvent prise en exemple à ce sujet. Parfois cela fonctionne et conforte la théorie. Quand elle est mise à défaut, par une affirmation qui s'est révélée fausse, il y a toujours une autre interprétation ou une variable inconnue qui permet de justifier l'erreur sans remettre en cause le modèle.

La réfutabilité d'une théorie comme critère de validité a permis à la science de se détacher de nombreuses approches, qualifiées de pseudosciences. C'est une avancée évidente du point de vue de la fiabilité et de la rigueur. Cela a aussi pour conséquence de réduire le champ d'observation. Toute manifestation de phénomènes non matériels dont les effets ne sont pas directement mesurables est en effet d'emblée exclue par ce critère. Ce qui se déroule sur un plan où il n'y a pas de mesures objectives déterminant un oui ou un non incontestables est non réfutable. C'est la raison pour laquelle la science rejette au rang de pseudoscience les phénomènes parapsychologiques, et peut changer de point de vue si un appareil de neurosciences mesure des changements significatifs et reproductibles dans le cerveau, associés à des effets également mesurables.

C'est là toute la limite de la science actuelle inspirée des critères de POPPER. Elle est souveraine dans son domaine par une démarche exemplaire, mais restreinte à un cadre qu'elle a elle-même fixé !

Kuhn et les paradigmes

La notion de paradigme mise en valeur par THOMAS KUHN est essentielle pour comprendre le monde des sciences et son évolution. Un paradigme est un modèle théorique, un système de pensée qui oriente la réflexion et la recherche scientifique à un moment donné. Pour cela, il pose des postulats de départ qui ne seront plus remis en cause. Ces postulats sont bien évidemment choisis sur la base de faits établis avec un large consensus de la communauté. Ils sont essentiels car ils sont à la fois le socle et le cadre déterminant la logique et les limites pour élaborer des théories et des lois (une loi étant une théorie validée par l'ensemble de la communauté scientifique adhérant à ce paradigme).

Lorsque la science est dans une période calme, le paradigme fait l'unanimité et les expériences ne font que nourrir le paradigme existant. Lorsque les insuffisances du paradigme en cours deviennent de plus en plus évidentes, un paradigme de remplacement peut se dessiner. Le monde scientifique s'agite. Dès lors que le nouveau paradigme est admis par une grande partie de la communauté, il se produit un changement brutal que KUHN appelle une "révolution scientifique".

Nous vivons actuellement une phase d'instabilité. Le paradigme qui domine depuis plus d'un siècle l'ensemble de la science (à l'exception de la physique qui a beaucoup évolué, en restant à l'écart) est encore bien présent et sert de socle aux instances officielles. Il est cependant contesté par des approches différentes, auxquelles adhèrent certains scientifiques. Ceux-ci, de plus en plus nombreux, sont toutefois trop minoritaires et insuffisamment coordonnés pour remettre en cause les fondements qui servent encore de référence.

La communauté scientifique n'aime pas l'idée de révolution, qui entraîne une déstabilisation importante et la perte de nombreux acquis. Pour un savant qui a construit sa carrière sur un modèle, il est difficile d'accepter qu'un autre modèle, pour lequel il n'a plus cette avance de compétence, devienne la nouvelle référence.

L'évolution des espèces et des sociétés montre que les vrais changements ne surviennent pas au bout d'un processus progressif et continu. Pour passer de la monarchie à la république, il a fallu une révolution et la perte brutale de privilèges.

4. Innovation, censure, imposture et dissidence

Le monde scientifique est un ensemble vaste et varié. Entre la voie dominante, les dissidents et les imposteurs, les frontières sont fluctuantes selon le regard qu'on y porte. Essayons d'y voir plus clair.

♦ La science académique

Les scientifiques ont une hiérarchie qu'ils organisent eux-mêmes au sein de diverses organisations où siègent leurs représentants. Ces instances souvent nommées « Académies » ne sont pas vraiment démocratiques. Les membres sont davantage cooptés qu'élus par leurs pairs, ce qui permet une stabilité des lignes adoptées.

Les Académies des Sciences ont une ligne rigoureuse et conservatrice. Elles s'appuient sur ce qui est connu et validé, et s'ouvrent avec prudence à la nouveauté, lorsqu'il y a un consensus parmi ses membres. Le rapport des académiciens et des autres membres des sociétés savantes avec les entreprises commerciales qui s'appuient sur leur expertise est un problème difficile à apprécier, par manque de transparence sur les conflits d'intérêts. Les liens économiques n'empêchent pas l'honnêteté, mais ils ne la facilitent pas.

La science académique est reconnue par le pouvoir politique. Elle fournit les experts qui guident les choix de société et tranchent les différents portés en justice.

♦ La censure

La question de la censure est toujours épineuse dans une société qui met en avant la liberté. Dans les pays démocratiques, il n'y a pas de censure directe, tout peut être écrit et publié dès lors qu'il n'y a pas diffamation ou négation de faits indéniables, ce qui peut entraîner alors des poursuites et un procès.

La censure qui existe dans le monde scientifique est plus subtile. Elle se manifeste par des refus de publication dans les grandes revues, par la non prise en compte de certains points de vue dans l'enseignement universitaire, ou par une mauvaise foi qui écarte systématiquement les thèses dérangeantes pour les principes considérés comme acquis.

L'histoire de Jacques Benveniste et de la « mémoire de l'eau » est particulièrement significative. Avec le recul et en regardant les choses sans parti pris, il est évident qu'il y a dans ces travaux une découverte révolutionnaire, mais trop dérangeante pour le paradigme actuel.

La publication initiale dans la revue *Nature* a été démentie dans cette même revue après une vérification hâtive et étrangement menée. Les confirmations obtenues ensuite par trois laboratoires différents et indépendants ont été publiées dans une revue de faible notoriété et n'ont pas été prises en compte. Le point de vue académique qui avait déjà tourné la page, considère cette découverte comme invalidée. MICHEL SCHIFF, chercheur au CNRS qui a enquêté sur cette affaire, a analysé les mécanismes de la censure dans le monde scientifique[3], et le constat est accablant !

L'autocensure est probablement la forme de censure la plus fréquente. Un chercheur faisant une découverte dérangeante pour la pensée dominante sait qu'il peut briser sa carrière en la publiant. Certains préfèrent probablement garder le silence.

Ces pratiques de censure et d'autocensure peuvent révolter. Elles sont cependant tout à fait compréhensibles quand on connaît le cadre de fonctionnement de la communauté scientifique et les conséquences de la remise en cause du paradigme dominant.

De manière générale, tout système organisé développe des stratégies pour préserver sa stabilité. C'est un fait observé. Les individus ont certes une responsabilité, mais la force d'un système qui préserve la survie de son ensemble et de ses acquis s'y oppose. Il est difficile de s'écarter d'un cadre bien délimité au-delà duquel le risque est gros. L'histoire nous a montré que ceux qui franchissent le seuil ont souvent mis leur carrière en danger, parfois leur vie.

♦ L'imposture scientifique

L'imposture scientifique, dans sa forme véritable, manipule les faits, les interprétations ou la communication, pour tenter de faire valider des connaissances nouvelles. Les exemples sont nombreux. Ils entachent l'histoire de la science.

Une telle démarche est réellement malhonnête et inacceptable, quelle qu'en soit la motivation : idéologie, recherche de gloire ou autre. Le plus souvent, la fraude est rapidement découverte et les fraudeurs sont mis au ban de la communauté scientifique.

---

[3] M. SCHIFF : *Un cas de censure dans la science*, Albin Michel, 1994

Il y a d'autres niveaux d'imposture, vis-à-vis desquels les positions sont moins tranchées, bien qu'il y ait toujours le non-respect d'une règle majeure de la démarche scientifique.

Par exemple, l'excès d'enthousiasme peut aveugler un chercheur et court-circuiter certaines étapes du travail ou conduire à quelques raccourcis d'interprétation pour aboutir à des conclusions erronées. C'est au niveau de la subjectivité que se situe alors le problème.

Plus gênants sont les dissimulateurs qui présentent des conclusions sans dévoiler tous les aspects de leur démarche. Cette réserve peut être motivée par des intérêts commerciaux (brevet) ou par un attrait du pouvoir personnel. Nous sommes là devant une impossibilité de vérification qui conduit du point de vue scientifique à l'exclusion, ce qui ne veut pas dire que la découverte est forcément erronée.

Dans ce cas, c'est le fait de vouloir communiquer qui pose problème. Vis-à-vis du monde scientifique, on dit tout ou on ne dit pas ! Une imposture dans la communication fait suspecter un problème sur le travail lui-même.

♦ La dissidence scientifique

La science dans sa globalité est un système ouvert. Chacun peut faire les recherches qu'il souhaite et publier ses résultats, s'il trouve une revue qui accepte son article. C'est l'ensemble de la communauté, par l'accueil qu'elle fait à la publication, qui va déterminer la valeur de la recherche. Si elle est acceptée, elle sera vérifiée, complétée si besoin, et entrera dans le champ des connaissances reconnues par les Académies. Sinon, elle sera laissée à son auteur qui sera face au choix d'abandonner la piste, de continuer à chercher pour mieux entrer dans le cadre, ou d'entrer en dissidence.

La dissidence n'est pas une imposture, c'est un positionnement hors du consensus. Le dissident n'est pas condamné pour sa malhonnêteté, mais pour le fait d'aller trop loin dans ses conclusions et de sortir du cadre conventionnel. L'inertie de la connaissance académique, qui est le garant de sa stabilité, ne peut accueillir d'emblée les innovations, ce qui conduit souvent les précurseurs à entrer en dissidence. Et c'est bien souvent la dissidence qui a fait avancer la globalité de la connaissance. GIORDANO BRUNO et GALILEE ont été les premiers d'entre eux, alors qu'ils ont finalement impulsé le courant scientifique dans lequel nous sommes aujourd'hui !

Le dissident est un chercheur qui ne s'est pas autocensuré pour publier une découverte dérangeante, et qui subit ensuite le rejet motivé ou la censure de la communauté. La frontière entre un refus motivé et une censure est parfois floue.

♦ Remise en cause du paradigme

Il y a une forme particulière de dissidence en plein développement actuellement : celle qui remet directement en cause le paradigme. Face aux insuffisances des théories actuelles pour expliquer un grand nombre de phénomènes énigmatiques, la nécessité d'un nouveau cadre est souvent perçue comme la seule solution. Mais remettre en cause le cadre fondamental fait sortir du domaine réfutable. En introduisant de nouvelles règles, il n'est en effet plus possible d'être contredit par les anciennes !

Avancer des théories non réfutables est-il une imposture ?

Il n'y a dans ce cas ni falsification, ni dissimulation, donc aucune malhonnêteté. Il y a simplement le non-respect d'un choix de la communauté scientifique de se restreindre à ce qui est réfutable, et ce choix, dans l'absolu, est arbitraire. Dans la mesure où une rigueur de raisonnement est respectée et qu'il n'y a pas de conclusion abusive, il semble plus juste de parler de dissidence.

La communauté scientifique et les communautés humaines en général n'aiment pas les révolutions, qui présentent trop d'inconnu et la perte possible de privilèges. C'est une des raisons majeures qui fait que les Académies des Sciences résisteront au changement en se cramponnant au paradigme actuel. Toute dissidence qui avance des théories non-réfutables est donc systématiquement rejetée dans le domaine des pseudosciences.

Acceptons cet état de fait. Cela ne nous empêche pas de développer des idées nouvelles, en leur laissant le temps d'avancer dans les esprits curieux et ouverts.

Si un changement doit arriver, il ne s'imposera pas par la force. Il se produira lorsque la tension entre un modèle dépassé et le grand nombre de situations avec lesquelles il ne corrèle plus déstabilisera le système en place.

II - Science, connaissance et vérité (en résumé)

La science est devenue le référentiel de connaissance des sociétés occidentales. La rigueur de sa démarche et de sa capacité à formuler des lois universelles compréhensibles par tous et qui s'appliquent à tous est aujourd'hui universellement reconnue.

On ne peut cependant s'incliner devant la toute-puissance de la science sans se pencher sur la validité de ses théories et de sa connaissance en général, c'est-à-dire faire de l'épistémologie. La science de la fin du XXᵉ siècle repose de ce point de vue sur le positivisme d'AUGUSTE COMTE et le critère de réfutabilité de KARL POPPER. Il en résulte que la science actuelle est remarquable et souveraine dans un cadre qu'elle a elle-même fixé, mais ce cadre limité ne peut prendre en compte certains phénomènes qui n'y entrent pas, et sont rejetés avant même d'être étudiés.

Nous sommes au bord de ce que THOMAS KUHN appelle une révolution scientifique. Le cadre de référence qu'on appelle paradigme ne permettant plus d'expliquer certains phénomènes observés et vérifiés, il n'y a alors pas d'autre solution que de reconsidérer ce cadre de référence. Cela signifie remettre en cause l'ensemble de la connaissance établie, qui doit alors être entièrement revue avant d'être validée dans un nouveau cadre. Les scientifiques ayant construit toute leur carrière sur un socle qui n'aurait alors plus de valeur y perdraient leur autorité.

Pour se protéger de cette révolution qui la menace, la science académique qui repose sur l'ancien paradigme se protège par un mode de fonctionnement qui favorise la censure et l'autocensure. De plus en plus, cependant, des chercheurs publient des découvertes et de nouvelles hypothèses qui vont à l'encontre de la pensée dominante. Celle-ci les rejette. Ils entrent alors en dissidence. Parmi ces découvertes, il est important et parfois difficile de discerner celles qui font réellement avancer la connaissance de celles qui sont le fait d'imposteurs en recherche de gloire ou de diffusion d'une idéologie.

III - De vraies énigmes qui bousculent la connaissance scientifique

« On ne peut résoudre les problèmes en restant au même niveau de pensée que celui dans lequel ils ont été créés. »
ALBERT EINSTEIN

« Les miracles ne se produisent pas en opposition avec les lois de la nature, mais en opposition avec ce que nous en connaissons. »
JOHANN WOLFGANG VON GOETHE

De tout temps il y a eu des mystères, des énigmes qui dépassent la connaissance des Hommes. En concevant un Dieu omnipotent, l'esprit humain s'est libéré de l'angoisse que ces mystères peuvent générer. En éliminant ce Dieu, la science contemporaine s'est engagée (au moins implicitement) à tout expliquer par la raison. Mais entre ce qui est expliqué à ce jour, qui semble énorme, et ce qui reste mystérieux, il y a encore une montagne. La recherche continue, pour répondre à une attente à la mesure de la promesse, mais la promesse était-elle réaliste ? Et la voie empruntée par la recherche est-elle la plus apte pour apporter les explications attendues ?

Pour explorer cela, nous allons regarder de plus près les mystères qui échappent à la science actuelle, parmi lesquels il y a des énigmes et des anomalies. La nuance entre ces deux notions est une clef essentielle et la position adoptée pour tenter de les résoudre est une question majeure pour l'avenir de la science.

1. Énigmes et anomalies

Une énigme est un phénomène observé de manière répétitive, donc incontestable, tout en étant difficile, voire impossible à comprendre, car il n'existe pas d'explication connue acceptable par tous.

Une anomalie est une énigme pour laquelle on observe des résultats contraires aux prévisions des modèles en vigueur. Pour bien les distinguer, nous qualifierons les précédentes d'énigmes « véritables ».

♦ Une différence importante par ses conséquences

La différence n'est pas anodine. Face à une véritable énigme, aucun modèle n'est adapté et il est tout à fait concevable de trouver une solution en améliorant les modèles existants ou en créant des modèles complémentaires. La continuité de la recherche peut être maintenue.

Face à une anomalie, le modèle se révèle faux. L'honnêteté est alors soit d'invalider le modèle, soit de restreindre son champ d'application à un domaine n'incluant pas le secteur dans lequel l'anomalie a été constatée.

Dans le processus de vérification présenté au chapitre précédent, la découverte d'une anomalie est le risque qui menace toute théorie réfutable. C'est aussi le moteur d'évolution de la connaissance, comme le montre l'histoire de la physique moderne.

♦ Un précédent exemplaire : la révolution des sciences physiques

À la fin du XIXe siècle, les scientifiques pensaient connaître et maîtriser le monde. Des mouvements planétaires aux ondes électromagnétiques, tout entrait dans le cadre des lois de NEWTON (attraction universelle) et de MAXWELL (ondes et électromagnétisme).

Les lois qui gouvernent la matière, telle que celle-ci était alors définie, semblaient alors toutes connues. Pour les énigmes restantes, il suffisait donc de pousser plus loin les calculs mathématiques, ajuster quelques variables, et finalement établir la concordance de tous les phénomènes observés. Au bout de cette tâche, on pouvait espérer la prédiction possible des conséquences de tout acte effectué sur la matière.

Pour que le modèle atteigne sa perfection, il fallait résoudre quelques anomalies qui mettaient en échec les lois établies. Elles étaient considérées comme des détails, mais dans un modèle parfait, rien ne peut être exclu. Deux phénomènes aux comportements "anormaux" étaient plus particulièrement sur la sellette : les émissions d'un corps chauffé qui n'obéit plus à la loi de Rayleigh lorsque la couleur tend vers l'ultraviolet (ce qu'on appelait à l'époque la « catastrophe ultraviolette ») et l'effet voltaïque qui ne peut s'expliquer en considérant la lumière comme une onde continue.

La « catastrophe ultraviolette » était une véritable anomalie puisque le résultat observé ne concordait pas avec le résultat calculé par équation. Pour la résoudre, MAX PLANCK a émis une hypothèse à laquelle il ne croyait pas lui-même au départ, mais qui était la seule capable d'effectuer un calcul cohérent et compatible avec l'expérience. Il introduisait pour cela une notion aussi révolutionnaire qu'insolite à l'époque : le rayonnement émis par un corps chauffé (une onde) n'est pas continu, mais se transmet par paquets (les quanta). Une onde pouvait donc se comporter comme de la matière. Cela était inconcevable avec les principes de la « Grande Physique » toute puissante à ce moment-là. Admettre cette nouvelle donnée remettait en cause les grands fondements et conduisait directement à la dissidence, ce que ne souhaitait pas PLANCK. C'est pourquoi il pensait et exprimait qu'il avait simplement trouvé un artifice applicable au phénomène étudié, en attendant une explication plus satisfaisante.

Les choses auraient pu en rester là. Mais l'étrange hypothèse a aussi permis d'expliquer la seconde énigme majeure de l'époque. En effet, pour résoudre le mystère de l'effet voltaïque, EINSTEIN a confirmé l'hypothèse de PLANCK en l'appliquant à la lumière. Allant plus loin en développant sa théorie de la relativité, il formule une véritable remise en cause des principes universels hérités de NEWTON, niant le caractère absolu de la masse, de l'espace et du temps. Seule la vitesse de la lumière reste absolue. Masse et énergie sont alors reliées par la formule devenue célèbre : $[E = mc^2]$.

La suite est une grande aventure humaine au cours de laquelle des esprits brillants (BOHR, DE BROGLIE, SCHRÖDINGER, HEISENBERG, DIRAC et bien d'autres), ont coopéré, se sont confrontés pour aboutir à de nouveaux fondements et une nouvelle physique, dont les deux branches (relativité et mécanique quantique) ont fait avancer de manière considérable la connaissance du monde de la matière.

Cette révolution a été possible grâce aux hommes qui ont eu l'honnêteté, face à des observations qui ne répondaient pas aux lois classiques, de remettre en cause ces lois, jusqu'à leur fondement premier, pour trouver une explication au phénomène récalcitrant.

Ils ont dû admettre finalement que ces lois considérées comme acquises n'étaient qu'un modèle de représentation permettant de comprendre mentalement les phénomènes et de mettre en place des applications technologiques, tout en étant erroné dans ses fondements. Il s'agissait donc de lois restreintes à un cadre de manifestation et non des lois générales.

Dans ce domaine, la révolution s'est finalement faite en douceur, parce que les nouvelles données se sont ajoutées à ce qui était déjà connu, sans remettre en cause les lois antérieures dans leurs applications effectives. Le champ d'application de l'ancien modèle s'est seulement restreint au domaine où il a toujours fait ses preuves : le monde visible et le domaine de la chimie. Au-delà, aussi bien dans le très grand que dans le très petit, est apparu un autre monde, qui n'était même pas soupçonné auparavant, et que les physiciens quantiques et relativistes ont décrit avec de nouvelles lois ! Ce monde a ouvert la porte à de nouvelles applications qui ont transformé les sociétés humaines occidentales.

♦ **Les nouvelles énigmes de la physique**

Les théories de la relativité et la mécanique quantique sont deux approches différentes et complémentaires qui ont permis de résoudre les anomalies connues, puis de faire avancer la connaissance dans des domaines auparavant inconnus. Mais elles restent incomplètes, du fait notamment qu'elles sont incompatibles entre elles, et qu'elles n'expliquent pas l'incroyable cohérence de l'univers et les phénomènes non locaux. Nous y reviendrons au chapitre VI.

Une autre énigme majeure qui hante les théories actuelles de la physique est la flèche du temps. L'observation montre qu'il y a des phénomènes irréversibles, notamment dans le monde vivant. Il existe donc un temps qui ne peut pas revenir en arrière. Or, les phénomènes mis en équations par les physiciens ne peuvent intégrer cette flèche à sens unique. En mécanique quantique, tout est en principe réversible, ce qui conduit d'ailleurs à des extrapolations surréalistes décrivant un monde réel qui serait bien loin de celui que nous observons !

2. Énigmes et anomalies en biologie et sciences humaines

La biologie et les sciences humaines, qui se situent dans le secteur du monde visible et de la chimie, n'ont pas été affectées par la révolution quantique et relativiste. Elles ont évolué dans la continuité de ce qu'elles étaient au XIXe siècle, en s'enrichissant d'apports nouveaux entrant dans son modèle et venant conforter le paradigme sur lequel elles se sont construites. Les énigmes et anomalies y sont cependant nombreuses, et les nouvelles idées foisonnent. Plutôt que se perdre dans toutes les théories nouvelles, voyons quelques-unes de ces anomalies et en quoi le paradigme actuel échoue à les résoudre.

♦ Les bases du paradigme actuel en biologie

Le fondement actuel de la biologie et des phénomènes psychiques et sociologiques associés est résolument matérialiste, ce qui implique les grands principes suivants :

– Les atomes et les molécules, elles-mêmes assemblages d'atomes, forment la structure élémentaire stable à partir de laquelle un organisme vivant se construit. Un organisme peut donc être décomposé en molécules, et son fonctionnement expliqué par les relations qui s'établissent entre ces molécules. Le modèle qui en résulte est une machine ultrasophistiquée. On peut connaître son comportement par l'étude de ses éléments constituants, de leurs propriétés et de leurs interactions.

– La clef de voûte d'un être vivant est son ADN qui contient toutes les informations dont l'expression entraîne la formation de l'organisme et les comportements capables de le maintenir en vie. La transmission de cet ADN de génération en génération garantit la stabilité du processus vivant.

– Cette transmission comporte cependant des erreurs (les mutations) qui modifient les propriétés de l'organisme. Si les modifications sont avantageuses, elles sont sélectionnées par une meilleure capacité à survivre dans l'environnement et c'est ainsi que les espèces évoluent.

– La maladie est le résultat d'une mauvaise adaptation de l'organisme à son environnement, soit parce que son patrimoine génétique est défaillant, soit parce que le milieu extérieur vient le perturber (toxique, microbe).

– Le psychisme et ses manifestations spécifiques (émotions, pensées) sont le résultat du développement d'un système nerveux complexe capable de supporter ces fonctions nouvelles qui ont présenté un avantage adaptatif.

– Les collectivités résultent des interactions entre les individus qui les composent, et dépendent donc de la nature de ces individus. Dans les communautés humaines, le langage et la transmission culturelle permettent une évolution continue, rendue cohérente par la mémoire qui passe d'une génération à l'autre.

Plus on avance vers l'humain et le collectif, c'est-à-dire le domaine des sciences humaines, plus le paradigme montre ses faiblesses et se fissure. De nouveaux concepts ne reposant plus sur cette conception du monde vivant et de l'Homme sont apparus dans le domaine de la psychologie, de la sociologie, de l'économie. Certains y sont reconnus et appliqués.

Dans la vision d'ensemble, on considère encore qu'ils ne sont qu'une spécificité humaine, liée à son extraordinaire cerveau qui n'a pas encore livré tous ses secrets. Cela ne remet pas en question les mécanismes admis en biologie. L'opposition entre la biologie classique appliquée à l'organisme et de nouvelles conceptions appliquées à la spécificité humaine liée à son psychisme entretient la dualité entre matière et esprit.

Entre la physique qui a fait sa révolution, et les sciences humaines qui se sont adaptées en intégrant une vision nouvelle, la biologie est la plus conservatrice des disciplines scientifiques, la gardienne de l'ancien paradigme. Dans son sillage, il y a la médecine et ses immenses enjeux. Les deux font bloc pour s'accrocher ensemble à l'ancien modèle.

La biologie et la médecine sont cependant confrontées à de nombreuses énigmes et anomalies. Leur évolution au-delà du paradigme actuel ouvrirait sans équivoque la porte vers un véritable progrès en matière de bien-être, de santé, de plus grand respect de l'environnement, et d'une prise en charge moins agressive et sans doute plus efficace des maladies chroniques.

En ce début de XXIe siècle, la résistance est encore bien trop forte pour permettre cette évolution.

♦ L'organisme vivant, un ensemble trop autonome pour être une machine

L'organisme-machine, postulé par DESCARTES, a fait du chemin. Son modèle s'est perfectionné à l'extrême et a permis de nombreuses applications dans le domaine de la chirurgie et de la médecine. Il est cependant confronté à de nombreux mystères, parmi lesquels :

– Le haut niveau de cohérence de l'organisme fait que chacune de ses parties est toujours en phase avec les autres de manière instantanée. Les moyens de communication interne actuellement décrits ne peuvent expliquer cela.

– Lorsque des nutriments manquent, l'organisation biologique préserve toujours les fonctions vitales. Lorsqu'il y a une perte de poids et donc une perte de matière qui constitue le corps, cela se passe toujours d'une manière qui préserve aussi longtemps que possible les fonctions biologiques. Le mécanisme d'organisation générale qui permet cela n'est pas connu.

– L'explication de divers phénomènes par les interactions chimiques suppose que les substances en cause se rencontrent instantanément pour réagir entre elles. Or, l'étude statistique de leur probabilité de rencontre ne corrèle pas avec le délai d'action observé.

– Le processus de cicatrisation et en général tout ce qui permet la réparation et la guérison spontanée est une véritable énigme : l'ADN ne peut contenir une information prévoyant toutes les situations.

– Selon les travaux de LOUIS KERVRAN[4], les organismes vivants semblent capables de faire des transmutations à basse température, notamment de produire du calcium à partir du silicium. Selon les lois actuellement connues de la physique, cela n'est possible qu'avec une énergie considérable, que l'organisme ne peut ni générer, ni supporter. Le mécanisme permettant ces transmutations est en dehors de tous les processus biologiques actuellement décrits.

– Chez l'humain, les phénomènes psychosomatiques sont très bien connus et peuvent être objectivés par l'expérimentation (effet placebo, brûlure par simple suggestion, etc.). Les processus décrits par la biologie actuelle concernant le fonctionnement du cerveau et la relation entre le système nerveux et l'organisme sont incapables de les expliquer.

♦ **L'évolution des espèces :**
un processus décrit mais non expliqué

Le chapitre VII sera consacré à cette question. Les sciences de l'évolution, en mettant en évidence le principe de la continuité du processus vivant à travers les espèces, ont permis un pas majeur dans l'avancée de la connaissance humaine. La description des espèces et leur évolution progressive, avec des repères chronologiques, sont aujourd'hui très avancées. En revanche, les explications données pour comprendre le processus qui a permis cela sont peu convaincantes.

---

[4] C. LOUIS KERVRAN : à la découverte des transmutations biologiques – Le courrier du Livre, 1980

Affirmer, comme le fait haut et fort le courant néodarwiniste dominant, que l'évolution s'est faite par le hasard des mutations et la sélection du milieu naturel, parce qu'il n'y a pas d'autres possibilités, est probablement la plus grande aberration de la science moderne. Elle montre comment un dogme établit une vérité : on retient l'explication la plus probable ou la seule possible dans le respect des principes fondamentaux admis, même si elle est incomplète et régulièrement mise en échec. Le respect des principes fondateurs du dogme est plus important que les observations !

Ce mécanisme de variation par mutation, puis de sélection naturelle, a certes expliqué de nombreux phénomènes observés. Il s'applique relativement bien à certains faits de la micro-évolution (modifications mineures de caractères), mais il ne peut expliquer ni l'apparition des premières cellules vivantes, ni les macro-évolutions qui ont fait apparaître des espèces radicalement différentes.

L'extrapolation à l'ensemble du processus évolutif d'un mécanisme démontré uniquement pour certains aspects limités à un contexte est une généralisation contraire à la démarche scientifique rigoureuse. Il y a dans cette position à la fois un enfermement total dans les limites du paradigme matérialiste, et une foi absolue en un mécanisme qui est considéré comme le seul acceptable dans le dogme postulé.

Plus gênant encore, cette théorie ne respecte pas le principe de POPPER dans le sens où elle n'est pas réfutable par l'expérience. Les phénomènes se déroulant sur des milliers ou des millions d'années, aucune vérification expérimentale ne peut être effectuée.

Un regard qui se libère du dogme qui porte cette hypothèse découvre une tout autre réalité. Les calculs statistiques évaluant la probabilité que le monde actuel ait émergé par conjonction de hasard et de sélection naturelle donnent une non-probabilité tellement grande que la raison objective ne peut l'admettre. Et on ne compte plus les observations qui invalident le sacro-saint principe !

Le dogme néodarwinien doit son salut au pouvoir académique qui le défend (avec des armes particulièrement efficaces pour le conservatisme), et au fait que toutes les nouvelles données qui apportent un autre éclairage, n'ont pas encore abouti à une synthèse explicative de l'ensemble. Nous évoquerons une piste pour cette synthèse au chapitre VII.

♦ La santé, la maladie, la guérison

Le domaine de la santé bénéficie de programmes ambitieux de recherche. Ses connaissances restent cependant superficielles et très approximatives sur les aspects fondamentaux, alors qu'elles sont de plus en plus performantes sur la description des états pathologiques et les applications ponctuelles permettant de les modifier.

Les maladies sont décrites et leurs manifestations sont connues, au niveau des signes cliniques, des modifications histologiques touchant les tissus et les organes. Les paramètres biologiques dosés en laboratoire sont également de mieux en mieux maîtrisés dans leur pouvoir diagnostic et prédictif.

Cependant, les causes véritables faisant qu'un individu plutôt qu'un autre développe une maladie alors que les risques connus semblent les mêmes restent mystérieuses. Pour une même maladie, la manifestation peut être différente sans qu'il y ait de causalité explicative. Le mystère entoure aussi la guérison : certains malades guérissent, d'autres pas. Hasard et chance (ou malchance) restent le plus souvent les seules explications !

Le problème ne pouvant rester ouvert sans solution de manière aussi béante, il a été contourné de deux manières.

D'abord, on a fait intervenir les statistiques, capables de quantifier le risque d'avoir une maladie en fonction de certains facteurs personnels et environnementaux. Et lorsque nous sommes malades, ces mêmes statistiques nous donnent les chances de guérison, selon les manifestations biologiques et histologiques. Cela peut impressionner, mais les statistiques ne sont que la description d'un état observé masquant une vraie ignorance de ce qui se passe réellement.

Le second contournement est la recherche de solutions efficaces avec des protocoles thérapeutiques. Testés par études cliniques, ils entrent eux aussi dans le domaine de la statistique. Derrière une espérance quantifiée de résultats, il y a la méconnaissance de la raison pour laquelle le traitement est efficace dans certains cas et pas dans les autres. Et lorsque les choses avancent en ce domaine, c'est généralement parce que les statistiques se sont affinées et décrivent mieux les résultats observés.

L'effet psychosomatique, déjà évoqué, contient une partie du mystère. Là aussi, le phénomène est observé, notamment avec l'effet placebo, quantifié en termes de résultat par certaines études, mais il reste inexpliqué. De ce fait, il est oublié dans les protocoles de soins, qui se privent ainsi d'un contexte d'accompagnement favorable dont on sait aujourd'hui qu'il est une composante majeure des guérisons « miraculeuses ».

Pour certains, le fait que l'effet psychosomatique soit reconnu et non expliqué en fait une boîte de Pandore dans laquelle tous les mystères pourraient trouver leur explication. Mais c'est là une autre dérive…

♦ Les mystères du psychisme humain

Des questions sans réponse

Les neurosciences bénéficient aujourd'hui de moyens techniques exceptionnels capables de décrire ce qui se passe dans le cerveau lorsque divers phénomènes psychiques s'y déroulent.

La neurobiologie, en identifiant les neuromédiateurs (messagers chimiques du cerveau), a permis la mise au point de médicaments capables de modifier les états psychiques et de prendre en charge les maladies mentales.

Derrière cela, l'inconnu est total. Qu'est-ce qui déclenche une émotion ? Qu'est-ce qui fait émerger une idée ? Qu'est-ce que la conscience ? Comment le cerveau unifie-t-il l'ensemble de ses processus pour avoir une perception unique du monde et une action cohérente ? Quel mécanisme permet de maintenir la continuité de l'attention ? Comment des hydrocéphales dont la quantité de tissu nerveux est considérablement réduite peuvent-ils avoir une intelligence supérieure à la moyenne ? Où se trouve la mémoire qui n'a pu être localisée dans aucune zone du cerveau ?

Ces interrogations et bien d'autres ne trouvent pas réponses satisfaisantes dans les observations minutieuses et répétées du fonctionnement cérébral.

Le fait de montrer que ces phénomènes soient liés à la structure cérébrale est une indéniable réalité, mais il n'a jamais été prouvé que la structure seule pouvait les générer. Ce n'est qu'une hypothèse et comme c'est la seule compatible avec le postulat matérialiste, elle est devenue un dogme. L'observation attentive de certains phénomènes tend plutôt à montrer que le cerveau serait le siège de processus qui ont accès à une source située au-delà de la matière qui le compose.

L'énigme de la mémoire

La mémoire est l'une des plus grandes énigmes du cerveau, et celle qui ouvre le mieux la porte à une autre conception du psychisme.

L'hypothèse la plus simple à laquelle les neurobiologistes ont cru pendant longtemps assimile une mémoire à un réseau de neurones établis dans le tissu nerveux et capable de répéter un programme. WILDER PENFIELD a introduit le terme d'*engramme*, après avoir effectué diverses expériences confirmant cette réalité. En stimulant électriquement des parties spécifiques du lobe temporal, il activait des souvenirs précis, avec d'incroyables détails. En répétant l'opération, il obtenait la réactivation des mêmes souvenirs par la stimulation d'une zone précisément identifiée. Il semblait alors évident que tous les souvenirs étaient *engrammés* dans des domaines spécifiques et figés de la structure cérébrale.

Voulant compléter et préciser cette connaissance, d'autres expériences ont été menées. La plus célèbre est celle de KARL LASHLEY qui cherchait à localiser les engrammes sur les rats. Après avoir appris aux rats un comportement dont il pouvait facilement vérifier la présence en mémoire, il grillait une à une toutes les parties du cerveau pour chercher celle qui ferait perdre cette mémoire. Au bout de 30 ans, après avoir testé successivement et plusieurs fois toutes les zones cérébrales, il n'en a trouvé aucune dont la destruction faisait perdre la mémoire de l'apprentissage. La notion d'*engramme* qu'il cherchait à vérifier et préciser s'est finalement révélée comme fondamentalement erronée. D'autres expériences ont confirmé cela et la notion d'*engramme* est aujourd'hui abandonnée.

Une autre approche, le calcul statistique, peut montrer aujourd'hui que l'ensemble des connexions possibles dans le cerveau ne permet pas d'emmagasiner la totalité des données mémorisées ou pouvant revenir en mémoire.

La mémoire se manifeste effectivement par l'activation d'un réseau neuronal, mais cela peut se passer à différents endroits du cerveau. La même zone peut manifester le même souvenir, comme l'a montré PENFIELD, mais une autre peut prendre le relais si la précédente n'est plus disponible. On peut observer la manifestation d'un souvenir sur un réseau neuronal, mais on ne sait pas ce qu'il en reste une fois que le réseau est désactivé. On ne sait pas non plus où sont stockés les souvenirs et les apprentissages.

♦ Les pouvoirs étranges de l'esprit

Parapsychologie : imposture et recherches universitaires

Le domaine de la parapsychologie, bien connu du grand public, a fait l'objet de nombreuses recherches, tendant à prouver l'usage de l'illusionnisme afin d'invalider toute autre possibilité.

De vrais imposteurs ont été démasqués de manière incontestable, et ils sont une référence sans cesse rapportée pour justifier la position fermée à cet égard.

Cependant, ceux qui ont vécu ou observé ces expériences savent qu'elles existent. Au-delà de ces expériences individuelles, qui n'ont pas de valeur scientifique, des laboratoires de parapsychologie mis en place dans un cadre universitaire ont mené diverses expériences concluantes. Elles révèlent l'existence répétable et quantifiable de phénomènes qui échappent aux explications neurologiques actuelles.

Des phénomènes qui remettent en cause la connaissance actuelle

La démarche qui tend à nier et chercher systématiquement la fraude révèle une impossibilité à accepter la réalité de tels phénomènes. Cela conduirait à une remise en cause trop importante, à laquelle le modèle actuel du psychisme ne survivrait probablement pas.

Hors du domaine de la parapsychologie, le potentiel exceptionnel de certains individus surdoués, capables de calculer ou mémoriser en dehors de toute échelle imaginable, tout comme les capacités extraordinaires développées par certains maîtres spirituels orientaux, sont d'autres phénomènes bien réels qui transcendent toute explication neurobiologique.

Une observation étonnante

L'observation de JOHN LORBER, surprenante, pose d'une autre manière la question de la relation entre psychisme et cerveau. Ce pédiatre et neurologue anglais s'intéressait aux enfants hydrocéphales chez qui la présence d'une grande quantité de liquide céphalorachidien dans le crâne laisse peu de place pour le système nerveux. Le Quotient Intellectuel (QI) n'est généralement pas affecté.

Le cas le plus extraordinaire que LORBER a rapporté et publié est celui d'un étudiant particulièrement brillant, titulaire d'une licence de mathématiques avec mention "très bien", qu'il a reçu en consultation parce qu'il avait une « grosse tête ». Le scanner cérébral a montré qu'il était hydrocéphale et que son cerveau, repoussé à la périphérie du crâne, ne pesait que 140 g, soit le dixième du poids habituel !

Un article à ce sujet paru dans *Science* en 1980 s'intitulait : « *le cerveau est-il indispensable ?* ». Ce titre, certes provocateur, invite à réfléchir sur le lien entre l'organe (le cerveau) et la fonction (le psychisme).

Une nouvelle fois, le psychisme pourrait être envisagé au-delà du cerveau, qui en est bien évidemment le support, mais sans doute pas l'unique acteur.

♦ À plus grande échelle, la socioanthropologie

Du comportement collectif des insectes sociaux aux activités humaines

Le comportement collectif des insectes sociaux a toujours émerveillé les observateurs. Expliquer comment se comporte une communauté par la synthèse des comportements individuels et des relations entre les individus s'est avéré un casse-tête sans issue, si bien que les modèles systémiques ont été adoptés. Ces modèles sont pourtant hors du paradigme de la biologie. Ils ont été acceptés à ce niveau parce que leur capacité descriptive et explicative est bien plus pertinente que tout autre.

Ces modèles systémiques ont eu d'ailleurs des applications très pratiques en économie, en organisation des entreprises et dans d'autres secteurs. Observer les fourmis et modéliser leur fonctionnement collectif s'est avéré très performant pour comprendre et mieux organiser certaines activités humaines !

Cette similitude dans des domaines aussi différents, mettant en jeu des éléments de bases ayant si peu de points communs, montre de manière éclatante que le fonctionnement collectif répond à d'autres lois que la somme des individus et de leurs relations. Et qu'il n'y a pas de ligne de séparation entre les différents modes d'organisation du monde vivant.

Les énigmes des civilisations anciennes

Les civilisations anciennes, souvent dites primitives, ont révélé des modes de fonctionnement et des connaissances qui sont encore de véritables énigmes. Comment ces peuples qui ne disposaient ni de nos ordinateurs, ni de nos bibliothèques ont-ils pu être aussi en avance dans certains domaines de connaissance et savoir-faire ? Les constructions retrouvées en Égypte ou au Mexique révèlent une architecture plus performante que celle des pays occidentaux qui disposent pourtant de moyens de calculs et d'un savoir cumulé bien plus important ! Encore plus étonnant, les mêmes modèles de constructions ont été utilisés de part et d'autre de l'Océan Atlantique alors que les peuples n'avaient alors aucun moyen de communiquer entre eux.

Le déplacement de certaines pierres dans les Andes est hors de portée des capacités humaines. Les motifs de Nazca au Pérou, bien plus vieux que l'aviation, dessinent des formes dont la cohérence d'ensemble ne peut être vérifiée qu'en se positionnant haut dans le ciel. Et il y a bien d'autres exemples !

Les extraterrestres sont une explication facile, trop facile peut-être, tout comme l'omnipotence de Dieu. Et cela ne fait que déplacer le problème, car derrière la main d'êtres qui seraient doués de pouvoirs plus grands que les nôtres, il existe bien un mécanisme qui utilise les lois de cette Terre !

Le curare des Peuples d'Amazonie

En étudiant les peuples d'Amazonie, JEREMY NARBY s'est intéressé au curare, un mélange capable d'anesthésier sans les tuer les animaux atteints par une flèche. Cette substance est également utilisée par la médecine moderne. Voici ce qu'en dit l'anthropologue :

« Pour fabriquer le curare qu'utilise la médecine moderne, il faut combiner plusieurs plantes et les cuire dans de l'eau pendant soixante-douze heures, en évitant de respirer les vapeurs parfumées mais mortelles qu'elles dégagent. Le produit de cette cuisson est une pâte concentrée, active seulement par voie sous-cutanée : si on l'avale ou si on l'étale sur la peau, ses effets sont anodins. Il est difficile de comprendre comment quelqu'un aurait pu tomber sur une recette aussi compliquée en expérimentant au hasard, surtout si l'on considère qu'il existe dans la forêt amazonienne 80 000 espèces de plantes au moins. [5] »

La connaissance traditionnelle en matière de plantes médicinales, sur laquelle la recherche contemporaine s'appuie pour lancer des recherches, reste un mystère. Le curare est un exemple significatif d'une énigme plus générale sur la source de la connaissance des propriétés et mode d'emploi des plantes curatives. La stratégie de

---

[5] JEREMY NARBY, *Le serpent cosmique, l'ADN et les origines du savoir* (Ed. Georg, Genève, 1995)

l'essai répété et orienté par les erreurs, dans la lignée du mécanisme de hasard et de sélection, ne peut pas être réfutée dans l'absolu, mais elle est peu crédible. On peut l'admettre, comme le mécanisme évolutif du néodarwinisme, seulement en considérant que c'est la seule manière possible qui respecte les fondamentaux du dogme.

♦ Des anomalies transformées en énigmes

Dans le domaine de la physique où les phénomènes se mesurent de manière précise, les observations sur l'effet photovoltaïque ou la « catastrophe ultraviolette » étaient de véritables anomalies, qui ont permis la remise en cause d'une théorie en vigueur.

En biologie, il y a beaucoup d'énigmes et pas de véritables anomalies. Les théories sont suffisamment floues pour laisser une place à l'inconnu, avec notamment l'approche statistique qui accepte un pourcentage d'exceptions ou la mise en avant facile d'une cause encore inconnue. Faute de pouvoir expliquer le processus, la recherche se focalise sur la description du phénomène. Ce positionnement habile et prudent permet la persistance du paradigme, malgré le nombre impressionnant d'énigmes qu'il ne peut résoudre.

Dans certains cas, les faits deviennent des vraies anomalies face à des thèses affirmées sans nuances. Ainsi, un malade qui guérit d'une maladie incurable est une anomalie pour la médecine qui a déclaré cette maladie comme telle. Les expériences montrant la transmission à une génération suivante de caractères acquis sont une anomalie pour le néodarwinisme qui affirme que cela est impossible. Le curare est une anomalie (du moins avec une très grosse probabilité) face à l'affirmation que toute découverte humaine est acquise par essais et correction face à l'erreur.

En ce début du XXIe siècle, la biologie et la médecine sont des sciences protégées par le bunker de leur paradigme, habilement confus sur la cause des phénomènes. De ce fait, elles ne s'intéressent guère aux différentes énigmes qui pourraient l'aider à évoluer, persuadées que la voie choisie est la bonne pour conduire à de vrais progrès au service de l'humanité.

3. Vers un monde meilleur : enchantement et désenchantement ?

La science matérialiste a clairement pris les commandes du monde occidental dans le courant du XXᵉ siècle et ce pouvoir s'est étendu rapidement à l'ensemble du monde. Elle installe sa technologie, et aussi sa vision du monde. Qu'en est-il du monde meilleur qu'elle a promis et continue de promettre ?

Le confort de vie et le temps de loisir, au moins pour une partie de la population, ont connu un progrès indéniable. Au niveau de l'hygiène, des épidémies et de la santé en général, l'amélioration est démontrée sans équivoque par l'accroissement de la durée de vie. D'autre part, les conflits religieux et les grandes guerres semblent écartés de l'Occident.

Cependant, il y a encore des famines dans le monde, une montée des intégrismes religieux et des sectes, un danger écologique réel sur la survie de la planète et une croissance dérégulée de la population mondiale. Dans les pays riches, on observe un niveau inquiétant de mal-être psychologique et de suicides, le développement croissant de maladies auto-immunes et dégénératives.

En toile de fond, la normalisation d'un modèle de vie qui, en théorie, devrait apporter le bonheur, semble éteindre progressivement l'enthousiasme. Est-ce cela un monde meilleur ?

La généralisation du modèle occidental à l'ensemble du monde dans un système mondialisé peut-elle résoudre les problèmes de faim, de guerre, de pollution ?

Allons-nous vers davantage de bonheur pour tous, ou un désenchantement généralisé avec des existences dépourvues de sens ?

Il n'y a pas de réponse objective à cela. Il n'y a qu'un ressenti propre à chacun. Comment nous sentons-nous dans ce monde ? Nous reconnaissons-nous dans ses valeurs ? Croyons-nous que la poursuite dans cette voie va vraiment améliorer les choses ?

La réponse que nous apportons à ces questions est importante.

Si nous allons vers un désenchantement du monde, comme l'exprime JEAN STAUNE[6], alors que dans son fondement même, la science doit nous conduire vers un monde meilleur, il y a bien un problème !

---

[6] JEAN STAUNE, *Notre existence a-t-elle un sens ? Presses de la renaissance, 2007*

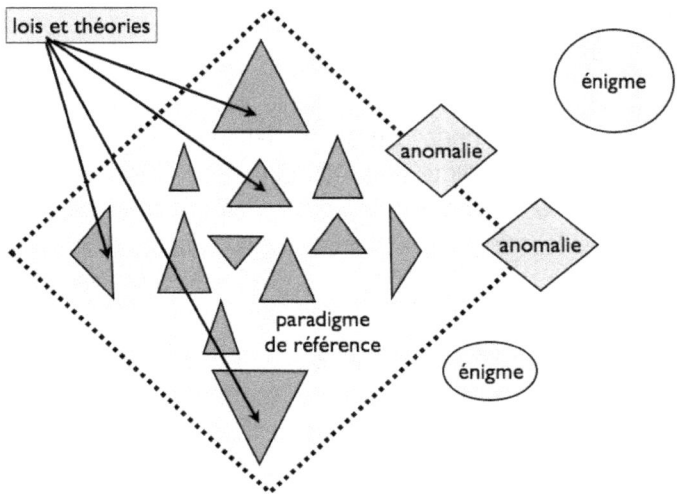

Fig. 2 : Lois et théories dans un paradigme de référence : anomalies et énigmes

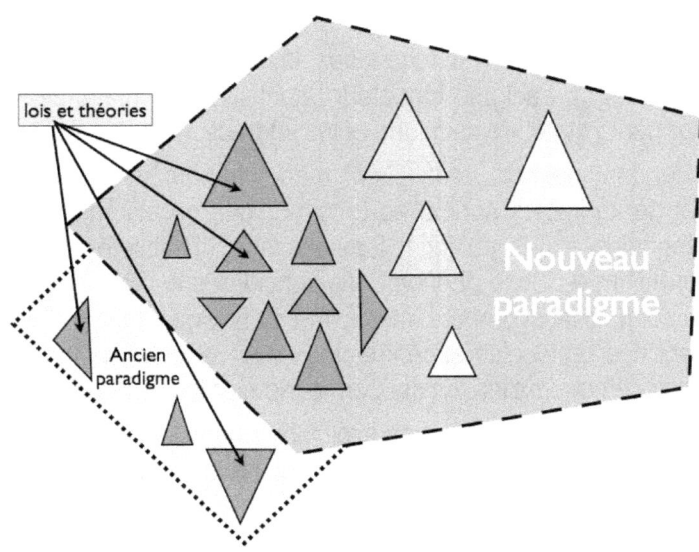

Fig. 3 : Changement de paradigme

Anomalies et énigmes se résolvent, certaines lois de l'ancien paradigme
n'entrent plus dans le cadre et deviennent obsolètes.

III - De vraies énigmes qui bousculent
la connaissance scientifique (en résumé)

Depuis la révolution scientifique du XIXᵉ siècle, la science a pris le relais de la religion pour expliquer le monde. En se fondant sur une connaissance de la matière postulant l'atome comme unité fondamentale, elle a décrit de manière brillante les phénomènes qui nous entourent, y compris de nombreux processus biologiques derrières lesquels se cachent des mécanismes biochimiques.

Les nombreux succès de ses applications pratiques aux résultats visibles et vérifiables ont progressivement validé cette connaissance.

La première faille est venue par la physique au début du XXᵉ siècle. L'exploration de quelques anomalies a ouvert une brèche sur un autre monde, décrit par les théories relativiste et quantique, qui a rapidement invalidé le fondement atomiste de la science classique, tout en reconnaissant que ses lois restent valables si on se restreint au cadre d'observation dans lequel elles ont été élaborées. Un cadre qui réduit la réalité à une vision simplifiée.

La deuxième faille est venue des sciences humaines qui ont eu recours à des modèles plus globaux, non compatibles avec la vision atomiste et cependant performants dans leurs applications.

Malgré ces avancées aujourd'hui reconnues, la biologie et la médecine n'ont pas remis en cause leur paradigme fondateur, atomistique et matérialiste, qui veut tout expliquer par la structure chimique et les interactions entre atomes.

Il existe cependant de nombreuses énigmes (phénomènes observés et non expliqués) et de véritables anomalies (observations ou expériences mettant à défaut les modèles érigés en lois). L'autocensure, l'habileté et parfois de la mauvaise foi minimisent ces phénomènes considérés comme des artefacts ou révélant une connaissance encore incomplète de l'atome et de la chimie. L'arme suprême étant des protocoles expérimentaux dont le cadre restrictif ne permet plus d'observer ces anomalies, ce qui permet de nier leur existence.

La multiplication des observations non explicables dans les modèles actuels et le refus de la communauté scientifique de les étudier sans parti pris crée un malaise et une pression sans précédent.

Dans un esprit scientifique, les anomalies sont le point de départ d'une démarche conduisant à trouver de nouvelles lois qui n'ont plus peur de remettre en cause un paradigme qui ne peut pas les intégrer.

IV - La nécessité d'un nouveau paradigme

« La complexité sera la science du XXIe siècle »
S<small>TEPHEN</small> H<small>AWKING</small>

*« Si effectivement, l'esprit humain ne peut appréhender
l'ensemble du savoir disciplinaire, alors il faut changer,
soit l'esprit humain, soit le savoir disciplinarisé. »*
E<small>DGAR</small> M<small>ORIN</small>

*« Pour la pensée classique, la transdisciplinarité est une absurdité
car elle n'a pas d'objet. En revanche pour la transdisciplinarité, la
pensée classique n'est pas absurde, mais son champ d'application
est reconnu comme étant restreint. »*
B<small>ASARAB</small> N<small>ICOLESCU</small>

Nous sommes à la fois face à différentes énigmes qui ne peuvent être résolues par la science académique actuelle, et face à un désenchantement vis-à-vis du monde à venir ressenti par une partie grandissante de la population occidentale.

Ce n'est sans doute ni la mauvaise volonté, ni l'incompétence des scientifiques qui est en cause, la plupart d'entre eux sont très compétents dans leur domaine et honnêtes. Le problème est plus profond, puisqu'il touche au paradigme. En formatant les scientifiques au cours de leurs études, en cloisonnant les domaines de recherche, et en limitant la connaissance aux phénomènes matériels vérifiables par expériences contrôlées, il empêche toute évolution au-delà du cadre qui a déjà été exploré, et qui a conduit à la situation actuelle. C'est pourquoi sortir de cette situation nécessite aujourd'hui de changer de paradigme.

Les choses avancent déjà dans cette direction. Des chercheurs, parfois reconnus et respectés par la communauté, ont développé des hypothèses novatrices, vérifiées avec toute la rigueur possible dans le domaine concerné. Elles sont cependant ignorées, laissant le choix à leurs auteurs soit de les abandonner, soit de prendre le chemin de la dissidence et de l'isolement.

Les fondements de nouvelles bases ont été posés dans différents domaines. En ce début de XXIe siècle, plusieurs propositions prétendent au statut de « nouveau paradigme », ce qui ne facilite pas son avènement.

Pour élaborer l'hypothèse DTV *(Dynamique Triangulaire de la Vie)*, j'ai retenu trois de ces approches innovantes, chacune décrivant un pilier du processus vivant, avant de les relier par une hypothèse qui les réunit dans un même ensemble où ils sont indissociables.

1. Le premier pilier concerne la matière, introduisant l'**auto-organisation** des systèmes complexes comme mode de fonctionnement des organismes vivants.
2. Le second concerne l'information en général, introduisant un **champ organisateur de forme** qui agit sur les êtres vivants (champ biotique)
3. Le troisième concerne l'évolution, avec l'hypothèse **constructiviste,** introduisant un modèle dans lequel les êtres vivants participent activement au processus évolutif.

Cette démarche se situe clairement dans la dynamique de la *transdisciplinarité* qui fait tomber les cloisons entre les secteurs de la science spécialisée pour mieux considérer la globalité.

1. Le monde de la matière : paradigmes atomique et systémique

La matière inclut tout ce qui peut être pesé ou mesuré, donc observé et expérimenté. Elle se prête particulièrement bien au développement d'une science.

On sait aujourd'hui qu'il n'y a pas de différence fondamentale entre matière et énergie. La matière est de l'énergie condensée et stabilisée. L'énergie est de la matière déstabilisée devenue plus labile.
L'exploration du monde matériel s'intéresse donc à la matière condensée et à l'énergie.

Le monde de la matière, pôle initial de la manifestation dans le concept matérialiste, a été particulièrement bien étudié par la science, qui a accumulé d'innombrables éléments de connaissance à son sujet. Toutes ces données peuvent être interprétées suivant deux concepts : atomiste (ou mécaniste) et systémique.

Le premier est admis depuis le XIXe siècle, et il constitue actuellement la norme. Le second est plus récent, il est encore peu connu des biologistes et des médecins. Ces deux concepts sont tellement distincts que l'on peut parler de paradigmes différents.

♦ Le paradigme atomiste ou réductionniste

Hérité du philosophe grec Democrite, l'atomisme est apparu en Europe à la renaissance sous l'influence de Descartes et Newton. Il s'est fortement consolidé avec la définition de l'atome, la découverte de la chimie, puis les lois de la génétique et l'identification de l'ADN.

Un fondement simple et logique

L'atomisme considère que le monde est constitué d'atomes, dont il existe une centaine de variétés et dont les combinaisons sont à l'origine de toutes les structures et tous les phénomènes existants. Les différentes observations s'expliquent par la connaissance de la matière qui entre en jeu et des lois universelles qui gouvernent les interactions entre chaque élément.

Les atomes s'associent pour former des molécules. Les molécules s'associent pour former des structures complexes. Les molécules et les structures complexes interagissent entre elles, et un ensemble coordonné d'interactions constitue le processus vivant.

Tout cela est régi par des lois linéaires, modélisables par le calcul mathématique prédictif, ou, à défaut, par les statistiques. La connaissance des causes permet donc, en principe, de prédire le résultat.

La découverte ultérieure de sous-structures de l'atome (quark, leptons) n'a pas changé les choses, puisque l'atome reste une structure extrêmement stable, et donc une base élémentaire fiable.

Dans ce concept, une structure et ses comportements sont prévisibles par la connaissance des éléments qui la composent. Les éléments s'assemblent logiquement en fonction de leur nature et de leurs propriétés, sous l'influence des lois générales et du contexte environnemental.

De même, les propriétés d'un ensemble s'expliquent en combinant les propriétés des parties. Donc, pour connaître un ensemble, la démarche consiste à analyser les parties et à reconstituer sous forme de modèle sa structure, puis à l'animer d'un fonctionnement.

C'est pourquoi on parle dans ce cas de *logique linéaire*.

Le concept atomiste est aussi appelé mécaniste (le fonctionnement s'apparente à celui d'une machine) ou réductionniste (les propriétés d'un ensemble se réduisent à la somme de celles de ses constituants).

Grandeur et décadence du concept atomiste

Le *paradigme atomiste* ou *mécaniste* a longtemps cru et prétendu qu'il allait expliquer le monde. Pour cela, il suffit de pousser l'analyse jusque dans les derniers retranchements du détail, identifier tous les éléments et établir les lois générales auxquelles ils sont soumis. C'est le travail d'un horloger qui explique une horloge en démontant tous ses mécanismes, et peut ainsi la régler avec précision.

Cette démarche a eu beaucoup de succès dans le domaine technologique. Elle a montré par cela qu'elle est parfaitement adaptée à la connaissance et à la maîtrise de la matière inerte.

L'ensemble des objets et infrastructures dont nous disposons aujourd'hui en sont le fruit. En assemblant des éléments méticuleusement choisis selon les lois établies, cette connaissance a su créer des appareils et des automates qui exécutent la fonction pour laquelle ils ont été conçus. Par exemple une automobile pour se déplacer, un ordinateur pour calculer des statistiques, un télescope pour observer les planètes…

Le *paradigme atomiste* a aussi montré de vraies limites face aux systèmes complexes, et notamment les organismes vivants. Il décrit des séquences isolées, les relie comme on assemble des pièces d'une machine, mais le modèle final ne reflète pas vraiment la réalité. L'horloge vivante est imprévisible. On ne peut jamais être sûr de ses comportements et aucune ne fonctionne exactement comme ses semblables !

Un bel exemple de cet échec est le séquençage du génome humain. En identifiant tous les gènes de ses cellules, les généticiens étaient convaincus de comprendre comment fonctionne un organisme humain. Ce travail de titan, couronnement annoncé de la biologie et porteur de tous les espoirs, a accouché d'une grande déception.

C'est d'ailleurs le grand silence sur le sujet depuis que les résultats sont connus. Cet échec aurait pu remettre en question le paradigme dont il était l'aboutissement annoncé. Cela n'a pas été le cas.

La communauté des biologistes n'étant pas encore prête à cette profonde remise en cause, elle poursuit ses recherches dans la même direction, en espérant trouver les détails qui manquent, les chaînons manquants qui permettent de reconstituer un tout conforme au modèle attendu.

Il existe une véritable alternative avec le *concept systémique*. Celui-ci est né d'une démarche tout aussi scientifique, mais au-delà d'un seuil que le conditionnement atomiste empêche de franchir : un mode de pensée différent, qui ne raisonne plus de manière linéaire.

Le fait d'avoir longtemps pratiqué une pensée linéaire crée des automatismes incompatibles avec cette autre approche, dans laquelle une telle pensée ne peut plus tout maîtriser par une logique qui aligne les causes et les effets.

C'est pourquoi il est difficile de passer du concept atomiste au concept systémique.

♦ Le paradigme systémique

Une approche résolument différente

Apparue dans sa version scientifique au cours du XXᵉ siècle, l'approche systémique s'est développée de manière synergique dans plusieurs domaines, qui ont progressivement convergé pour former une science complète et cohérente.

Ces différents domaines d'approche sont la théorie des systèmes, la cybernétique, la dynamique des systèmes non linéaires (avec notamment par les structures dissipatives), la théorie du chaos qui a fait émerger la notion d'*attracteur* et la notion d'auto-organisation appliquée aussi bien à la biologie qu'au psychisme, avec les sciences cognitives.

L'approche systémique a permis de répondre aux insuffisances de la science atomiste pour expliquer le fonctionnement des systèmes complexes, en particulier les organismes vivants.

On considère un système comme une unité cohérente, non réductible à la somme de ses parties. Les éléments qui le composent sont certes importants, puisque sans eux il n'existerait pas, mais une fois intégrés dans l'ensemble, ils deviennent avant tout les points d'ancrage d'interactions qui les relient les uns aux autres.

Ce sont ces interactions, plus que les éléments eux-mêmes, qui font émerger la propriété de l'ensemble. Un élément dans un système n'est plus ce qu'il était hors de ce système. Il perd les propriétés qui pouvaient être identifiées quand il était isolé.

À l'intérieur d'un système organisé, la structure individuelle d'un élément constitutif n'a pas plus d'importance que les relations qu'il établit avec les autres éléments de l'ensemble. Ainsi, un ensemble possède des propriétés générales qui ne se retrouvent dans aucune de ses parties.

La structure d'un système complexe n'est pas prévisible par la connaissance des éléments qui le composent. Le système va lui-même adopter la structure la plus stable dans son milieu. Pour cela, il établit spontanément des relations particulières entre ses éléments. L'ensemble va s'organiser pour configurer une forme globale. Celle-ci est optimisée pour exercer une fonction. Et l'exercice de cette fonction est une dynamique qui maintient la stabilité du système dans le mouvement.

Les propriétés d'un ensemble ne peuvent pas s'expliquer en combinant les propriétés de ses parties, puisqu'elles ne sont pas liées aux caractéristiques propres de ces parties, mais à la forme globale qu'elles ont adoptée par auto-organisation.

Pour connaître un ensemble, la démarche ne consiste donc plus à analyser les parties, mais à observer le comportement global, indépendamment des propriétés isolées de ses constituants.

La fonction n'est plus une conséquence, mais une réalité première. La structure n'est plus la cause de la fonction, mais la forme qui lui permet de s'exercer. Ce n'est pas la connaissance isolée d'un détail qui fait avancer la connaissance, mais la manière dont il s'intègre dans le tout et le modifie.

On parle de *logique non linéaire* parce qu'il est impossible de suivre logiquement l'évolution d'une structure ou d'un comportement en enchaînant les causes et les effets. Certains sauts échappent à la logique carrée, qui ne peut concevoir que les lignes continues.

Le mental humain doit avant tout admettre ce qui se passe, en s'inclinant devant les faits qui parlent d'eux-mêmes. Cela est difficile parce que le mode de pensée habituel ne peut pas suivre le processus avec la seule raison, qui ne connaît que le processus linéaire. Une part plus intuitive est alors nécessaire pour ouvrir une vision plus globale. La démarche demande aussi une certaine humilité pour accepter de ne plus pouvoir tout contrôler.

Entrer dans la pensée non linéaire de l'approche systémique exige d'abandonner la toute-puissance de la raison pour ouvrir la porte à ce qui ne peut être approché que par intuition. La raison n'est pas rejetée pour autant, elle est simplement réduite à traiter ce qui entre dans son domaine, c'est-à-dire poser un cadre, établir un protocole d'expérience, décrire un résultat, faire des statistiques… Beaucoup de choses en somme, dès lors qu'il ne s'agit pas d'expliquer le processus lui-même.

Une approche immédiatement et résolument globale

Tout élément de ce monde étant toujours en relation avec d'autres, il est donc impossible de le définir en dehors de l'ensemble organisé dans lequel il se trouve. Toute description d'un élément isolé est virtuelle, puisque cette situation ne peut exister. Les propriétés de cet élément évoluent à chaque instant, puisqu'il dépend de tous les autres avec lesquels il est en relation. Ce n'est donc pas une description analytique qui définit son identité !

Cette observation pose d'emblée le cadre : l'approche systémique est résolument globale. Elle ne considère jamais un élément hors du contexte dans lequel il se trouve, c'est-à-dire les différents systèmes qu'ils constituent avec d'autres éléments de son entourage. Quand elle étudie une entité organisée, elle considère à la fois sa structure propre et l'ensemble auquel elle appartient.

C'est là que les choses se compliquent. Le monde est un ensemble de systèmes, sous-systèmes et méta-systèmes qui s'imbriquent les uns dans les autres. Et l'ensemble final qui les contient tous est un « méga-système » d'une complexité infinie. Cette relativité permanente donne très vite le vertige.

Pour étudier un système particulier, on doit l'isoler artificiellement de l'ensemble auquel il appartient, sans oublier que cette opération est purement expérimentale. Ce qui implique de ne jamais négliger son ouverture sur l'extérieur et les relations qu'il entretient avec son environnement.

Du local au général : une progression discontinue mais cohérente

Dans un système complexe, les interactions les plus fortes et les plus influentes entre les éléments s'établissent dans la proximité et il y a un niveau d'affinité qui délimite des entités autonomes. Même s'il est lié à son milieu, il est évident qu'un organisme animal est une entité autonome qui a sa propre cohérence. Il ne va pas abandonner provisoirement une patte, ou se faire pousser des ailes pour traverser un fleuve !

Ainsi, il est possible de définir des ensembles suffisamment autonomes pour être observés de manière indépendante : l'atome, la molécule, la cellule, l'organisme, la communauté (famille, clan, troupeau, colonie…).

Un système autonome résulte toujours de l'organisation des sous-systèmes qui le composent. Entre un sous-système et un système, il y a un saut non linéaire.

Un système autonome appartient toujours à un système plus grand que l'on appelle méta-système.

Un système autonome dont on peut définir certains comportements à l'état isolé adopte des comportements différents lorsqu'il devient un élément d'un système plus grand (méta-système). Ainsi, la cellule est un être vivant à part entière dans les organismes unicellulaires. Dans un organisme pluricellulaire, elle perd de nombreuses fonctions pour en exercer une, plus spécialisée, au service de l'ensemble.

Les fonctions générales exercées par une seule cellule pour un organisme unicellulaire sont prises en charge par un ensemble de cellules dans un organisme pluricellulaire. La cellule isolée y a perdu une partie de son autonomie fonctionnelle, pour coopérer dans un ensemble plus grand.

Des interactions multilatérales complexes

Une autre observation essentielle a alimenté le concept systémique : les relations entre les éléments d'un système sont le plus souvent à double sens, et même multilatérales.

Chaque élément, par sa structure et son comportement, influe sur l'ensemble auquel il appartient, tout étant lui-même influencé par cet ensemble. On retrouve donc, à tous les niveaux, cette interdépendance qui a été bien définie pour la globalité du monde vivant par le terme « écosystème ».

Un tel mode d'interactions ne permet pas de suivre des relations à la fois multiples et simultanées par une logique linéaire. On peut seulement observer les propriétés générales qui émergent de la structure concernée. C'est pourquoi le paradigme atomiste ne peut pas expliquer le fonctionnement global d'un organisme vivant.

Cesser de vouloir tout comprendre !

Cette approche systémique semble au premier abord très générale, abstraite, impossible à comprendre dans ses détails de fonctionnement.

Tout cela est vrai. Elle ne peut décrire les évènements de manière aussi précise et déterministe qu'une approche atomistique linéaire, dans laquelle tout doit entrer dans une équation qui enchaîne avec certitude les effets aux causes.

En revanche, elle va donner un accès direct à de nombreux mystères sur lesquels l'approche atomistique est en panne depuis longtemps, et doit faire usage de la statistique expérimentale pour suppléer aux équations qu'elle ne peut établir.

La statistique expérimentale consiste à noter le résultat d'un processus en fonction des données de départ sur un grand nombre d'essais et de relier directement par calcul ce résultat aux données de départ, sans comprendre ce qui se passe, ni comment cela se passe. En admettant un % d'erreur, on peut mettre une flèche linéaire pour franchir une zone non linéaire. C'est une approximation par extrapolation. Elle est souvent proche de la réalité lorsque l'on observe une moyenne sur un grand nombre de cas. Mais à l'échelle individuelle, les résultats aberrants qui apparaissent parfois montrent les limites de la méthode et surtout, révèlent l'inadaptation de sa démarche.

L'approche systémique a permis de résoudre des mystères dans le domaine infiniment petit de la physique. En biologie, elle décrit de manière conforme la structure des organismes, leur fonctionnement, leurs comportements. Dans le domaine des sciences humaines, elle a éclairé des phénomènes à grande échelle en économie et en sociologie. Elle permet aussi d'ouvrir une porte au cul-de-sac dans lequel sont tombées les théories de l'évolution.

Elle nous apprend à cesser de vouloir tout comprendre par le détail précis du mécanisme, parce que celui-ci est souvent trop complexe pour notre entendement. Elle montre aussi qu'il est impossible de prédire en comprenant clairement les pourquoi, levant ainsi cette grande illusion de la pensée mécaniste.

Une fois ces limites posées, elle n'est pas seulement contemplative. Elle a établi ses propres modèles, intégrant grâce aux nouvelles mathématiques une *logique non linéaire*. Ses modèles sont régulièrement validés par l'expérience.

Enfin, elle réduit ce décalage entre la froideur rigide des théories scientifiques atomistes et la fluidité que l'on ressent en observant les phénomènes vivants. En cela, elle est une porte vers une science plus humaine, capable de réenchanter la vie.

L'appui des mathématiques : des fractales aux automates cellulaires

Toutes ces notions sur les systèmes complexes sont issues d'observations, d'expériences, et peuvent sembler à ce stade une belle construction de l'esprit qui tient plus de la poésie que de la science. C'est pourquoi l'entrée des mathématiques dans ce domaine a été déterminante.

Pour valider le mode de fonctionnement décrit, il fallait des modèles capables de le reproduire et d'effectuer des prévisions. Vu la progression non linéaire des processus, cela était impossible avec les mathématiques classiques. En effet, celles-ci sont quantitatives et linéaires. Elles permettent, à partir de données initiales, de calculer un résultat précis. Ses formes les plus élaborées, les équations différentielles, ont permis les grandes avancées de la physique.

Le monde vivant se démarque du monde physique en créant des formes harmonieuses et cohérentes, mais dans lesquelles on ne trouve jamais de lignes droites et de régularités. Le problème, c'est que les mathématiques linéaires ne savent faire que cela ! La géométrie régulière des productions technologiques et la modélisation réductrice des organismes vivants sur un mode machine sont l'expression de cette limite.

Pour sortir de cette impasse, il fallait une nouvelle approche mathématique, fondamentalement différente. En fait, cette approche existe depuis le début du XXe siècle. Henri POINCARE, à cette époque, a initié les mathématiques qualitatives. Celles-ci ont ouvert de nouvelles perspectives face à la complexité, avant de se heurter aux limites du potentiel de calcul de l'esprit humain. L'arrivée de l'informatique, avec son immense puissance de calcul, a permis leur développement.

Parmi les applications, les *fractales*, développées par BENOIT MANDELBROT, permettent par simple répétition à l'infini de formules simples de reproduire mathématiquement des structures proches des formes vivantes, ce que la *logique linéaire* et les mathématiques quantitatives n'ont jamais pu faire ! Elles révèlent un processus analogue à celui observé dans les systèmes complexes : la répétition d'une organisation simple fait émerger une organisation plus complexe, qui garde une parenté avec celle de départ, tout en faisant apparaître des propriétés nouvelles.

Les *automates cellulaires* sont l'application la plus importante en ce domaine. Un *automate cellulaire* reproduit sur un ordinateur, sous forme de modèle, un système complexe, qui va se comporter comme lui, et donc permettre de l'étudier et de tester ses comportements.

Les *automates cellulaires* ne reproduisent aujourd'hui que des systèmes complexes limités. Il n'y a pas de programme capable de représenter un organisme vivant dans sa globalité ! Cependant, ils ont déjà permis de reproduire et de prévoir des comportements, là où l'approche linéaire avait toujours échoué.

Ces nouvelles mathématiques rappellent une différence essentielle entre un système linéaire et un système non linéaire.
– Dans une approche linéaire, on utilise des équations quantitatives qui déterminent un résultat.
– Dans une approche non linéaire, on utilise des mathématiques qualitatives qui ne permettent plus de déterminer un résultat, mais de reproduire un processus capable de prévoir son évolution probable en fonction du contexte dans lequel il se trouve.

C'est tout l'enjeu de cette approche systémique : mieux connaître la dynamique du processus, en étant bien conscient qu'il ne sera jamais possible de prévoir avec certitude son résultat.

Continuité et discontinuité du processus

Suivant la *logique linéaire* du *paradigme mécaniste (atomiste)*, l'évolution d'un phénomène est continue. Elle peut être exponentielle, mais cela reste une forme de continuité.

De ce fait, si on change les conditions, on peut toujours, en principe, obtenir la réversibilité du processus.

Suivant la *logique non linéaire* du *paradigme systémique*, l'évolution d'un phénomène subit des sauts par réorganisation complète de l'ensemble. Elle est donc discontinue. Lorsqu'un saut est effectué, il n'y a pas de retour en arrière possible par une voie directe. On peut donc parler d'irréversibilité de certains processus.

Matière inerte et matière vivante

Le *paradigme mécaniste* s'adapte très bien à la matière inerte. Il a permis une connaissance précise des phénomènes physiques et des applications technologiques performantes pour lesquelles on tend vers un risque 0. Si celui-ci n'est jamais atteint en pratique, c'est le fait des incertitudes de l'environnement et des facteurs humains.

En revanche, il s'adapte très mal aux systèmes complexes et aux principaux d'entre eux : les organismes vivants, les communautés d'êtres vivants, la biosphère en général. Il permet une approche approximative et réductrice qui obtient certes des résultats, mais bute sans cesse sur des limites.

La technologie, on le sait, est incapable de fabriquer un organisme, elle peut seulement le cloner ! D'autre part, les solutions qu'elles développent respectent rarement le processus vivant et étouffent son potentiel créateur. Cela a favorisé la mise en péril de la planète, les dégâts d'un usage abusif de médicaments sur la santé générale et plus globalement, le désenchantement.

Pour tout ce qui est vivant, le *paradigme systémique* ouvre un nouvel espace dans lequel la connaissance ne prétend plus être aussi précise. En revanche, elle décrit les processus d'une manière qui est bien plus en phase avec l'observation immédiate. Et les solutions qui en ressortent respectent le processus vivant, ce qui laisse une vraie place à sa créativité.

♦ Deux paradigmes pour deux visions différentes du monde manifesté

Le tableau suivant rappelle les caractéristiques essentielles des deux approches précédemment évoquées :

PARADIGME ATOMISTE	PARADIGME SYSTEMIQUE
Le tout résulte de la somme de ses éléments. Ses propriétés sont prévisibles par la connaissance précise des parties et des lois générales extérieures qui gouvernent le système.	Le tout est davantage que la somme de ses éléments. Les relations locales entre les éléments font émerger une propriété de l'ensemble non prévisible par la connaissance des parties. Les éléments constituants et lois générales extérieures ne suffisent pas à expliquer le fonctionnement du système.
La *logique* de fonctionnement est *linéaire* et un comportement peut se décomposer en relations de cause à effet. L'ordonnancement général est hiérarchique.	La *logique* de fonctionnement est *non linéaire*, et un comportement ne peut pas se décomposer complètement en enchaînement de causes et d'effets. L'ordonnancement général n'est pas hiérarchique.
On ne peut décrire un processus global qu'en synthétisant l'ensemble des éléments qui le composent.	On peut décrire un processus sans avoir besoin d'entrer dans le détail des composants du système.
Lorsqu'un processus est identifié, on peut (au moins en théorie) connaître avec certitude le résultat de ce processus soumis à la modification de l'un des paramètres qui l'influencent.	On ne peut jamais connaître avec certitude le résultat d'un changement de comportement induit par une modification de l'environnement, puisque dans certains contextes, il se produit des sauts de transformation non linéaires.
Les transformations opérées selon un tel processus sont réversibles, il suffit de changer les conditions et de trouver celles qui permettent ce retour.	Les transformations opérées par un saut engendrant une réorganisation sont irréversibles, un système qui s'est transformé ne revient jamais à son état initial.

PARADIGME ATOMISTE	PARADIGME SYSTEMIQUE
Description d'un monde déterministe dont les éléments s'assemblent suivant des lois générales universelles suivant une logique linéaire capable de prédire le résultat.	Description d'un monde non déterministe où la conjonction des lois générales et des lois relatives qui émergent spontanément des systèmes crée un ensemble dynamique répondant à une logique non linéaire dont on peut prévoir une évolution mais pas prédire un résultat.
Modélisation par des mathématiques quantitatives (notamment les équations différentielles).	Modélisation par des mathématiques qualitatives (notamment la topologie différentielle).
Le mental logique est particulièrement apte à maîtriser ce concept.	Le mental logique ne peut intégrer pleinement ce concept, seulement constater objectivement qu'il décrit mieux certaines réalités.
Le concept s'adapte particulièrement bien à la matière inerte et permet le développement technologique. En revanche, il ne peut décrire le processus vivant que par approximation réductrice.	Le concept est sans intérêt pour la matière inerte qui répond très bien aux lois linéaires. En revanche, il s'adapte particulièrement bien au monde vivant qu'il est capable de décrire dans sa globalité, tel qu'il peut être observé.

La matière inerte répond bien au paradigme mécaniste, pas la matière vivante ! C'est pourquoi il semble bien plus cohérent de considérer les processus vivants non plus avec une *logique mécanique linéaire* comme c'est encore le cas actuellement en biologie, mais suivant la *logique systémique non linéaire*.

L'auto-organisation des structures et des comportements vers une stabilité optimale dans le contexte présent est alors une réalité première, qui transcende la somme des mécanismes ponctuels et identifiés de cause à effet. Cela ouvre un champ de connaissance totalement nouveau qui révolutionne la biologie et résout la plupart de ses énigmes. C'est un véritable changement de paradigme, au sens décrit par THOMAS KUHN.

2. Le monde de l'information et de l'esprit

Dans le domaine de la matière, les choses sont finalement assez simples puisque deux paradigmes existent et qu'il suffirait d'adopter pour le monde vivant celui qui lui convient le mieux. Cela n'est pas encore effectif, c'est en chemin, et le fait que le concept systémique soit déjà validé dans de nombreux domaines a ouvert la porte.

Dans le domaine de l'esprit, nous retrouvons l'opposition frontale entre matérialisme et spiritualisme.
– D'un côté, l'esprit est un épiphénomène de la matière, qui ne peut pas contenir d'autres informations que celles acquises par expérience.
– De l'autre, il est à l'origine de tout ce qui existe et contient, indépendamment de la matière, toute l'information fondamentale.

L'issue de cette dualité est généralement un compromis confus entre science et spiritualité, dans lequel tout ce qui reste inexplicable du côté de la matière est volontiers abandonné à l'esprit, plus enclin à porter le mystère.

Pour sortir de ce compromis plutôt bancal, un autre regard est possible, libéré de la dualité, en découvrant la dimension très peu explorée du vide. Dans un domaine différent, c'est alors un autre nouveau paradigme qui va émerger.

♦ Esprit et information selon l'approche matérialiste

Dans le concept matérialiste, la matière serait la seule réalité, contenant tout à l'état potentiel. L'esprit n'est qu'un aspect émergent de son organisation. L'information fondamentale est contenue dans la matière et les lois universelles qui la gouvernent.

En biologie, c'est l'ADN et son code génétique, issu d'un heureux hasard, qui contient toute l'information. Par la continuité de cet heureux hasard, avec l'aide d'une sélection venue exploiter ses nombreuses erreurs, il évolue et apporte de l'information nouvelle, source de transformation.

Cette belle histoire qui tente de tout expliquer pensait éradiquer définitivement l'idée de Dieu. Elle a échoué dans cet objectif.

D'un côté, l'information entièrement contenue dans l'ADN peine à tout expliquer, et se trouve face à des anomalies qui devraient remettre en cause le postulat de départ.

De l'autre, une grande partie de la population, y compris dans le milieu scientifique, se retourne vers la spiritualité pour combler le manque de cohérence et de sens de cette science, qui conduit au désenchantement. Et la face la plus sombre de cet échec est le développement d'intégrismes religieux en réaction au vide de sens d'un matérialisme dominateur.

◆ Esprit et information selon le concept spiritualiste

Dans le concept spiritualiste, l'esprit est la réalité première. Il contient tout à l'état potentiel, et notamment l'information qui organise la matière. Il est facile dans ce contexte de construire une théorie holistique cohérente, puisqu'elle est centrée sur une source unique et omnipotente.

En biologie, on considère alors la vie comme une expression de ce potentiel divin. Les êtres vivants entrent dans un processus évolutif pour exprimer toutes les possibilités de cette source qui les a générés. Cette vision a dominé la plus grande partie de l'histoire de l'humanité. Elle s'est révélée incapable d'épanouir les êtres humains.

Face à cet échec, ceux-ci ont pris le chemin du matérialisme pour exprimer leur liberté et s'approprier leur avenir, plutôt que se résigner à un devenir déjà fixé et dont le monde meilleur sans cesse promis tarde à se manifester.

Face aux succès incontestables de la science matérialiste, les spiritualistes intègrent progressivement les données de cette science, tout en gardant le sens initial de leur philosophie, et en faisant passer pour une expérience nécessaire de l'ego humain la déviation évidente de l'humanité actuelle.

Il n'est pas possible de réfuter une théorie dont les fondements résident dans l'omnipotence insondable de son origine. C'est donc une affaire de croyance.

La spiritualité a-t-elle le monopole de l'explication holistique et du sens ? Peut-on envisager une autre solution qui ouvre la porte à la dimension spirituelle, sans lui attribuer la toute-puissance ?

Pour cela, nous devons d'abord envisager de séparer l'information de nature « spirituelle », c'est-à-dire immatérielle, de l'intention divine déterministe à laquelle elle a toujours été plus ou moins associée.

♦ Le champ d'information et de mémoire : un nouveau paradigme réellement innovant

Une observation rigoureuse et ouverte des phénomènes biologiques au niveau du développement des organismes, de leur capacité à s'auto-réparer, et du fait qu'ils soient apparus sur cette terre avec une forte capacité d'évolution, rend improbable la thèse matérialiste du hasard et de la nécessité de survie.

Ce qui manque le plus est l'origine d'un savoir-faire extraordinaire, capable d'organiser la matière, lui donner des formes, et les maintenir dans une étonnante cohérence malgré un milieu changeant.

L'hypothèse d'un champ immatériel d'information et de mémoire, universelles, qui sous-tend l'ensemble de la manifestation existante dans la matière, en lui apportant les informations d'organisation, et en mémorisant tout ce qui s'y passe est un concept révolutionnaire.
Elle comble d'évidentes carences de la science matérialiste et intègre le potentiel explicatif des traditions spirituelles, sans être obligé d'y inclure le déterminisme divin.

C'est actuellement la seule hypothèse qui propose une causalité aux grandes énigmes de ce monde. Elle n'est pas entièrement nouvelle dans la mesure où elle reprend ce que les traditions spirituelles affirment depuis toujours. En revanche, elle fait sortir ce mode de fonctionnement d'une nébuleuse mystérieuse, pour en décrire le mécanisme, et la séparer d'une intention divine qui devient une possibilité et non une obligation.

Ce concept et les fondements qui l'ont fait émerger seront détaillés aux chapitres VI et IX. Disons simplement ici qu'il ne s'agit pas d'un délire imaginaire d'utopistes rêveurs, mais bien d'une réponse logique et cohérente à de multiples observations, étayée par des faits incontestables qui n'ont actuellement aucune autre explication.
Il offre ainsi un nouveau paradigme capable de résoudre les grandes énigmes auxquelles la science se heurte depuis des décennies.

3. L'origine et le souffle permanent de la vie

Ce troisième domaine est de loin le plus mystérieux. C'est aussi l'objet de la bataille idéologique entre matérialistes et spiritualistes, chacun s'appropriant la source de ce mystère, sans avoir à l'expliquer puisque de toute manière, c'est un mystère !

La démarche ambitieuse que je propose ici est de séparer ce mystère à la fois de la matière et de l'esprit, pour en faire une troisième force capable de se relier aux deux autres dans une dynamique ternaire, symbolisée par un triangle. Par la même occasion, elle réconcilie les sciences matérielle et spirituelle, définissant leur place et leur domaine de compétence, sans besoin de faire de compromis qui limite le champ de possibilités de chacune d'elles.

Ce sera le troisième paradigme de mon hypothèse globale, forcément arbitraire, mais pas davantage que le fait d'attribuer la vie à un hasard d'organisation de la matière ou à la volonté divine.

Pour en poser quelques fondements, je m'appuierai sur l'absence de solution à un vrai mystère : celui de l'apparition des êtres vivants sur terre, sur l'évolution des espèces, et sur l'hypothèse constructiviste de JEAN PIAGET.

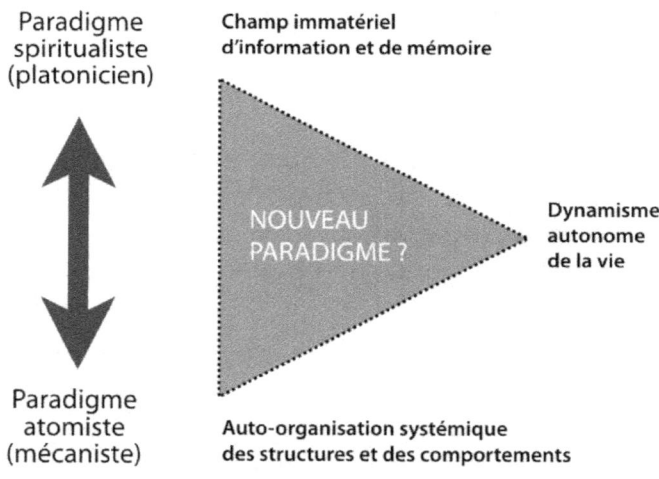

Paradigme spiritualiste (platonicien)

Champ immatériel d'information et de mémoire

NOUVEAU PARADIGME ?

Dynamisme autonome de la vie

Paradigme atomiste (mécaniste)

Auto-organisation systémique des structures et des comportements

Fig. 4 : L'hypothèse DTV

Elle propose de sortir de l'enfermement et de la dualité des thèses matérialistes et spiritualistes, tout en reprenant leurs grands acquis respectifs.

Avec une dynamique ternaire (en triangle), elle donne un sens non déterministe à la vie, et donc une responsabilité individuelle bien réelle aux êtres vivants, et particulièrement les humains qui ont acquis le potentiel de conscience.

4. De la pluridisciplinarité à la transdisciplinarité

Un dernier point essentiel permet de relier les trois précédents. Il ne suffit pas de mettre bout à bout trois grandes idées pour en faire en ensemble cohérent.

L'idée de *transdisciplinarité* est d'autant plus à sa place que ce terme a été initié en 1970 par JEAN PIAGET (cité ci-dessus), et qu'il représente une manière de considérer la globalité défendue aussi bien :
– par les promoteurs du *paradigme systémique*,
– par ceux qui s'appuient sur le *champ d'information et de mémoire,*
– par le constructivisme de PIAGET.

Le lien entre ces trois courants se fait d'autant plus facilement qu'ils ont cela de commun.

BASARAB NICOLESCU a mis en valeur la notion de transdisciplinarité dans un ouvrage paru en 1996[7]. Il précise la définition de quatre termes qui perdent souvent leur vrai sens du fait qu'ils sont régulièrement confondus.

– La <u>disciplinarité</u> spécialise les sciences en domaine de compétences, constituant les disciplines et les sous-disciplines.
Ainsi, la médecine est la discipline de la santé et la cardiologie la sous-discipline de la santé qui traite le système cardio-vasculaire.
Ce cloisonnement en secteurs spécialisés est un axe important du positivisme qui y ajoutait une hiérarchie des sciences, la physique étant la plus exacte et les sciences humaines les plus aléatoires, du fait de l'imprécision liée à la complexité du monde vivant.

– La <u>pluridisciplinarité</u> permet l'étude croisée d'un même objet par plusieurs disciplines en même temps. Par exemple, un vieux manuscrit est étudié par les historiens, les linguistes, et les physiciens qui peuvent le dater. Il en résulte une addition de faits dont il faut ensuite effectuer la synthèse.

– L'<u>interdisciplinarité</u> effectue un transfert des méthodes d'une discipline à une autre. Ainsi, les mathématiques ont été intégrées par la plupart des sciences, la physique et les statistiques sont entrées en biologie et en médecine, etc. Elle peut conduire à la naissance de nouvelles disciplines. Elle contribue à l'hyperspécialisation et surtout à une compartimentation encore plus grande de la science.

---

[7] B. NICOLESCU : *La Transdisciplinarité : Manifeste* – Edition du Rocher, 1996

La médecine physique est l'une de ses nouvelles disciplines issues de l'interdisciplinarité. Elle fait désormais partie intégrante de la médecine, tout étant à part du fait qu'elle s'est approprié des connaissances de sciences physiques pour se consacrer aux appareils de diagnostic ou de soins exploitant l'électromagnétisme.

– La ***transdisciplinarité*** se situe à la fois entre les disciplines, à travers les différentes disciplines et au-delà de toute discipline. Sa finalité est la compréhension de la globalité du monde présent, dans une unité de la connaissance qui n'est pas l'addition de ses composantes disciplinarisées.

« Y a-t-il quelque chose entre et à travers les disciplines et au-delà de toute discipline ? Du point de vue de la pensée classique il n'y a rien, strictement rien. L'espace en question est vide, complètement vide, comme le vide de la physique classique. Même si elle renonce à la vision pyramidale de la connaissance, la pensée classique considère que chaque fragment de la pyramide, engendré par le big bang disciplinaire, est une pyramide entière ; chaque discipline clame que le champ de sa pertinence est inépuisable. Pour la pensée classique, la transdisciplinarité est une absurdité car elle n'a pas d'objet. En revanche pour la transdisciplinarité, la pensée classique n'est pas absurde mais son champ d'application est reconnu comme étant restreint.

En présence de plusieurs niveaux de Réalité, l'espace entre les disciplines et au-delà des disciplines est plein, comme le vide quantique est plein de toutes les potentialités : de la particule quantique aux galaxies, du quark aux éléments lourds qui conditionnent l'apparition de la vie dans l'Univers.

La structure discontinue des niveaux de Réalité détermine la structure discontinue de l'espace transdisciplinaire, qui, à son tour, explique pourquoi la recherche transdisciplinaire est radicalement distincte de la recherche disciplinaire, tout en lui étant complémentaire. La recherche disciplinaire concerne, tout au plus, un seul et même niveau de Réalité ; d'ailleurs, dans la plupart des cas, elle ne concerne que des fragments d'un seul et même niveau de Réalité. En revanche, la transdisciplinarité s'intéresse à la dynamique engendrée par l'action de plusieurs niveaux de Réalité à la fois. La découverte de cette dynamique passe nécessairement par la connaissance disciplinaire. La transdisciplinarité, tout en n'étant pas une nouvelle discipline ou une nouvelle hyperdiscipline, se nourrit de la recherche disciplinaire, qui, à son tour, est éclairée d'une manière nouvelle et féconde par la connaissance transdisciplinaire. Dans ce sens, les recherches disciplinaires et transdisciplinaires ne sont pas antagonistes mais complémentaires.[8] »

---

[8] B. NICOLESCU : *La Transdisciplinarité : Manifeste – Edition du Rocher, 1996*

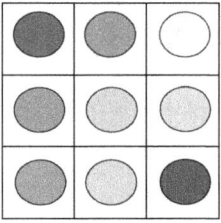

Disciplinarité :
chaque discipline est spécialisée et cloisonnée
dans son domaine de spécialisation.

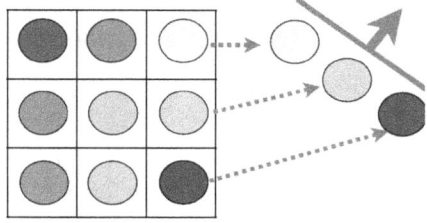

Pluridisciplinarité :
plusieurs disciplines s'associent ponctuellement pour
mieux étudier un objet ou un phénomène.

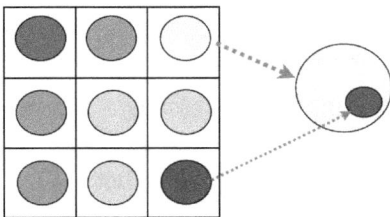

Interdisciplinarité :
Une discipline intègre une partie du savoir-faire d'une
autre pour développer une sous-spécialité, variante
de la première.

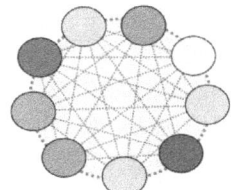

Transdisciplinarité :
Les cloisonnements disparaissent, toutes les
disciplines sont inter-reliées pour qu'émerge une
science globale intégrant toutes ses composantes
et étant plus que leur somme

Fig. 5 : Disciplinarité, pluridisciplinarité, interdisciplinarité et transdisciplinarité

Comme un système complexe, la transdisciplinarité intègre toutes les
disciplines tout en étant autre chose que leur somme.
Elle intègre la démarche pluri et interdisciplinaire tout en étant davantage que
la somme des deux.
Elle s'intéresse avant tout à ce qui relie au-delà des analogies apparentes.
Elle cherche une dynamique émergente par la considération simultanée de
plusieurs niveaux de réalité.
Elle peut ainsi prétendre approcher la globalité dans la cohérence.

IV- La nécessité d'un nouveau paradigme (en résumé)

Face aux énigmes et anomalies que la science de la fin du XXe siècle ne peut résoudre dans le domaine de la biologie, de la psychologie et de la santé, une démarche scientifique rigoureuse exige de rechercher des solutions nouvelles au-delà du paradigme qui a échoué dans ces domaines.

La nécessité de changer de paradigme est soulignée depuis plusieurs années, voire décennies, par des philosophes et des chercheurs. Elle se heurte au fait que diverses propositions mettent en avant des domaines différents non reliés entre eux, et elles ne peuvent donc pas vraiment coopérer. La solution souvent préconisée est un retour au paradigme spiritualiste, appelé plus volontiers « platonicien », qui a dominé la culture humaine avant la révolution scientifique.

La *Dynamique Triangulaire de la Vie* s'inscrit dans cette démarche de proposer un nouveau paradigme. Elle ne s'oppose pas aux diverses propositions qui ont été déjà effectuées, elle souligne simplement leur caractère incomplet.

Pour cela elle intègre trois grandes innovations conceptuelles du XXe siècle, qui vont constituer les trois pôles d'une dynamique ternaire.

Le premier est l'auto-organisation systémique qui concerne aussi bien les structures que les comportements. C'est le plus accessible, car il décrit le monde matériel que nous pouvons observer et mesurer.

Le second admet l'existence d'un *champ* immatériel *d'information et de mémoire*. Il explique de manière rigoureuse la plupart des phénomènes liés à l'esprit, détaché de toute intention divine.

Ces deux aspects se sont considérablement développés depuis plusieurs années, mais ils peinent à se rencontrer.

Pour permettre cette rencontre, un troisième pôle est associé : la dynamique autonome de la vie, capable de participer pleinement au processus vivant en étant son propre moteur.

La DTV émerge de la rencontre des deux concepts innovants majeurs (l'auto-organisation systémique et l'existence d'un *champ d'information de mémoire*), associée à un troisième pôle porteur du dynamisme de la vie, et de la réunion des trois en un seul système dans lequel ils ne peuvent plus être dissociés.

V - Le paradigme systémique

« Toute chose étant causée et causante, aidée et aidante, médiatement et immédiatement, et toutes (choses) s'entretenant par un lien naturel et insensible qui lie les plus éloignées et les plus différentes, je tiens pour impossible de connaître les parties sans connaître le tout, non plus que de connaître le tout sans connaître les parties. »
BLAISE PASCAL

Le chapitre précédent a présenté le paradigme systémique comparé à la vision mécaniste qui domine encore les sciences biologiques et médicales, tout en soulignant l'inadaptation de ce dernier au monde vivant auquel il est encore appliqué.

Pour intégrer le concept systémique dans un modèle global décrivant la vie et les êtres vivants, il convient désormais de préciser ses fondements et les applications qui ne cessent de vérifier sa validité.

1. Sortir définitivement d'une logique mécaniste

Le plus difficile, pour entrer dans une vision systémique, est de se libérer vraiment de la logique mécaniste et linéaire qui colle si bien au mental rationnel, et qui a imprégné notre éducation. Pour cela, la comparaison avec la machine est éclairante.

♦ Différence fondamentale entre système complexe et machine

La cybernétique a contribué au développement de l'approche systémique en essayant de l'appliquer aux automates. Les recherches en matière d'intelligence artificielle ont obtenu de beaux résultats, en intégrant certaines propriétés des systèmes complexes aux appareils automatiques, notamment les interrelations entre les parties par les boucles de rétrocontrôle. Elles se sont aussi heurtées à des difficultés majeures, non résolues, révélant le seuil infranchissable entre un système complexe naturel et une machine.

La différence essentielle entre les deux nous rapproche de ce qui les définit fondamentalement.

Qu'est-ce qu'une machine ? Qu'est-ce qu'un système complexe naturel, notamment un être vivant ? Qu'est-ce qui les différencie ontologiquement, c'est-à-dire dans leur nature propre ?

Nature de la machine

La machine est construite avec de la matière qui supporte à la fois sa structure et son organisation. Cette structure matérielle détermine son identité. Sauf réparation qui échange une pièce en la remplaçant par une autre identique, cette matière reste la même durant toute la durée de vie de la machine.

La structure matérielle de la machine est figée.

C'est elle qui détermine sa fonction.

Nature du système complexe naturel

Le système complexe se définit par une capacité d'organisation qui permet d'assurer une fonction. De ce fait, il peut modifier lui-même sa structure, ce qu'il fait en permanence en renouvelant ses constituants par un échange continu avec l'environnement.

Dans ses échanges, il ne substitue pas forcément un constituant par un autre identique. Ce peut être le remplacement par un élément différent, une perte non remplacée ou un ajout. Dans tous les cas, le système intègre totalement sa nouvelle composition en adaptant son organisation, sans perdre sa cohérence et sans perdre sa fonction.

La structure d'un système complexe est dynamique et adaptable. Elle est indissociable de sa fonction. Cette fonction est autant la cause que la conséquence de la structure.

MACHINE	SYSTÈME COMPLEXE NATUREL
Composants inchangés pendant toute la vie ce qui ne permet pas l'évolution de la structure	Composant en perpétuel renouvellement sans que cela ne désorganise la structure, mais ce qui permet son évolution
Structure matérielle capable d'exercer une fonction	Structure fonctionnelle adoptant l'organisation optimale pour assurer sa fonction
Structure $\longrightarrow$ Fonction	Fonction $\longleftrightarrow$ Structure

♦ Complexe ne veut pas dire compliqué

Les qualificatifs « compliqué » et « complexe » sont parfois confondus, alors qu'ils s'appliquent à des modes d'organisation différents.

Système compliqué et système complexe

Un système compliqué comprend de nombreuses parties ayant toutes un rôle spécifique et des relations linéaires préétablies les unes avec les autres. Chaque partie peut être isolée et apparaître très simple. Ce qui est compliqué, c'est qu'il faut connaître toutes les parties pour comprendre l'ensemble. Ce qui est simple dans le détail se complique au fur et à mesure que les détails se multiplient.

Une usine qui fabrique et assemble toutes les pièces d'un camion illustre assez bien cela. Le terme « usine à gaz », employé dans le langage courant, fait allusion à ce fonctionnement compliqué.

Un système complexe n'est pas dissociable en parties simples, il est complexe dans son ensemble. Cette complexité n'est pas directement liée à la grande multiplicité de ses éléments. Il fonctionne tout seul, s'adapte aux situations, et se répare ou se régénère de lui-même.

Ses détails ne sont pas simples, mais la multiplication des éléments ne complique pas vraiment l'ensemble s'il est observé dans sa globalité. Il est généralement plus facile de comprendre la globalité d'un système complexe que le détail de ses parties.

SYSTÈME COMPLIQUÉ	SYSTÈME COMPLEXE
Simple à comprendre dans ses détails mais difficile à appréhender dans son ensemble.	Pas plus difficile (voire moins) à comprendre dans son ensemble que dans ses parties.
Possibilité d'être décomposé pour faciliter sa compréhension.	La décomposition aide peu la compréhension et peut induire en erreur.
Peut être bloqué dans sa fonction par le dysfonctionnement d'une seule partie.	Fortes capacités d'adaptation et de réparation pour maintenir sa fonction.
Logique linéaire	Logique non linéaire
Approche atomiste	Approche systémique

Exemple de l'organisme humain

Décrire un organisme humain dans une démarche atomistique revient à le décomposer en toutes ses parties (soit 10^{13} cellules), et même au-delà puisque les cellules sont elles-mêmes un univers de sous-structures et de molécules. C'est effectivement très compliqué, et il faudrait des siècles de recherches acharnées et des ordinateurs surpuissants pour connaître précisément toutes les parties et recréer l'ensemble, en supposant que cela soit possible.

Le décrire dans une approche systémique accepte d'emblée qu'on ne connaîtra jamais tous les détails, et cela importe peu. Ce qui nous intéresse alors est comment fonctionnent les sous-systèmes que l'on peut identifier les uns par rapport aux autres, et quels sont les comportements de l'ensemble. Comment agir sur une partie peut modifier l'ensemble, et comment l'ensemble régule toutes les parties.

Nous essayons alors d'entrer dans une dynamique qui existe naturellement, en suivant son processus, sans connaître les détails de fonctionnement. De la même manière, nous pouvons nous régaler en mangeant une fraise, sans connaître tous les détails des interactions qui conduisent à ce plaisir, en ayant appris les conditions qui valorisent sa saveur.

Deux voies de compréhension

Un <u>système compliqué</u> est toujours compréhensible.
Plus il est compliqué, plus il faut un gros travail quantitatif pour connaître tous les détails, d'où une nécessaire spécialisation. Dans le cas d'un système très important, le potentiel mental humain n'a pas la capacité de connaître et rassembler tous les composants pour comprendre l'ensemble. C'est donc une équipe de spécialistes qui se charge des diverses parties, ou un ordinateur puissant qui cumule toutes les données pour tenter de reconstituer l'ensemble.
Au final, un système compliqué est compréhensible par un mental qui s'en donne la peine, mais il ne sait pas faire simplement quelque chose de simple. L'administration française est un bel exemple !

Un <u>système complexe</u> ne sera jamais complètement compréhensible, et tout acharnement dans l'effort est vain.
En revanche, il est possible d'apprendre quelques lois simples de son fonctionnement, afin d'agir efficacement sur ses mécanismes, en respectant son processus, pour obtenir un résultat.

Origine naturelle et humaine

Les ensembles compliqués ne sont jamais des systèmes naturels, mais des représentations humaines de systèmes naturels ou des créations humaines (comme les machines). La nature ignore la construction linéaire et ne fabrique jamais de machine.
La nature n'est jamais compliquée !

Les ensembles naturels sont toujours des systèmes complexes.
Ils sont incompréhensibles au mental humain dans l'absolu du détail, et pourtant, ils fonctionnent merveilleusement bien et remplissent de manière simple et efficace leur fonction.

> C'est en essayant de comprendre les systèmes vivants comme des systèmes compliqués que la logique atomistique a conduit à l'hyperspécialisation et à la réalisation d'immenses bases de données sur des ordinateurs de plus en plus puissants. Et tout porte à croire aujourd'hui que c'est une voie sans issue pour connaître la globalité !

♦ Logique non linéaire et imprévisibilité

Une autre difficulté majeure pour sortir de la logique mécaniste est d'intégrer la *non-linéarité* de l'évolution d'une structure ou d'un phénomène, et donc d'accepter l'impossibilité de prévision certaine par projection.

Dans un raisonnement linéaire, la connaissance de la cause permet de prévoir le résultat, parce qu'entre les deux, il y a une équation. La détermination du résultat peut échouer quand il y a trop de causes ou un mécanisme inconnu : le système est alors trop compliqué.
Dans ce cas, on va estimer qu'il y a trop de causes différentes et que la puissance de calcul disponible n'est pas suffisante, ou que le manque de connaissance de certains rouages empêche de trouver l'équation qui englobe l'ensemble. La solution trouvée est alors le recours à l'approximation statistique, qui perce la zone d'inconnu par une flèche droite qui arrive directement au résultat.

Dans les systèmes complexes, les choses sont claires dès le départ, la dynamique n'est pas linéaire, et il ne sera jamais possible de décrire avec certitude le résultat consécutif au changement d'une donnée de départ. La seule chose certaine est que le système évolue de manière à garder au mieux sa fonction majeure dans l'ensemble auquel il appartient. À défaut, il peut s'effondrer, ce qui pour un organisme vivant correspond à la mort.

Donc, face aux modifications de son environnement, un système complexe réagit d'une manière imprévisible dans l'absolu. D'un point de vue relatif, sa réaction est prévisible avec un risque d'erreur limité, si le système a déjà connu une telle situation en ayant réussi à s'adapter, ou si d'autres systèmes identiques l'ont fait.

Les systèmes complexes portent en eux deux propriétés essentielles sur lesquelles nous allons revenir : la mémoire et la cohérence d'ensemble. Les solutions déjà adoptées sont toujours choisies prioritairement, et des systèmes semblables trouvent généralement des solutions très proches à un même problème.

Malgré cela, une incertitude fondamentale demeure. Parfois, un changement initial mineur peut conduire à une transformation majeure, totalement imprévisible, et irréversible une fois effectuée.

2. Propriétés générales des systèmes complexes

Les propriétés générales des systèmes complexes les démarquent nettement des systèmes compliqués.

♦ Propriétés spécifiques des systèmes complexes

– Ils sont <u>holistiques</u> : il est impossible de reconstituer leur fonctionne-ment en assemblant ce que l'on connaît de leurs parties.

– Ils sont <u>auto-organisés</u> et leurs propriétés sont une <u>émergence</u> de leur organisation. Dès lors que tous les éléments qui le composent sont présents, un système complexe se structure de lui-même, adopte une organisation dans laquelle entrent en jeu de multiples interactions locales et ses propriétés émergent spontanément.

– Ils ont une <u>fonction</u>, indissociable de cette structure et de cette organisation. Cette fonction s'exerce dans leur environnement qui est un méta-système, plus grand, dans lequel ils ont des relations avec les autres systèmes. La fonction d'un organisme est indissociable des relations qu'il entretient avec son environnement. Il contribue, à son niveau, à la stabilité de l'ensemble plus grand auquel il appartient.

– Ils sont <u>adaptables</u>. Dès que leur organisation ne permet plus de maintenir leur structure et leur fonctionnement dans leur environnement, parce que celui-ci a changé, les systèmes complexes modifient leur organisation et leur structure pour maintenir leur fonction. Et ils font cela spontanément !

– Ils évoluent. En s'adaptant régulièrement à son milieu, un système complexe évolue vers une complexité plus grande qui le rend plus apte à remplir sa fonction dans l'environnement changeant auquel il appartient. On peut distinguer, de manière simplifiée deux types d'évolutions : celles qui modifient l'organisation sans changer la structure (adaptations), et celles qui modifient aussi la structure (transformations). Les adaptations sont réversibles, les transformations ne le sont pas. Chaque transformation est une porte franchie pour laquelle il n'y a pas de retour, d'où la flèche du temps et l'évolution perpétuelle.

– Ils ont une mémoire et une cohérence. Lorsqu'une adaptation a été utilisée avec succès, elle sera adoptée comme solution préférentielle dans une situation identique. Dans une même situation, deux systèmes similaires adopteront des solutions similaires.

♦ Stabilité et instabilité

Dans les systèmes complexes, l'équilibre au sens strict n'existe pas. Un système en équilibre deviendrait figé et ne pourrait plus exercer sa fonction. Pour un organisme vivant, le seul équilibre est la mort !

Un système complexe ne peut exister que dans une dynamique qui maintient sa stabilité, alors qu'il n'est pas équilibré.
ILYA PRIGOGINE, qui a introduit la notion de *structure dissipative*, employait l'expression : « système stable loin de l'équilibre ».
Un système complexe doit toujours être en mouvement, ce qui le protège de l'*entropie* qui entraîne toutes les structures irrésistiblement vers le chaos. C'est ce qui se passe pour un organisme vivant dès qu'il est mort et que ce mouvement permanent s'arrête : il se décompose. De même, un cycliste qui cesse d'avancer chute.

Un système complexe peut se maintenir stable, alors qu'il n'est pas en équilibre, parce que son organisation lui donne une structure et un comportement capables de puiser dans son environnement l'énergie et la matière nécessaires à cette stabilité dans le mouvement.

Derrière cette organisation pointe la notion d'information. Dès qu'il y a de l'organisation, il y a information. Dès qu'il y a perte d'information, il y a aussi perte d'organisation. En thermodynamique, cette perte d'organisation est appelée *entropie*. Elle conduit à l'état le plus désorganisé, qui est aussi le plus stable.

♦ Discontinuité et irréversibilité des transformations

Dans certaines situations, notamment après un changement important dans l'environnement, un système complexe peut entrer en instabilité. Sa structure ne peut plus se maintenir dans ce nouveau contexte. Le système, extrêmement fragilisé, peut s'effondrer et se décomposer. Avant cela, chaque fois que cela est possible, il s'adapte en trouvant une nouvelle organisation (adaptation), et si nécessaire une nouvelle structure (transformation).

La transformation est un phénomène discontinu

La transformation d'un système n'est jamais progressive, elle est toujours discontinue. Ce n'est pas un glissement, c'est un saut.

Avec le recul, elle peut apparaître comme progressive, si elle a effectué de petits sauts dans la même direction. Cette impression est une extrapolation qui tire un trait entre les étapes, alors qu'au fond du détail, il n'y a pas de continuité, comme la lumière semble continue alors qu'elle est formée de quanta.

La transformation d'un système est toujours le passage d'un modèle d'organisation à un autre. Elle passe obligatoirement par une phase d'instabilité, plus ou moins importante selon le degré de changement. Parfois, elle peut mettre le système en danger.

Un exemple bien connu : l'effet papillon

Une illustration bien connue de cette discontinuité est l'*effet papillon* : « *Le battement d'ailes d'un papillon au Brésil peut-il provoquer une tornade au Texas ?* »[9] L'image paraît excessive, elle montre cependant comment les systèmes complexes se transforment. Il se peut que rien ne bouge en apparence pendant longtemps alors que la stabilité se fragilise. Puis, un tout petit changement supplémentaire déclenche une grande transformation. L'analyse linéaire est alors déboussolée par la disproportion entre la cause et l'effet, alors que l'analyse non linéaire l'intègre naturellement.

Une transformation est irréversible

La transformation des structures ne peut revenir en arrière. On parle de transitions irréversibles. L'organisation d'un système complexe ne revient jamais à son état précédent. S'il retourne vers un état qui semble être son état initial, c'est par un phénomène de boucle. Il ne

---

[9] *Expression employée par* EDWARD LORENTZ *en 1972*

retrouvera pas exactement la même situation, parce que dans la non-linéarité de son évolution, il n'y a pas de retour possible en reprenant le chemin de l'aller. Comme un système complexe cumule la mémoire de tout ce qu'il a été, et que cette mémoire se manifeste dans sa structure, il ne peut jamais redevenir ce qu'il a été avant de faire une transformation.

L'irréversibilité des transformations est une notion qui n'appartient pas au paradigme mécaniste. C'est peut-être pour cela qu'en ayant été éduqué et construit dans cette culture, nous aimerions parfois revenir en arrière après un acte aux conséquences fâcheuses, alors que nous savons bien par expérience que cela n'est pas possible.

3. La notion d'attracteur

Une dernière notion est essentielle et souvent difficile à comprendre : l'*attracteur*. L'effort vaut cependant la peine, car c'est une clef qui ouvre de nombreuses portes et éclaire bien des mystères !

Attracteur, bassin d'attraction et paysage adaptatif

Lorsqu'un système complexe dynamique exerce sa fonction, son organisation se manifeste par un comportement structuré et rythmé, avec des effets sur l'environnement qui peuvent être observés.

La modélisation mathématique de ce comportement donne une représentation graphique qui a été nommée « *attracteur* ».

Pour mieux comprendre cette notion, considérons les choses dans l'autre sens. L'*attracteur* est un modèle qui contient l'information et permet au système de s'auto-organiser. Si un système se transforme, après être passé par une phase d'instabilité, cela veut dire qu'il a changé d'*attracteur*.

La structure complexe s'auto-organise en étant spontanément « attirée » par le modèle d'organisation le mieux adapté à sa composition (l'ensemble de ses éléments) et aux conditions environnementales.

On nomme *bassin d'attraction* l'ensemble des conditions qui favorise la manifestation d'un *attracteur*. Cela veut dire que soumis à certaines conditions (qui constituent le *bassin d'attraction*), un système donné entre sous l'influence d'un *attracteur* spécifique pour prendre une organisation particulière.

Enfin, on définit un *paysage adaptatif* qui décrit l'environnement d'un système, avec différents *bassins d'attractions* (ensemble de conditions du milieu) qui permettent l'influence de plusieurs *attracteurs*, et donc ouvrent la possibilité à plusieurs évolutions.

Illustration de ces notions

L'exemple suivant, qui ne doit pas être appliqué à la lettre, illustre ces trois notions.

Une équipe médicale d'urgence est composée de médecins, d'infirmiers, d'un chauffeur, de matériel, de médicaments etc. Avec ce même ensemble d'éléments, il peut exercer plusieurs fonctions suivant le contexte. En mission dans un pays en guerre, cette équipe peut intervenir aussi bien sur les accidents de la route, les bombardements, les épidémies... Pour chaque contexte, elle adopte une organisation spécifique : répartition de ses membres, préparation d'un type de matériel, etc. Face à un accident, elle adopte immédiatement l'organisation adaptée aux accidents. S'il survient alors un bombardement, dont les effets sont bien plus importants, elle change immédiatement de modèle d'organisation pour déployer son savoir-faire dans cette nouvelle situation.

Transposons cela à un système complexe.
– L'ensemble de l'équipe et de son matériel est le système complexe.
– L'ensemble du savoir-faire de l'équipe en fonction des situations est son *paysage adaptatif*.
– Une zone dans laquelle il y a un accident ou un bombardement est un *bassin d'attraction*.
– Les modèles d'organisation qui vont se mettre en œuvre pour conduire à une stratégie spécifique selon le contexte sont les *attracteurs*.

Pour que la corrélation soit complète, il faudrait imaginer que l'équipe médicale est tellement habituée à ces missions que tout se passe de manière automatique, le contexte déclenchant instantanément l'intervention suivant le savoir-faire acquis.

> Cette notion d'*attracteur* et tout ce qui se décline autour est majeure.
> Elle permet à la fois de comprendre le cœur du fonctionnement des systèmes complexes et de faire le lien avec l'information qui sera évoquée plus loin.

Changement d'organisation par changement d'attracteur

La notion d'*attracteur*, avec la possibilité d'en changer selon les conditions, offre un mécanisme éclairant au changement de modèle d'organisation d'un système.

Dès qu'un certain nombre d'éléments cohérents sont regroupés dans un système, ils captent un modèle d'organisation appelé *attracteur*, ou, vu de l'autre côté, ils se font « attirer » par le modèle le mieux adapté à la situation. Une fois le lien d'attraction établi, le système s'auto-organise instantanément. Il trouve alors une stabilité et il peut exercer sa fonction.

L'image d'un poste récepteur réglé pour capter la radio émettant sur la fréquence sélectionnée donne une idée partiellement ajustée de ce processus. En effet, dans le cas d'un système complexe et de son *attracteur*, le modèle avec lequel s'effectue le phénomène d'attraction n'intervient pas seulement pour moduler un récepteur et transmettre un message, il informe directement l'organisation et la structure du système. Le poste de radio, lui, ne modifie jamais sa structure, puisque c'est une machine !

Le système complexe et son *attracteur* forment un couple interactif. Ils s'attirent mutuellement lorsqu'ils sont en phase. Un système donné dans un environnement donné (c'est-à-dire dans les conditions spécifiques qui constituent un *bassin d'attraction*) va « attirer » et se coupler à l'*attracteur* qui lui permet de s'auto-organiser le plus facilement de manière à trouver la stabilité.

Le résultat de ce processus est un phénomène auto-organisé (une structure ou un comportement) qui dépend à la fois des éléments constitutifs du système et de l'*attracteur*. L'un sans l'autre ne peut produire seul un phénomène auto-organisé.

Si les conditions liées à l'environnement changent et que l'*attracteur* ne permet plus de maintenir cette stabilité, le système entre en phase d'instabilité jusqu'à ce qu'il soit attiré par un nouveau modèle d'organisation apportant une nouvelle stabilité dans ces nouvelles conditions.

Lorsqu'un système change de structure ou de comportement, cela signifie qu'il a changé d'*attracteur*.
Un changement d'*attracteur* correspond à une transformation.

Nature des attracteurs

C'est le point le plus mystérieux de la science des systèmes. Celle-ci décrit leur fonction et le comportement des systèmes en relation avec eux, mais elle ne précise pas leur nature.
Ils sont là, comme des lois naturelles.

L'*attracteur* est de nature abstraite. Il ne peut ni se voir, ni se mesurer directement. Il se manifeste en organisant des systèmes et en donnant des formes, et ceci de manière reproductible pour des systèmes parfaitement identiques dans les mêmes conditions.
Il est détectable indirectement par les formes qu'il génère.

Les diverses théories sur les systèmes ne vont généralement pas plus loin sur ce rapport. Il y a pourtant là, à mon sens, une clef majeure dont l'exploitation est un fondement de la *DTV*.

L'*attracteur* se comporte comme une information, un *archétype*.
Il appartient donc au domaine de « l'esprit ». Il offre une description claire du rapport qui peut exister entre l'esprit et la matière.

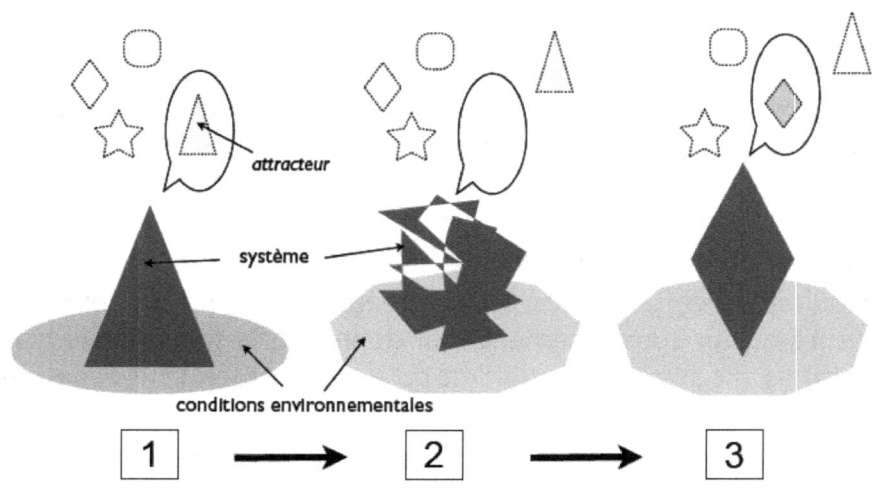

Fig. 6 : Attracteur et transformation d'un système

ÉTAPE N° 1 : le système a trouvé une organisation stable
dans son environnement avec un *attracteur* adéquat

ÉTAPE N° 2 : les conditions environnementales changent, le système est déstabilisé,
son *attracteur* ne fournit plus un modèle d'organisation adéquat.

ETAPE N° 3 : grâce à un nouvel *attracteur*, le système trouve une nouvelle organisation
qui lui permet de retrouver sa stabilité dans son milieu. Il s'est transformé.

4. Applications

La science des systèmes permet de mieux comprendre le processus vivant. Elle éclaire un grand nombre de processus et elle a déjà permis des applications très pratiques.

♦ Simplicité, itération et diversité

Les modèles mathématiques ont montré qu'à partir de quelques d'éléments et des règles simples régissant leurs relations locales, la répétition de ces règles simples (itération) conduit à la formation de structures complexes imprévisibles et qui peuvent développer une très grande diversité.

Il suffit du changement simple d'une donnée du processus pour que son résultat soit différent. Différent, avec pourtant quelque chose de ressemblant.

Deux analogies, à ce niveau, interpellent fortement.

– En physique, on sait aujourd'hui que toute la matière, au plus profond de sa structure, n'est constituée que de quarks et d'électrons. Elle conduit cependant à une immense diversité, avec plus d'une centaine d'atomes et d'innombrables molécules. Toutes ces formes sont différentes, tout en ayant en commun les mêmes éléments de base et les mêmes lois de structuration.

– En biologie, la matière organique n'est composée que de quelques atomes (carbone, hydrogène, oxygène, azote, soufre, phosphore…), l'ADN n'a que 4 bases pour constituer son code génétique et il n'y a que 20 acides aminés pour constituer toutes les protéines. À partir de cela s'est déployée toute la diversité du monde vivant que l'on connaît, en répétant et en développant un processus cohérent. Un processus canalisé par un objectif permanent : maintenir sa structure dans l'espace et dans le temps. Et dans cette diversité, il y a une réelle unité du processus vivant !

♦ Applications concrètes dans les sociétés humaines

Elles sont nombreuses, dans différents domaines comme la météorologie (où l'on voit bien qu'il y a une incertitude de résultat !), le comportement des foules, la compréhension des bouchons dans la circulation, l'économie libérale…

Le fonctionnement en réseau qui découle directement du modèle systémique a permis de concevoir le système Internet tel qu'il fonctionne actuellement, sans aucun centre hiérarchique qui coordonne l'ensemble.

Le domaine de l'économie montre bien la différence entre un système dirigiste ou tout est hiérarchique et en principe prévisible (paradigme mécaniste), et un système libéral qui n'est pas hiérarchisé et qui pourtant se stabilise de lui-même, avec ses crises, ses changements et son côté imprévisible (paradigme systémique).

Des connaissances acquises en observant les fourmis ont permis de résoudre des problèmes d'économie et de gestion, ce qui montre l'universalité des modes de fonctionnement systémiques.

Cette universalité caractérise fortement le monde vivant.

V - Le paradigme systémique (en résumé)

Pour comprendre le *paradigme systémique*, il faut rompre définitivement avec le mode de pensée linéaire qui correspond à l'approche mécaniste (atomiste).

La comparaison avec la machine est alors éclairante. Une machine est définie par la matière qui forme sa structure pour exercer une fonction. Elle peut se décomposer en ses éléments, se reconstituer, on peut échanger une pièce... Un système complexe naturel n'est pas défini par la matière qui le compose, mais plutôt par sa fonction avec un renouvellement permanent de sa matière et de son organisation qui maintient sa stabilité en permettant d'exercer cette fonction. Il forme un tout dynamique qui résulte de l'auto-organisation de tous ses composants, et qui ne peut pas être réduit à leur somme.

Les systèmes complexes ont des propriétés générales qui caractérisent leur comportement.
– Ils ont un fonctionnement holistique (global, non décomposable) et cohérent entre toutes les parties.
– Ils sont auto-organisés, c'est-à-dire que leur structure s'organise spontanément en fonction de leurs éléments constitutifs et du milieu dans lequel ils se trouvent.
– Ils sont adaptables, c'est-à-dire capables de modifier leur comportement, voire leur structure pour prendre en compte des modifications environnementales.
– Ils peuvent aussi évoluer en changeant de modèle d'organisation, et ceci de manière irréversible.
– Ils ont une mémoire qui influence les choix adaptatifs (une solution déjà utilisée sera plus facilement adoptée).

Un système complexe n'est jamais équilibré, c'est une autre différence fondamentale avec une machine. Sa nature est de se maintenir stable par un processus dynamique constant, parce qu'il est en permanence loin de l'équilibre et qu'au repos il s'effondre. Pour un organisme vivant, cet équilibre est la mort.

La notion d'*attracteur* est essentielle pour comprendre le comportement des systèmes complexes. L'*attracteur* est le modèle d'auto-organisation qui « attire » spontanément les éléments d'un système pour leur donner une forme organisée, stable et répondant le mieux à la fonction de l'ensemble dans le contexte donné.

Lorsque le système est profondément déstabilisé par une modification de son milieu, c'est en changeant d'*attracteur* qu'il pourra trouver une nouvelle organisation et à nouveau la stabilité dans les nouvelles conditions.

On dit alors qu'il s'est transformé. Une telle transformation n'est pas réversible.

C'est toujours la synergie entre la nature des éléments constitutifs, l'environnement et l'*attracteur* qui détermine les phénomènes auto-organisés caractéristiques des systèmes complexes (structure ou comportement).

On retrouve déjà, à ce niveau, la dynamique triangulaire.

La théorie des systèmes a eu de nombreuses applications, notamment en sciences humaines (économie, sociologie...).

Elle est encore peu appliquée à la biologie, bien qu'elle décrive de manière pertinente les processus vivants.

☐ Historique du paradigme systémique

Le paradigme systémique est une œuvre collective qui s'est développée au cours du XXᵉ siècle. On peut distinguer plusieurs grandes étapes.

1. La théorie générale des systèmes
Diverses approches sont venues l'étayer :
– La physique quantique
– La gestalt-théorie en psychologie
– L'écologie
– La notion d'homéostasie en biologie
– La philosophie processive d'ALFRED NORTH WHITEHEAD (1861-1947)
On attribue à LUDWIG VON BERTALANFFY (1901-1972) la paternité de la théorie des systèmes, mais bien avant ses premières publications, le Russe ALEXANDER BOGDONOV (1873-1928) avait formulé sous le nom de *tektologie* (science des structures) une science comparable.
La théorie des systèmes a établi les grands principes du fonctionnement systémique, notamment la notion essentielle que le tout est davantage que la somme de ses parties et qu'un système formé d'éléments est aussi un élément d'un système plus grand.

2. La cybernétique
Développée au cours des conférences de Macy au milieu du XXᵉ siècle, la cybernétique s'intéresse à la communication et au contrôle, dans le but de mettre au point des machines autonomes. Elle a révélé notamment la causalité circulaire qui ouvre la porte à la logique non linéaire.
WARREN S. MC CULLOCH (1899-1969), ROBERT WIENER (1894-1964), JOHN VON NEUMANN (1903-1957), HEINZ VON FOERSTER (1911-2002) et GREGORY BATESON (1904-1980) sont les plus connus de ses protagonistes.

La cybernétique a contribué directement ou indirectement aux grandes innovations technologiques dans le domaine de l'intelligence artificielle et de la communication, notamment l'informatique. Elle a aussi enrichi la théorie des systèmes en décrivant des modes de relation conduisant à une dynamique non linéaire.

3- Les structures dissipatives
ILYA PRIGOGINE (1917-2003) prix de Nobel de Chimie, a montré le fonctionnement de telles structures loin de l'équilibre et capable de se maintenir stable dans un flux continu de matière et d'énergie échangées avec l'environnement. Les diverses lois de comportement des structures dissipatives sont très éclairantes pour comprendre un être vivant en tant que système complexe.

Les travaux de PRIGOGINE ont été établis dans la plus grande rigueur de la thermodynamique, incluant la physique et la chimie. Ils constituent l'approche la plus convaincante du concept systémique suivant les critères habituels de la science.

4- La théorie du chaos

EDWARD LORENZ (né en 1917) a expliqué l'effet papillon par un fonctionnement systémique et a introduit la notion d'*attracteur*. Dans cette continuité, la théorie du chaos est apparue en perfectionnant une nouvelle approche des mathématiques initiée au début du siècle par HENRI POINCARE (1854-1912), avec notamment la topologie différentielle de STEPHEN SMALE (né en 1930), et les fractales de BENOIT MANDELBROT (1924-2010). *La théorie du chaos*, ouvrage publié en 1987 par le journaliste américain JAMES GLEICK, fait la synthèse de ces apports.

5- Auto-organisation des structures vivantes

La description du système laser de HERMANN HAKEN (né en 1927), les travaux du prix Nobel MANFRED EIGEN (né en 1927), sur les hypercycles en biochimie, seule explication à ce jour à une possible émergence de l'ADN dans l'apparition de la vie, le concept d'autopoïèse introduit par HUMBERTO MATURANA (né en 1928) et FRANCISCO VARELA (1946-2001), l'hypothèse Gaïa développée par JAMES LOVELOCK (né en 1919) ont apporté des explications pertinentes à certains phénomènes en appliquant le modèle systémique.

6- Les automates cellulaires

Initiés dans la dynamique de la cybernétique par STANISLAW ULAM (1909-1984) et JOHN VON NEUMANN, les automates cellulaires ont été développés notamment par STEPHAN WOLFRAM (né en 1959), JOHN CONWAY (né en 1937) qui a créé le « jeu de la vie » et STUART KAUFFMAN (né en 1939) qui les a utilisés en biologie pour décrire le fonctionnement du génome et proposer des modèles appliqués à l'évolution. Ce sont aujourd'hui les outils majeurs pour la modélisation et l'étude des systèmes complexes.

Le concept systémique a été relayé en France par des scientifiques renommés parmi lesquels HENRI ATLAN (né en 1931), et EDGAR MORIN (né en 1921).

VI - Le champ du point zéro :
une porte réelle sur l'inconnu

« Un champ cosmique qui sous-tend et relie toute chose dans le monde est depuis longtemps déjà une institution aussi bien dans les cosmologies traditionnelles qu'en métaphysique. [...]
Le champ d'information de la nature est en train d'être redécouvert par les représentants les plus avant-gardistes de la science. »
ERWIN LASZLO

« Ce que nous appelons "espace vide" contient un immense arrière-plan d'énergie, et la matière, telle que nous la connaissons, est une petite excitation "ondo-particulaire quantifiée" à la surface de cet arrière-plan, plutôt comme une minuscule ride sur une vaste mer. »
DAVID BOHM

Dans une culture qui a construit sa connaissance sur le dogme matérialiste, la physique est la reine des sciences. C'est elle, en effet, qui révèle la vraie nature de la matière et des forces qui la gouvernent. Depuis la relativité d'EINSTEIN et la mécanique quantique de PLANCK, SCHRÖDINGER, BOHR, DE BROGLIE et d'autres... elle est en avance sur les autres disciplines (et particulièrement la biologie !) dans sa capacité à expliquer et prévoir les phénomènes. D'autre part, ses applications technologiques qui ont révolutionné le monde du XXe siècle ont conforté sa validité.

On ignore souvent que cette physique est encore bancale. Ses bases théoriques tiennent avec des petits arrangements, des phénomènes sont décrits sans que l'on ait la moindre idée de leur cause ou leur mécanisme, et ce qu'il y a dans le vide reste un grand mystère.

Ce que l'on appelle désormais le CPZ, le *champ du point zéro*, rassemble des faits et des hypothèses troublants. Du fait des conséquences trop déstabilisantes qu'ils impliquent pour les connaissances et les croyances actuelles, notamment la nécessité de changer de paradigme, ces faits et hypothèses sont le plus souvent négligés et mis de côté.

C'est pourtant là que se trouve la porte d'une connaissance nouvelle capable d'aller beaucoup plus loin dans la compréhension des énigmes et anomalies actuelles. Une démarche scientifique honnête ne peut ignorer les mises en échec des théories actuelles. Elle ne peut ignorer non plus que la seule piste cohérente capable de répondre au plus grand nombre de ces situations est le CPZ.

1. Une deuxième révolution ?

♦ La révolution quantique

Au tout début du XXe siècle, lorsque EINSTEIN et PLANCK ont apporté de nouvelles hypothèses pour résoudre les anomalies mettant à défaut la physique de l'époque, ce fut une vraie révolution. Au fur et à mesure que se précisaient et se confirmaient ces nouvelles avancées, il a fallu admettre que le temps n'était pas linéaire, que l'énergie et la matière étaient fondamentalement la même chose, que la lumière pouvait être à la fois une onde et une particule, que les phénomènes étaient indéterminés et doués de multiples potentiels avant d'être observés, qu'il existe des phénomènes non locaux, c'est-à-dire coordonnés sans aucune possibilité de communication, etc.

Les bombes atomiques, puis les semi-conducteurs qui supportent la technologie moderne, ont montré que cette physique étrange avait des applications bien réelles. Et pourtant, le monde décrit par NEWTON et MAXWELL avec une théorie plus simple, a donné l'électricité, les moteurs à explosion, la chimie, et tous ces phénomènes prévisibles et reproductibles que nous pouvons vérifier chaque jour. Ce monde-là semble donc bien réel lui aussi.

Comment deux approches aussi différentes d'une même réalité peuvent-elles coexister ?

♦ Un pont entre l'ancienne et la nouvelle physique

Pour réconcilier ces deux approches contradictoires et ne pas rejeter le modèle ancien, il a été admis que la vision newtonienne garde toute sa valeur à l'échelle dans laquelle elle a été élaborée, c'est-à-dire lorsque les atomes sont déjà organisés en structures stables.

Elle est en revanche dépassée dans l'infiniment petit (dont la référence est désormais la mécanique quantique), et dans l'infiniment grand (dont la référence est la relativité d'EINSTEIN).

La physique classique décrit donc très bien la chimie, l'électricité, l'électromagnétisme et les phénomènes mécaniques qui nous entourent, et elle reste dans ces cas-là la référence.

Le processus de *décohérence*, dont il sera question au chapitre VIII, a apporté une explication plus rigoureuse à ce phénomène.

Il en est de même pour un organisme vivant. On peut l'observer et étudier ses comportements sans prendre en compte qu'il est constitué d'un grand nombre de cellules, qui sont elles-mêmes tout un univers. Il y a des lois, à notre échelle de perception, qui peuvent être comprises sans intégrer cette organisation cellulaire interne.

Ces observations montrent qu'il y a un pont possible entre la connaissance élaborée à un niveau d'observation, et celle qui se développe plus tard, à un niveau plus profond, lorsque celui-ci devient accessible. En d'autres termes, un changement de paradigme, ne rejette pas les lois anciennes, il restreint leur champ d'application.

♦ Les énigmes de la mécanique quantique

Le problème de la physique est que, malgré toutes les nouvelles données révolutionnaires acquises au cours du XXe siècle et le pont bien établi avec les théories classiques, les choses sont encore loin d'être claires.

Deux grandes théories donnent actuellement une représentation fiable du monde : la relativité pour l'infiniment grand et la mécanique quantique pour l'infiniment petit. Cependant, il y a un réel problème dans ce bel attelage : ces deux théories ne sont pas compatibles entre elles. Selon le contexte, on doit choisir l'une ou l'autre.

Les phénomènes non locaux sont des évènements simultanés qui se produisent à une distance qui dépasse toute possibilité de communication à la vitesse de la lumière. Ils ont été observés et vérifiés. Leur existence ne fait plus aucun doute. C'est la découverte la plus déroutante de la mécanique quantique, faisant l'objet de multiples hypothèses, dont les plus folles évoquent des remontées du temps ou la production incessante de mondes parallèles !

Des phénomènes comme *l'effet Casimir* ou le *décalage de Lamb* en physique, les *forces de Van der Waals* en chimie, sont bien connus, et ne sont toujours pas explicables avec les lois actuellement admises. Il en est de même pour la stabilité observée de l'atome d'hydrogène. Les fluctuations permanentes des champs qui agissent dans le vide omniprésent entre les particules restent aussi un mystère.

L'introduction de particules virtuelles et la *renormalisation* par le calcul ont permis de trouver des solutions pour une mise en équation cohérente. Avec un peu de recul, cette démarche ressemble à un bricolage théorique qui permet d'établir des équations reproduisant les résultats observés, mais elle ne traduit pas le processus réel.

Au-delà du monde quantique aujourd'hui bien connu, il y a ce vide finalement bien gênant, qui occupe la quasi-totalité de l'espace, et qui ne semble pas si vide que cela. La « catastrophe du vide » disent certains, en souvenir de la « catastrophe ultraviolette » qui a mis en défaut la physique classique, avant qu'elle ne soit détrônée par une nouvelle approche.

Les essais de calcul pour évaluer l'énergie du vide donnent des résultats tellement élevés qu'ils donnent le vertige. Aller au bout de cette recherche est risqué. Cela pourrait bien conduire à une remise en cause de grande ampleur et tout l'édifice qui fonctionne si bien aujourd'hui pourrait s'effondrer.

En somme, ce serait une deuxième révolution dans un milieu scientifique qui n'a pas encore pleinement digéré la première !

Or, les scientifiques, surtout ceux qui ont une longue carrière derrière eux et détiennent les postes clefs dans les Académies, n'aiment pas la perspective d'une révolution !

2. Du vide quantique au champ du point zéro (CPZ)

La physique moderne sait depuis longtemps que le vide n'est pas vide. Cependant, peu de physiciens admettent l'idée qu'il est constitué d'un champ pouvant prendre une part pleinement active dans les phénomènes.

♦ Le mystère du vide quantique

La mécanique quantique reconnaît les fluctuations de l'état de vide et leur influence sur le champ électromagnétique. Pour intégrer cela, elle introduit des photons virtuels dans ses calculs et la possibilité d'emprunter de l'énergie au vide pendant un temps très court. C'est ce qui conduit à parler de fluctuations du vide.

Elle considère cependant que le vide quantique possède une énergie moyenne nulle.

Ces fluctuations sont considérées comme virtuelles, puisqu'elles ne sont pas directement observables. En revanche, leur influence sur certains phénomènes observables semble bien réelle. C'est la seule explication à trois énigmes bien connues des physiciens : l'*effet Casimir*, le *décalage de Lamb* et les *forces de Van der Waals*.

La mécanique quantique considère que le vide est rempli de particules virtuelles qui entrent en scène pendant un temps très bref avant de disparaître. Leurs effets impliquent des corrections sur les calculs. Cette *renormalisation* introduit diverses adaptations de calcul compliquées afin de conserver la cohérence d'équations capable de décrire et prédire les phénomènes observés.

Ainsi, pour les physiciens, le vide est à la fois actif et globalement neutre, nécessaire aux processus sans entrer dans la globalité des phénomènes.

♦ Les raisons probables d'une frilosité

La notion d'éther a disparu avec la relativité générale. L'abandon de cette substance mystérieuse à laquelle on attribuait autrefois la cause de tout ce qui était inconnu, a permis de rejeter hors de la science un flou qui laissait encore la porte ouverte à l'ésotérisme. La physique a ainsi gagné une grande aura dans la communauté scientifique qui n'aime pas l'irrationnel.

Après une telle avancée, il est difficile de revenir à quelque chose qui ressemble un peu trop à ce qui a été si difficilement abandonné.

Un vide qui n'est pas vide, c'est un peu le retour de l'éther !

Cela donne le sentiment de régresser !

Les chercheurs s'acharnent donc dans d'autres directions.

L'idée d'un champ unitaire englobant les 4 champs connus par la physique actuelle était l'obsession d'EINSTEIN, qui y a consacré toute la fin de sa vie, sans aboutir. Mais la recherche d'EINSTEIN et celles de bien d'autres qui l'ont suivi conservent l'hypothèse que le vide est vide, ce qui maintient les fondements des lois actuelles.

Les nouvelles théories

Pour sortir de cette impasse, la *gravité quantique* du côté de la relativité générale et la *théorie des cordes* du côté de la mécanique quantique, vont plus loin pour tenter de franchir cette incompatibilité entre les deux grandes théories. L'hypothèse des cordes, la plus avancée, propose un monde dans lequel il n'y a plus de réalité ponctuelle, seulement des états vibratoires.

Il existe plusieurs théories selon la manière dont sont définies les cordes. Elles conduisent à des équations extrêmement compliquées, un monde qui peut avoir jusqu'à 11 dimensions (alors que nous n'en percevons que 4 !), et une réalité de plus en plus virtuelle qui devient totalement inaccessible au non spécialiste.

Son avantage, pour les chercheurs qui n'aiment pas les révolutions, est de rester dans la continuité de la mécanique quantique et de son vide globalement neutre, que l'on peut effacer par la *renormalisation*.

L'hypothèse du champ du point zéro

Le *champ du point zéro* (CPZ) est le nom donné à une réalité qui pourrait bien se cacher dans le vide. Il a été nommé ainsi en rapport avec le fait qu'au zéro absolu (– 273 °C) où il ne devrait plus rien se passer, il se passe encore quelque chose !

L'hypothèse n'est pas récente (voir historique en annexe), elle reste pourtant encore difficile à considérer pour la communauté scientifique. Si ses promesses se confirmaient, non seulement il faudrait remettre en cause les fondements actuels de la physique, ainsi que ceux de la biologie et des sciences cognitives. Et pour couronner le tout, s'ouvrirait aussi un axe de recherche sur une forme d'énergie nouvelle, gratuite et inépuisable à notre échelle, dont la maîtrise déstabiliserait le système économique mondial !

Le mystère et le problème de l'énergie libre

Il est difficile de dire aujourd'hui si cette « énergie libre » supposée présente dans le vide est une fable ou une réalité encore inconnue. Difficile de vérifier si NIKOLA TESLA, génie hors norme du siècle dernier, mis à l'écart du monde dans un contexte qui reste confus, a vraiment mis au point un moteur à énergie libre capable de propulser une voiture, comme cela se raconte dans certains milieux. Difficile aussi de savoir ce qu'avait vraiment réussi VIKTOR SCHAUBERGER en puisant dans les tourbillons d'eau plus d'énergie qu'il ne fallait pour entretenir le processus. Mystérieux également les transmutations à basse énergie mises en évidence chez les êtres vivants par LOUIS KERVRAN, et réalisés aujourd'hui dans certains laboratoires (fusion froide du deutérium), alors que cela est tout à fait impossible selon les lois actuelles. Plus irrationnel encore : le questionnement autour de l'énergie utilisée par les supposés extraterrestres parvenus jusque sur notre Terre !

Le fait que le CPZ soit associé à cette possible « énergie libre » est sans doute la raison pour laquelle il ne fait l'objet d'aucun vrai programme de recherche. Qui financerait cela dans un monde qui s'est construit et fonctionne sur le marché de l'énergie ? Dans le sillage de ce rejet, ce sont toutes les notions associées au CPZ qui sont abandonnées !

3. Le champ du point zéro

Le CPZ est bien trop inaccessible pour être reconnu par les esprits rationnels. Comme il n'est pas possible de l'observer directement, il est nié. On retrouve là toute l'obstination et la limite de la science matérialiste : ce qui ne peut être observé directement n'existe pas !

En revanche, en acceptant sa possible existence, le CPZ apporte un éclairage nouveau et pertinent partout où le vide ne se comporte pas comme un vide inerte, et dans toutes les circonstances où intervient une information non matérielle.

♦ La notion de champ

Cette notion est apparue dans le domaine de la physique où elle est désormais incontournable.

> Un champ est une matrice qui apporte la même influence extérieure sur tous les éléments inclus dans sa zone d'influence.
> Ces éléments sont plus ou moins sensibles à l'influence du champ suivant leur structure propre et les propriétés qui en découlent.

La radiodiffusion illustre bien le mécanisme en jeu. Le champ contient des ondes qui couvrent l'ensemble d'un territoire, et tout poste récepteur allumé, présent dans l'espace de diffusion, et réglé sur la fréquence capte l'émission et peut la retransmettre localement.

La physique moderne explique les phénomènes matériels par l'action de 4 champs généraux : la gravité, l'électromagnétisme, l'interaction nucléaire forte et l'interaction nucléaire faible. Ces champs ont des intensités différentes selon les zones de l'espace occupé par la matière, parce qu'ils sont influencés par les particules elles-mêmes. Nous sommes dans un tout dans lequel tout est relié.

À un endroit donné, une particule est soumise à tous les champs influents dans la zone de l'espace concerné.
Cette influence se décrit par un modèle mathématique appelé *tenseur*. Le *tenseur* détermine le comportement de la particule sous l'influence du champ. Une particule se comporte donc en fonction de sa structure, et des champs qui l'influencent par le biais des *tenseurs*.

Cette notion nous invite à abandonner une croyance erronée et pourtant très répandue, qui attribue le comportement d'une particule à sa structure. En réalité, cette structure est avant tout une antenne qui capte les influences des champs auxquels la particule est soumise.

Au final, ce sont surtout les champs qui déterminent ses propriétés et ses comportements.

♦ Des propriétés hors des normes connues

Le *champ du point zéro* est au-delà des champs déjà cités, qui sont bien connus des physiciens. Les différentes approches effectuées par le calcul et la modélisation révèlent des propriétés qui dépassent tout ce que nous connaissons à travers la science actuelle :

– Il se comporte comme un fluide apparenté à un « superliquide », beaucoup plus fluide que l'eau, très dense, et ne générant aucune friction sur tout ce qui le traverse.

– Il est capable de générer ou d'absorber de la matière.

– Il peut transporter la lumière et tous les phénomènes électromagnétiques connus, mais aussi des ondes d'un autre type dont le déplacement se ferait à une vitesse un milliard de fois plus grande que la lumière (hypothèse des physiciens russes SKIPOV et AKIMOV).

– Grâce à ces ondes d'un nouveau type (ondes de torsion, ondes scalaires, qui semblent associées aux neutrinos), il porte et transfère une *information de forme* (*in-formation*).

– Il mémorise toutes les formes qui se constituent ainsi que leurs transformations. Comme il ne subit aucune friction, cette mémoire ne se perd jamais, elle est donc éternelle !

– Du fait de cette vitesse dépassant tout ce qui est imaginable à notre échelle, et de cette non-friction qui permet que rien ne s'efface, il agit instantanément et de manière égale sur tous les éléments inclus dans sa zone de couverture, qui semble infinie.

Ainsi, il enregistre tout ce qui se passe dans l'espace et dans le temps et le transmet instantanément à tous les objets de l'univers.

Soyons clairs, ce champ ne peut être ni observé, ni mesuré, il peut seulement être calculé et modélisé sur la base de ses effets sur des phénomènes observés. Mais n'oublions pas qu'il en est de même pour la gravité, que pourtant personne ne remet en cause aujourd'hui !

L'hypothèse du CPZ donne un cadre aux divers phénomènes décrits plus loin pour mieux comprendre la dynamique de la vie.

La propriété qui nous intéresse plus particulièrement est sa capacité à générer une information de forme, et à mémoriser toutes les formes qui se réalisent dans le plan de la matière.

♦ Une solution possible aux énigmes actuelles

Les grandes énigmes et anomalies de l'astrophysique et de la mécanique quantique, que nous avons citées précédemment, trouvent une solution ou une voie de solution avec le CPZ.

Celui-ci donne aussi une origine unifiée à tous les principes de l'univers, puisque ce champ universel est capable de générer la matière, contient de l'information et de la mémoire, et porte une énergie dont la nature est différente de celle que nous connaissons.

Il est évident qu'une telle hypothèse peut laisser sceptique ou être considérée comme une fable issue d'une imagination fertile.

C'est avant tout un long et minutieux travail d'observation et de recherche, effectué par des scientifiques dont la compétence ne peut être mise en doute. Leur statut de dissident résulte de la situation actuelle de la communauté scientifique qui n'est pas prête à accepter une telle hypothèse. Cela induirait trop de remises en cause. Rappelons-nous l'histoire de GIORDANO BRUNO et de GALILEE !

Le choix qui se pose à nous est de rester sceptique avec nos énigmes non résolues, ou de considérer ce qui actuellement donne la meilleure réponse, fondée et cohérente, à ces énigmes. L'humanité a toujours avancé en osant prendre des voies nouvelles.

Si nous souhaitons acquérir un champ de vision plus vaste pour mieux comprendre le processus vivant, c'est le moment d'oser ouvrir cette porte.

4. Information, mémoire et cohérence

Le champ du point zéro est actuellement le seul modèle qui permet de comprendre l'information de forme, la mémoire, et l'immense cohérence de l'univers. Cette cohérence est indispensable pour le maintien d'une relative stabilité, et de conditions favorables à la vie.

David Bohm et l'in-formation holographique

DAVID BOHM, qui est avec ANDREI SAKHAROV à l'origine de l'hypothèse du CPZ, s'est insurgé contre les procédures de *renormalisation* qui effacent l'énergie du vide pour permettre la cohérence des équations en mécanique quantique.

La propriété particulière du *champ du point zéro* qu'il a imaginée, et qui se vérifie dans de nombreuses observations et expériences, concerne les capacités d'information et de mémoire.

BOHM a développé deux notions complémentaires :
– l'*in-formation* : c'est-à-dire une information directement capable de donner une forme au système qui la reçoit,
– la nature *holographique* de cette *in-formation* : c'est-à-dire le fait que chaque point contient la trame de l'ensemble et peut projeter une image en trois dimensions.

Cela veut dire qu'à chaque point de l'univers se trouve la porte de toute l'*in-formation*, que tout objet ou système y trouvera celle avec laquelle il peut entrer en résonance, et que par l'action de celle-ci, il prendra forme.

Erwin Laszlo et la cohérence de l'univers

Les données actuelles sur le *champ du point zéro* ont été rassemblées par ERWIN LASZLO[10] dans un ouvrage élaboré avec une grande rigueur. Ce travail de synthèse démontre que l'immense cohérence retrouvée en astrophysique, en physique des particules, en biologie, et dans le domaine de la conscience humaine, est nécessaire au maintien de l'univers et de la vie.

La seule hypothèse qui permet d'expliquer une telle cohérence est un champ universel. Il y a plusieurs millénaires, la tradition indienne a décrit sous le terme d'*akasha* un tel champ qui contient le tout.

---

[10] *Plus de détail et référence dans l'annexe de ce chapitre et celle du chapitre IX*

VI - Le CPZ : une porte réelle sur l'inconnu (en résumé)

La question qui se pose ici est la place donnée au vide dans le fonctionnement de l'univers et l'organisation de la matière.

Les théories actuelles de la physique reconnaissent un vide quantique qui porte de façon supposée neutre les champs de forces organisateurs de la matière. Elles reconnaissent aussi que, dans ce vide, ces forces fluctuent, pour un bilan qui reste nul, donc non pris en compte. De ce fait, la mécanique quantique le maintien hors de son champ d'étude, par un processus de *renormalisation* nécessaire à la cohérence des équations.

Prendre en compte la réalité de ce vide a conduit à la description du *champ du point zéro (CPZ).* Il devient alors la matrice de l'univers, qui a généré la matière que nous connaissons, qui porte l'information capable de l'organiser et qui contient aussi une forme d'énergie immatérielle influant sur les particules.

L'information portée par le CPZ est une *information de forme* ou *in-formation* selon le terme de DAVID BOHM, c'est-à-dire une information immatérielle capable de structurer des éléments constitutifs en une forme organisée.

La mémoire cumulative conservée par ce champ est la mémoire des formes qui se sont déjà organisées dans le monde de la matière et de leur évolution.

Envisager le CPZ comme la matrice sous-jacente de notre monde est la plus grande révolution que la science pourrait connaître actuellement.

Cela permettrait de nombreuses simplifications conceptuelles et une explication cohérente des grandes énigmes actuelles.

☐ Historique du champ du point zéro

Rappel de la notion de champ

Un champ est une matrice qui apporte la même influence extérieure sur tous les éléments qui sont inclus dans la zone qu'il couvre.

La notion de champ conduit à une autre vision de l'interaction entre les objets. Une particule n'agit plus directement sur les autres, elle crée un champ ou modifie le champ existant, et c'est cela qui va influencer les autres particules incluses dans ce champ.

C'est sur cette base qu'ont été expliqués et mis en équation les champs actuellement identifiés par la physique, notamment la gravitation et l'électromagnétisme.

La notion confuse d'éther

Dans le passé, l'éther a défini le milieu qui occupe le vide et dans lequel se déroulent les phénomènes apparemment non matériels. Avec la découverte de l'électromagnétisme, son rôle a commencé à se réduire, et lorsqu'il a présenté en 1905 la relativité restreinte et le déplacement de la lumière dans le vide, EINSTEIN a rayé cette notion du vocabulaire des sciences physiques.

Le vide est ensuite devenu le vide quantique. Un vide pas si vide que cela puisqu'il fluctue et que des particules virtuelles interviennent dans les divers phénomènes.

Einstein et le champ unitaire

Dans la deuxième partie de sa vie, le turbulent génie de la physique moderne qui a déjà beaucoup contribué à éclaircir la notion de champ s'intéressait à l'hypothèse d'un *champ unitaire*, regroupant tous les autres champs connus. Pour lui, c'était à la fois une intuition et la seule manière de sortir de l'incomplétude des théories majeures alors admises : d'un côté la relativité générale décrivant parfaitement la gravitation et l'infiniment grand, de l'autre la mécanique quantique décrivant à merveille l'électromagnétisme et l'infiniment petit. Le seul problème est que les deux théories ne sont pas compatibles entre elles et doivent se partager leurs domaines de compétence…

L'objectif d'EINSTEIN était avant tout d'unifier l'électromagnétisme et la gravitation, un peu comme MAXWELL (qu'il admirait) avait unifié l'électricité et le magnétisme, 66 ans plus tôt.

Dans sa *théorie unitaire du champ physique* publiée en 1930, il reconnaît que la démarche n'est pas suffisamment aboutie et ne permet pas encore la confrontation avec l'expérience. Elle bute notamment sur la mise en équation de formules décrivant les particules et leur mouvement.

Conscient qu'il n'irait probablement pas au bout du projet au cours de son existence, il laisse de manière claire l'avancée de sa recherche pour d'autres mathématiciens, intéressés dans le futur par la poursuite du travail.

En 1961, le physicien britannique DENNIS WILLIAM SCIAMA (1926-1999) qui est l'un des grands théoriciens des trous noirs, présente un modèle plus avancé en parlant de *champ unifié* plutôt que de *champ unitaire*. Mais ne parvenant pas lui non plus à une théorie finalisée, il ne sera pas pris en compte par la communauté internationale.

Aucun modèle abouti n'a été présenté à ce jour dans cette direction, et aucun autre modèle mathématique ne répond à toutes les questions laissées en suspens par la physique moderne.

Effet casimir, décalage de Lamb, forces de Van der Waals : des phénomènes issus de la fluctuation du vide

L'effet Casimir se manifeste par une force attractive très faible entre deux plaques métalliques parallèles plongées dans un espace dépourvu de champ électromagnétique. Selon les lois actuelles de la physique, les deux plaques devraient être totalement immobiles. Imaginé et calculé par le physicien hollandais HENDRICK CASIMIR en 1948, ce phénomène a été ensuite vérifié expérimentalement.

Le décalage de Lamb est un phénomène découvert par WILLIS EUGENE LAMB en 1947 dans lequel on observe un dédoublement des raies d'émission d'un spectre atomique dans un contexte où les raies devraient être uniques.

Les forces de Van der Waals, essentielles pour expliquer la cohésion de la matière, ne s'expliquent directement par aucun des quatre champs de la physique quantique.

Pour expliquer tous ces phénomènes, il est nécessaire de faire intervenir des particules virtuelles qui traduisent dans les équations les fluctuations du vide. Cela pose, malgré tout, une question essentielle : le vide est-il globalement neutre comme cela est généralement admis ?

C'est une autre manière de considérer le vide qui a conduit à la notion de *champ du point zéro*.

Le champ du point zéro : l'idée d'un champ englobant les autres

NIKOLA TESLA (1856-1943) est l'un des grands génies inventeurs du XXᵉ siècle dans le domaine de l'énergie et plus spécifiquement de l'électricité. Vers la fin de sa vie, ses recherches moins conventionnelles lui ont valu divers ennuis économiques et au final la perte de ses financements. Il a émis l'idée d'une énergie libre disponible dans le vide. Dans un article intitulé « the man's greatest achievement », il évoque ce médium original qui abonde dans le vide.

Le principe d'incertitude de EINSENBERG, établi en 1927, dit qu'on ne peut prévoir à un instant donné toutes les caractéristiques d'une particule, parce que même ramenée au zéro absolu, les particules sont encore animées d'un mouvement. Ces mouvements ont été expliqués par la physique quantique en admettant des échanges de particules virtuelles qui n'existent qu'au moment de l'échange. L'énergie qui les anime est retirée des équations par certains physiciens par une opération qui a été nommée « renormalisation ».

Ce sont les travaux de deux chercheurs de haut niveau qui ont permis à l'énergie du point zéro de refaire surface, et d'intervenir comme acteur à part entière dans les interactions fondamentales.

L'Américain DAVID BOHM (1917-1992) dans les années cinquante, en travaillant sur l'électrodynamique quantique, a formalisé l'influence de certains champs présents dans le vide qui sont de nature différente des champs déjà connus.

De son côté, le Russe ANDREÏ SAKHAROV (1921-1989), dans les années soixante, a proposé que la gravitation soit un effet secondaire des fluctuations microscopiques au niveau du champ du point zéro.

Diverses contributions de physiciens et de mathématiciens ont ensuite enrichi l'hypothèse.

Un pas explicatif a été franchi avec les travaux des physiciens russes ANATOLY AKIMOV et GENNADY SHIPOV qui ont introduit les ondes de torsion, d'une nature nouvelle et se déplaçant 1 milliard de fois plus vite que la lumière. Ces ondes constituent un support idéal pour les transmissions d'information dans le champ du point zéro.

Aux États-Unis, le physicien HAROLD PUTHOFF[11] (né en 1936) s'est particulièrement intéressé à cette énergie du point zéro. Dans la continuité de l'hypothèse de TIMOTHY BOYER, il a développé et publié que l'introduction de cette notion dans la physique classique permettrait de résoudre ses imperfections sans avoir recours aux théories complexes de la mécanique quantique qui ne sont, on

---

[11] PUTHOFF a parfois été montré du doigt pour avoir appartenu un moment à l'église de Scientologie. Est-ce important ? Tous les spécialistes reconnaissent qu'il n'y a aucune influence sur ses travaux, qui ont d'ailleurs le plus souvent été partagés et validés par d'autres scientifiques n'ayant pas ce lien.

le sait, que des représentations mathématiques capables de vérifier et de prévoir ce qui est observé.

Dans la continuité de SAKHAROV, il est allé plus loin dans la démonstration mathématique que les effets de la gravité sont cohérents avec le mouvement des particules liées à *l'énergie du point zéro*.

Par ailleurs, PUTHOFF s'est investi activement dans une recherche visant à utiliser cette énergie nouvelle, gratuite, inépuisable et non polluante qui fait rêver les chercheurs autant qu'elle angoisse les multinationales de l'énergie non renouvelable. Après des années de recherches, sa conclusion est qu'il n'y a pas de doute sur la faisabilité théorique, mais la mise en pratique a jusqu'à ce jour toujours échoué.

Le Champ A de Laszlo[12]

En 2004, sous le titre de « *Science and the Akashic Field : an intégral theory of everything* », ERWIN LASZLO présente comme une enquête de journaliste scientifique une synthèse des éléments connus sur le sujet, avec la conclusion que cette hypothèse du champ A est la seule qui répond aux énigmes persistantes de la science. Elle est la porte d'un nouveau paradigme qui permettrait des avancées spectaculaires dans la connaissance des phénomènes de ce monde.

La contribution de LASZLO est présentée plus en détail en annexe du chapitre IX.

---

[12] *E. LASZLO : « Science et champ akashique », Éditions Ariane, 2005*

VII - L'évolution des espèces : une grande idée en panne

« *[Selon la théorie de l'évolution], tous les organismes sont unis par les liens de la descendance. Cette définition ne dit rien au sujet du mécanisme du changement évolutif.* »
STEPHEN JAY GOULD

« *Dès lors que cette génétique du hasard paraît insuffisante, l'exigence de conservation entraîne la nécessité des transformations, tout d'abord parce que l'organisme est un système ouvert dont les comportements constituent la condition du fonctionnement et ensuite […] parce que le propre du comportement est de se dépasser sans cesse et d'assurer ainsi son principal moteur à l'évolution.* »
JEAN PIAGET

En biologie, il y a deux grands domaines d'étude : la physiologie des organismes et l'évolution des espèces. Il y a aussi une application majeure : la médecine.

Du fait de ses applications directes en matière de santé, la physiologie des organismes est le domaine le plus étudié et le plus connu du public. L'évolution, même si tout le monde en connaît les bases, reste une affaire de spécialistes, en dehors desquels elle est souvent une notion vague et simpliste.

Cette mise à l'écart n'est pas anodine, car elle est en décalage avec l'histoire de la connaissance humaine. La théorie évolutive a eu un effet majeur sur le basculement du monde occidental vers le matérialisme. L'idée selon laquelle l'espèce humaine est née du hasard et que tout processus vivant, y compris les sociétés humaines, se construit par un processus évolutif, est déterminante dans les fondements actuels de notre culture. Elle influe fortement la connaissance et les croyances collectives.

L'isolement des spécialistes de l'évolution a une autre conséquence : ils sont enfermés dans un monde qui se confronte peu à d'autres points de vue.

Plus gênant encore, la théorie néodarwinienne, qui reste dominante, ne survit pas à une analyse critique rigoureuse. Elle est maintenue par la force du dogme et du pouvoir conservateur des Académies.

Le mécanisme de variation/sélection initié par DARWIN et enrichi par la génétique explique très bien des faits isolés. De ce point de vue, il est intéressant. Sa généralisation abusive qui l'applique à l'ensemble du processus évolutif, est en revanche un vrai problème. Aucune autre discipline n'a défendu à ce point un modèle explicatif général si mal corroboré aux faits et maintenu seulement par la force de la foi !

C'est donc un dogme aux fondements contestables et fortement contestés qui porte les valeurs de notre société !

1. L'évolution des espèces, une découverte majeure

♦ Émergence de l'idée en France

Dès la Grèce antique, ARISTOTE avait décrit une échelle graduée des êtres vivants : la *scala natura*. Plus tard, en France, au XVIIIe et au début du XIXe siècle, l'idée s'est précisée avec MAUPERTUIS, BUFFON, GEOFFROY DE ST HILAIRE et surtout JEAN-BAPTISTE LAMARCK. Ce dernier publiait en 1890 le premier traité exposant clairement le principe de l'évolution des espèces.

L'hypothèse de LAMARCK est transformiste, c'est-à-dire qu'il considère que les êtres vivants s'adaptent à l'environnement et transmettent les adaptations à leurs descendants. Dans ce contexte, c'est la fonction qui crée l'organe et non l'inverse. Cette idée intuitive et de bon sens a été invalidée plus tard, et réapparaît aujourd'hui sous une autre forme, nous y reviendrons.

♦ L'apport de Darwin

L'histoire n'a pas retenu LAMARCK mais CHARLES DARWIN comme père de l'évolution. Elle a aussi oublié ALFRED WALLACE, qui était arrivé au même moment à la même découverte, et en avait informé DARWIN avant la publication de son traité.

« L'origine des espèces », paru 50 ans après l'ouvrage de LAMARCK, va plus loin dans l'observation et la recherche, et met en avant le rôle de la sélection naturelle, capable d'éliminer les plus faibles.

Les variations naturelles associées à cette sélection font que les espèces évoluent progressivement en améliorant leurs caractères, afin d'être plus aptes à la survie.

♦ Apports de la génétique, embryologie et paléontologie

De nombreuses contributions à la théorie de l'évolution ont suivi celle DARWIN. Elles sont liées à l'émergence de trois disciplines :
– la génétique qui décrit le mode de transmission des caractères,
– l'embryologie qui étudie les phases de construction d'un organisme,
– la paléontologie qui observe les espèces ayant réellement existé, en retrouvant leurs restes, qui sont ensuite analysés et datés.

Depuis la découverte des lois de l'hérédité par MENDEL, la <u>génétique</u> a permis de distinguer le *génotype*, qui porte l'information des caractères, et le *phénotype* qui en porte l'expression. Elle a ainsi expliqué comment les caractères se transmettent et comment ils peuvent être modifiés, par variation accidentelle du génome.
La découverte de l'ADN au milieu du XXe siècle sera l'aboutissement qui confirme et précise ce processus.

L'<u>embryologie</u> a apporté un éclairage majeur à la science de l'évolution. La belle thèse de HACKEL montrant que le développement embryonnaire retrace l'évolution des espèces (avec la formulation célèbre « l'ontogenèse récapitule la phylogenèse ») a été établie sur des données truquées. Cependant, il y a bien une corrélation entre l'observation des différentes phases de développement de l'embryon et la manière dont les espèces ont évolué. Malgré la fraude avérée de HACKEL, l'embryologie est ainsi devenue une discipline incontournable de l'évolution.

La <u>paléontologie</u> a permis de rendre cette science plus concrète, en posant des faits concrets auxquels les hypothèses sont confrontées pour évaluer leur validité. Toutes les espèces dont les restes sont retrouvés doivent trouver leur place dans l'arbre évolutif avec un ordonnancement chronologique qui doit être respecté.

♦ Weismann et la naissance du courant néo-darwiniste

À la fin du XIXe siècle, FRIEDRICH WEISMANN (1834-1914) formalise une nouvelle vision de l'évolution qui définit désormais le courant néodarwinien. Cette hypothèse est plus rigoureuse et mieux étayée par des faits démontrés que le darwinisme originel. Elle combine la sélection naturelle définie par DARWIN aux lois de l'hérédité établies par MENDEL, en réfutant toute transmission des caractères acquis.

Non transmission des caractères acquis

Cette notion de transmissibilité de l'acquis, acceptée par DARWIN, a été rejetée catégoriquement par le courant néodarwinien, qui s'appuie sur la découverte majeure de NUSSBAUM. Celle-ci révèle que les cellules germinales destinées à la reproduction sont séparées des autres cellules de l'organisme dès les premiers stades du développement embryonnaire. Elles évoluent ensuite comme une lignée séparée.

Les cellules destinées à la reproduction ne peuvent donc pas recevoir d'influences acquises au cours de l'existence et aucun caractère acquis ne peut ainsi être transmis.

WEISMANN a confirmé cette thèse par une expérience dans laquelle il a coupé la queue des rats sur un grand nombre de générations, et observé que malgré ce changement maintenu par une pression extérieure, tous les descendants sont nés avec une queue intacte[13] !

Cette *barrière weissmanienne*[14] est un fondement du néodarwinisme. Elle exclut toute possibilité de transmission de caractères acquis.

Génotype et phénotype

Les bases du néodarwinisme ainsi posées ne varieront plus.

Le phénotype, c'est-à-dire l'ensemble des caractères qui s'expriment dans l'organisme est déterminé par le génotype, l'information portée par le génome et transmise d'une génération à l'autre.

La logique est linéaire et inéluctable. L'information qui détermine les caractères est déterministe et totalement indépendante du vécu du parent transmetteur. Seuls les aléas de la transformation spontanée de l'information (dont le mécanisme sera identifié plus tard avec les mutations) peuvent faire évoluer le génotype et par conséquent, le phénotype qui en est l'expression.

En revanche, c'est le phénotype, avec les caractères qu'il exprime, qui est soumis à la sélection naturelle, tout en continuant à transmettre son information initiale qui elle, n'a pas changé. Cette information est donc d'autant plus transmise que le phénotype est apte à survivre et à se reproduire. Ce n'est pas l'utilité du caractère qui aide à le maintenir mais la capacité à se reproduire de celui qui le porte.

---

[13] *Les critiques de cette expérience avancent que du fait de l'inutilité et du mode d'acquisition du caractère testé, sa transmission est sans intérêt et ce n'est donc pas un choix pertinent.*
[14] *Expression employée par JEAN STAUNE*

Le célèbre ouvrage de Jacob et Monod, « *le hasard et la nécessité* », résume par son titre ce mécanisme.

Les avancées de la génétique n'ont cessé de confirmer ce postulat néodarwinien qui laisse au seul hasard la capacité d'apporter de la nouveauté et à la sélection naturelle le pouvoir de la faire perdurer. Au cœur de ce phénomène, l'être vivant est finalement bien passif. Il ne peut que subir les choses !

GÉNOTYPE	PHÉNOTYPE
Information biologique qui détermine la morphologie et les caractères et se transmet d'une génération à l'autre.	Ensemble des caractères apparents, résultant directement de l'expression du génotype chez un être vivant.
Porté par l'ADN	Constitué par les protéines formées à partir de l'ADN + tout ce que l'organisme capte dans son environnement et intègre dans sa structure.
Se conserve tout au long de la vie et se transmet de manière intacte lors de la reproduction en dehors de quelques erreurs (mutations) qui le transforment.	Soumis aux lois de l'environnement Disparaît à la mort de l'individu.

♦ Au-delà des controverses, une grande idée

La théorie de l'évolution fait depuis longtemps l'objet de débats et de controverses, mais au-delà de tout cela, il y a un principe majeur que seuls des religieux intégristes contestent encore : celui de l'apparition spontanée de la vie sous une forme rudimentaire, suivie d'un processus continu d'évolution entre tous les êtres vivants.

Tous les êtres vivants sont donc reliés en continuité directe par un lien de parenté avec les premières formes de vie. Ce fait majeur ne devrait jamais être oublié, car il souligne deux caractéristiques essentielles du processus vivant : il est continu et il évolue.

2. Une science en panne

Bien qu'elle ait beaucoup progressé depuis LAMARCK et DARWIN, la science de l'évolution est aujourd'hui en panne, entre un néodarwinisme dépassé et l'absence de nouvelle théorie consensuelle.

♦ La faillite du néodarwinisme

L'hypothèse néodarwinienne affirme que l'évolution s'est produite par le hasard accidentel des variations et la sélection naturelle.

Le pouvoir académique considère à ce jour que c'est la seule théorie possible, alors que de moins en moins de scientifiques n'y croient dans cette forme radicale.

Dès la première moitié du XXᵉ siècle, LUCIEN CUENOT, chercheur reconnu de la lignée néodarwiniste, émettait des réserves à la fois sur le rôle de la sélection naturelle et sur le hasard des variations.

Plus tard, à la lumière de faits trop nombreux pour être cités ici, les critiques se sont multipliées. L'argument selon lequel l'évolution est due aux mutations et à la sélection « parce qu'il ne peut en être autrement » montre bien la base dogmatique d'une telle théorie.

Le néodarwinisme n'est pas une théorie fondamentalement fausse puisqu'elle explique très bien certains mécanismes de l'évolution. C'est sa généralisation à l'ensemble du processus évolutif qui est problématique, car à ce niveau, il est évident qu'elle est insuffisante et devient erronée en prétendant être la solution.

♦ Une multitude de faits nouveaux et d'hypothèses

Face au déclin annoncé du néodarwinisme, une grande diversité de solutions ont été proposées, sans coordination et sans synthèse consensuelle. Aucune solution proposée à ce jour n'est suffisamment aboutie et affirmée pour rassembler suffisamment de protagonistes et remettre en cause la théorie de référence.

En dehors de nombreuses positions modérées qui conservent les principes de hasard et de sélection en y mettant des nuances, et au-delà de tous les mécanismes proposés sans décrire un processus global, quatre grands courants se dessinent.

a) Créationnisme et *Intelligent Design*

Le créationnisme est le plus radical car il nie l'idée même d'évolution.

L'*Intelligent Design* a mis en forme de manière scientifique le même principe, en plaçant une intention divine pour guider le processus évolutif sur le parcours observé par la paléontologie.

Ces thèses issues de courant religieux sont condamnées par la grande majorité des chercheurs, mêmes parmi les plus ouverts.

b) Orthogenèse, téléologie et canalisation

Depuis l'<u>orthogenèse</u>, développée en France par HENRI BERGSON et PIERRE TEILHARD DE CHARDIN, des <u>thèses téléologiques</u> dans lesquelles l'évolution est « tirée » vers un but ont vu le jour.

Elles s'appuient sur un certain nombre de faits :

– Des observations paléontologiques montrent une étonnante continuité de certains processus évolutifs, évoquant clairement la préexistence d'un but à atteindre.

– Des orientations précises qui se dessinent à certains moments de l'évolution perdurent alors qu'elles n'ont aucun avantage immédiat et la sélection naturelle devrait en principe les éliminer.

– Il y a une réelle disparité entre des espèces qui n'évoluent plus depuis des millions d'années (leur but semble atteint) et d'autres qui évoluent encore (elles sont alors dans une phase transitoire).

– Certains caractères évoluent en parallèle et pourtant de manière identique dans des lignées différentes.

L'idée de <u>canalisation</u> a développé un principe moins finaliste. Au lieu d'envisager un but qui attire et oriente le mouvement, il est alors question de sillons préétablis *(chréodes)* qui sont les seules voies permettant la stabilité des organismes. Ceux-ci doivent donc les emprunter pour survivre. Ainsi, le choix n'est plus hasardeux, il est limité aux possibilités préexistantes.

Cette hypothèse sans but rompt complètement avec le principe créationniste et devient recevable pour certains néodarwiniens, qui acceptent une contingence limitant les possibilités évolutives[15].

Dans un cas comme dans l'autre, le paysage évolutif impose un cadre, préétabli par des lois, dans lequel les espèces peuvent se transformer.

---

[15] « *Nécessité, hasard, probabilités et contingence sont 4 mots clés de l'évolution des espèces* » JEAN CHALINE : *Quoi de neuf depuis Darwin – Ellipses, 2006*

c) Néo-lamarckisme

Sans revenir à la forme radicale de LAMARCK invalidée par la génétique, un courant néo-lamarckien a persisté, notamment en France. Il s'est enrichi à la fin du XXe siècle d'arguments nouveaux : la découverte de mécanismes génétiques plus souples que ceux habituellement décrits, et la possibilité d'induire des mutations par un environnement sélectif. Ainsi, l'ADN ne comporte plus une information rigide, il est adaptable, et les mutations ne sont pas seulement le fait du hasard.

D'autre part, des observations révèlent la possibilité de transmission de caractères acquis. Même s'il s'agit de caractères mineurs, cela montre que le processus est possible et que la *barrière weissmanienne* n'est pas aussi absolue qu'elle le prétend.

d). L'évolution par auto-organisation

Il n'y a pas de théorie vraiment formalisée, seulement un concept, appuyé sur des faits, qui applique à l'ensemble du processus évolutif les comportements des systèmes complexes décrits au chapitre V.

Elle rejoint le mécanisme de canalisation précédemment cité.

Dans son évolution, un système complexe a un choix limité de voies de transformations. Il prend spontanément celles qui garantissent la meilleure stabilité dans l'environnement où il se trouve.

L'absence de synthèse

Toutes ces théories ainsi que d'autres contributions apportent des éléments intéressants et bien étayés par l'observation.

Nous disposons aujourd'hui de nombreuses données et hypothèses sur divers aspects de l'évolution entre lesquels il n'y a pas de liens vraiment établis.

Il n'existe pas, à ce jour, de synthèse cohérente intégrant tous ces nouveaux éléments.

3. Évolution par auto-organisation et constructivisme

♦ Une hypothèse pour combler un vide

Face à cette absence de consensus, la *synthèse EAC* (Évolution par Auto-organisation et Constructivisme) que je propose ici ne prétend pas se substituer au travail des spécialistes. Elle suggère un cadre explicatif sur la base de la *Dynamique Triangulaire de la Vie* dont le principe est exposé en détail au chapitre XI.

Cette hypothèse innovante, se différencie des courants existants, tout en ayant la capacité d'intégrer les éléments qui ont fait leurs preuves dans chacun d'entre eux. Elle émerge à la fois de la base métaphysique *holosystémique* décrite au chapitre I, des propriétés générales des systèmes complexes, de la notion de champs d'*in-formation* contenant des *attracteurs* soumis à la *résonance morphique,* et d'une énergie propre intégrée par les êtres vivants qui leur permet de prendre une part active à la dynamique de l'ensemble.

Cette *synthèse EAC* s'appuie sur le mécanisme de fonctionnement des systèmes complexes (étudiés notamment par STUART KAUFFMAN). Elle inclut diverses approches développées dans les dernières décennies comme la symbiogenèse (mécanisme par coopération) de LYNN MARGULIS, le constructivisme de JEAN PIAGET, les lois physiques de la morphogenèse montrées par VINCENT FLEURY, les avancées de l'épigénétique, et la notion de champ d'*in-formation* développée notamment par ERWIN LASZLO.

♦ Un mystère et des mécanismes autour d'une dynamique

L'hypothèse EAC décrit un processus simple et cohérent, qui intègre la plus grande partie des observations, expérimentations et théories qui ont fait leurs preuves, sans être invalidées par des faits concrets, tout en laissant une part de mystère, inévitable, dans le mouvement qui anime le processus vivant et qui porte la vie.

Son mécanisme essentiel est celui de l'auto-organisation des systèmes complexes, dans un cadre étendu (c'est tout l'écosystème qui est concerné). Elle rejoint les hypothèses téléologiques par le fait que l'organisation ne peut s'effectuer que suivant des *attracteurs* et qu'il y a dans les *attracteurs* disponibles, une évidente cohérence. Elle s'appuie fortement sur le constructivisme proposé par JEAN PIAGET, par le fait que ce sont les êtres vivants eux-mêmes, par leur comportement dans leur milieu, qui créent des situations nouvelles dans lesquelles ils sont déstabilisés, ce qui ouvre la possibilité d'une réorganisation et donc de transformation.

Ce n'est pas l'objet de cet ouvrage de détailler une telle hypothèse. Une annexe en fin de chapitre décrit la théorie constructiviste de PIAGET qui en est un pilier essentiel.

Ce qui importe dans la démarche proposée est que rien ne permet d'affirmer que la vie procède de la matière ou de l'esprit (information). Puisqu'elle est un mystère, son origine est laissée dans le mystère en considérant qu'elle ne vient, a priori, ni de l'un de l'autre.

♦ Les êtres vivants moteurs de leur propre évolution

Dans ce contexte, la vie crée une dynamique entre la matière auto-organisable et l'information organisatrice de formes. Elle génère ainsi des organismes (systèmes structurés) capables de maintenir leur structure stable. Pour maintenir cette stabilité, ils doivent s'adapter aux modifications de leur environnement et évoluer.

Leurs comportements et leurs choix sont des éléments essentiels de cette évolution, puisque la simple interaction entre systèmes organisés et ses *attracteurs* ne peut à terme que se figer dans un équilibre définitif. En dehors des dogmes qui l'affirment, ni la matière, ni l'esprit, par ce que l'on connaît d'eux, ne peuvent impulser une véritable dynamique évolutive. Par la matière, ce sont des erreurs hasardeuses qui donnent ce mouvement et cela ne tient pas vraiment la route pour expliquer la grande évolution. Par l'esprit, ce serait du déterminisme et peut-on encore parler, dans ce cas, d'évolution ?

Supposons donc que la vie elle-même puisse impulser le mouvement. On rejoint alors PIAGET qui a intitulé son dernier ouvrage sur le sujet : « *Le comportement moteur de l'évolution* ».

Cette *hypothèse EAC*, une fois ce cadre posé, applique les lois générales de l'auto-organisation définies par la science des systèmes complexes, l'action attractive des *archétypes* d'un *champ biotique* (qui sera détaillée au chapitre IX) et la plupart des mécanismes proposés ces dernières années par des chercheurs de divers horizons et qui se placent à différents niveaux du processus.

Les paragraphes précédents faisant référence à des notions expliquées dans les chapitres suivants, je vous invite à revenir plus tard sur ce chapitre si la question vous intéresse.

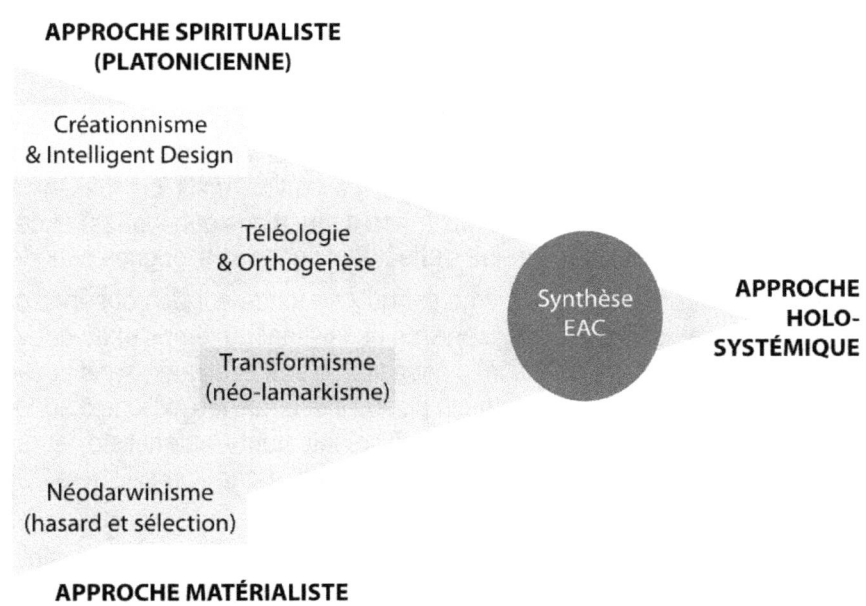

Fig. 7 : Hypothèses du mécanisme évolutif et systèmes de pensée

VII - L'évolution des espèces, une grande idée en panne (en résumé)

Initiée par LAMARCK dès la fin du XVIIIe siècle, la théorie de l'évolution a pris toute son ampleur avec DARWIN et WALLACE qui ont introduit le rôle régulateur de la sélection naturelle.

L'évolution est avant tout une belle et grande idée qui n'a jamais été démentie : tous les êtres vivants ont un lien de filiation les uns avec les autres et leur diversification se fait suivant un processus évolutif. C'est elle qui a permis à la connaissance humaine de sortir du déterminisme divin, et ce sont d'ailleurs des milieux religieux qui soutiennent l'opposition à l'idée d'évolution, avec le créationnisme et l'*Intelligent Design*.

L'idée révolutionnaire de LAMARCK et DARWIN, enrichie de nouvelles disciplines dont la toute-puissante génétique est devenue le néodarwinisme : un courant de pensée qui ne défend plus seulement l'idée d'évolution mais un mécanisme spécifique, celui du hasard des variations (par les mutations génétiques) et de la sélection naturelle par l'environnement, s'effectuant sur de très longues périodes.

Le problème posé par le néodarwinisme est qu'il se fonde sur des observations ponctuelles dont il a généralisé le mécanisme en laissant au temps et au pouvoir immense du hasard et de la sélection la capacité de tout expliquer, sans pouvoir vérifier expérimentalement son hypothèse puisqu'il faudrait des millions d'années pour cela. Il repose donc sur un dogme résolument matérialiste et son échafaudage théorique survit mal à la critique, dès lors que l'on se libère de la croyance qu'il n'y a pas d'autre possibilité.

Face à la théorie dominante du néodarwinisme, les hypothèses sont multiples. Cependant, aucune synthèse consensuelle n'est capable à ce jour d'intégrer toutes les idées qui ont fait leurs preuves pour expliquer certains faits et proposer une alternative convaincante.

Sur la base du concept *holosystémique*, des nouvelles données proposées par les chercheurs alternatifs et du constructivisme de PIAGET (étrangement ignoré des spécialistes de l'évolution !), la *synthèse EAC* propose une vision globale de l'évolution, qui est un pilier de la *Dynamique Triangulaire de la Vie*.

☐ La théorie constructiviste de l'évolution (Piaget)

Origine et conséquence de la primauté du concept néo-darwiniste

La première théorie complète de l'évolution, celle de LAMARCK, était transformiste, c'est-à-dire qu'elle supposait la transmission des caractères acquis et donc la participation active des êtres vivants à leur évolution. DARWIN ne contestait pas l'idée transformiste, il a introduit en plus le mécanisme conjugué de la variation et de la sélection naturelle. C'est plus tard avec WEISMANN, à la fin du XIXe siècle, que l'idée de transmission de l'acquis sera bannie du fait de sa contradiction avec la physiologie des cellules embryonnaires et la génétique.

Le courant néodarwinien, aujourd'hui dominant, s'est fondé en sacralisant la génétique et en rejetant le transformisme. Les conséquences sont plus importantes qu'il n'y paraît dans les valeurs de nos sociétés, puisque cette approche de l'évolution et de la vie affirme que nous sommes issus du hasard, que les plus forts survivront toujours mieux que les autres, et que tout ce que nous faisons de nos vies qui n'est pas directement transmissible n'est d'aucune utilité pour l'évolution. Seules les constructions, la culture et la connaissance de l'histoire peuvent se transmettre aux générations futures.

Persistance et progression du courant transformiste

La pensée transformiste, bien que moquée et marginalisée par le néodarwinisme dominant, ne s'est jamais éteinte, notamment en France, pays de LAMARCK. Elle a intégré les nouvelles données et elle a beaucoup évolué par rapport aux hypothèses transformistes originelles. Ces hypothèses de départ étaient simplistes, comme cette idée que la girafe a développé un long cou pour atteindre les branchages en hauteur et ont été invalidées par la génétique.

La pensée transformiste a donné naissance à diverses théories et hypothèses, toujours marginalisées par le courant dominant, et classées sous l'appellation néo-lamarckisme. Elle a enfin trouvé, en partie, une validation avec le développement de l'épigénétique qui relativise la toute-puissance du code génétique de l'ADN. C'est d'ailleurs à ce niveau que se joue désormais le débat. Le dogme du déterminisme absolu de l'ADN est la clef de voûte sur laquelle l'hypothèse néodarwiniste peut tenir, mais les avancées de l'épigénétique, qui relativisent ce déterminisme et donnent un rôle constructeur (et non seulement sélecteur) à l'environnement, provoquent de plus en plus de fissures dans cet édifice dogmatique.

Émergence du courant constructiviste

C'est dans ce contexte qu'est apparu le courant constructiviste, sous l'impulsion de JEAN PIAGET (1896-1980). Cet épistémologue, biologiste et psychologue suisse est aujourd'hui connu pour ses apports majeurs dans la psychologie du développement et la construction de la connaissance. Sa carrière, commencée par des recherches dans le domaine de l'évolution, est toujours restée en contact avec cette science à laquelle il a porté une attention majeure. Il a proposé une hypothèse à la fois synthétique d'un courant de pensée, innovante et élaborée avec une grande rigueur. Cette approche fait le lien entre l'évolution psychologique d'un individu (ce qui peut s'observer à l'échelle d'une existence) et l'évolution biologique des espèces.

Des recherches convergentes

Lorsqu'à la fin de sa vie PIAGET, héritier du courant transformiste (néo-lamarckien), émet sa conception de l'évolution, il place ses recherches personnelles dans la continuité de travaux de divers chercheurs parmi lesquels :
– Le généticien américain HOWARD MARTIN TEMIN (1934-1994), prix Nobel de physiologie et de médecine pour la mise en évidence d'une enzyme qui vient bousculer la conception classique de la transcription de l'ADN à sens unique : la transcriptase reverse (cette découverte a probablement été préalablement effectuée par MIRKO BELJANSKI).
– Le psychologue américain JAMES BALDWIN (1861-1934) a introduit la notion de sélection selon laquelle : « *l'organisme lui-même collabore à la formation des adaptations en contribuant à sa propre sélection* ».
– Le biologiste autrichien PAUL ALFRED WEISS (1898-1989) a considéré l'évolution en y introduisant la théorie des systèmes, qui ne voit pas les caractères de manière isolée et dont l'association fait le tout, mais un tout préalable dans lequel les caractères coopèrent à l'ensemble. Il y a donc une auto-organisation globale et cohérente, avec un système hiérarchique d'interactions entre différents étages. Pour PIAGET, la faiblesse de cette conception est que son mécanisme reste mystérieux, mais elle est indispensable à la compréhension des comportements. Aucune autre hypothèse n'est satisfaisante à ce sujet.
– L'embryologiste et généticien britannique CONRAD HAL WADDINGTON (1905-1975) a intégré les principes de feed-back et les circuits de régulation de la cybernétique, distinguant deux systèmes qui interviennent dans l'expression des caractères, la génétique et l'épigénétique et deux mécanismes distincts, l'adaptation du milieu intérieur au contexte et la sélection naturelle du milieu. Entre tous ces systèmes, il établit des relations de causalité circulaire qui conduisent à un processus d'assimilation génétique et incorporation dans le génome de nouveau potentiel directement transmissible. Le rôle du comportement de l'être vivant est essentiel dans l'évolution de ce système. Le comportement permet notamment de choisir des éléments essentiels d'influence du milieu (cadre de vie, alimentation) et parfois de modifier le milieu.
– Le concept de phénocopie exposé notamment par PAUL R. EHRLICH (né en 1932) dans lequel les caractères acquis servent de filtre pour la sélection des

caractères retenus qui, à la longue, s'intègrent au génome. L'explication ne satisfait pas PIAGET dans la mesure où elle n'est qu'une adaptation du néodarwinisme, mais il en retient l'idée.

– L'étude des instincts et des comportements qui montrent que les comportements complexes ne peuvent se produire ni par mutation aléatoire, ni même par simple phénocopie. Il est alors intéressant de les comparer à l'organe qui porte leur potentiel : le système nerveux. On entre alors dans un tout autre monde, celui de la biologie des systèmes, de la cybernétique et des sciences cognitives qui ont montré que le fonctionnement du système nerveux dépasse largement les possibilités de la biochimie, notamment dans sa plasticité et sa capacité à faire émerger des constructions complexes extrêmement cohérentes.

L'hypothèse constructiviste de PIAGET

À la lumière des données précédentes et de ses propres expériences, PIAGET cherche le mécanisme le plus probable par lequel l'organisme peut intégrer les adaptations issues de son comportement. Il retient le terme de phénocopie mais rejette l'explication lamarckienne trop simpliste et non démontrée (la simple copie), et celle de EHRLICH qui reste une conjonction de hasard et de sélection.

Son hypothèse attribue au système biologique des capacités de transformation et d'innovation similaires à celles constatées sur le plan de l'intelligence humaine et de ses créations, ce qui est cohérent en admettant que les phénomènes psychologiques sont dans la continuité des phénomènes biologiques, donc obéissent aux mêmes schémas fondamentaux d'organisation.

Cette mise en parallèle conduit à deux axes.

1. Le premier s'appuie sur le principe cybernétique des processus auto-organisateurs créateurs de formes, qui manifestent une complexité et un ordre croissant. PIAGET considère que l'information transmise par les adaptations individuelles au système génétique est uniquement un indice de désordre par rapport aux réalisations habituellement adaptées du génome avec l'environnement. Elles traduisent une corrélation entre milieu interne et milieu externe. Dans ce contexte, le système mis en instabilité se trouve en état de tension et doit trouver une solution interne d'auto-organisation pour retrouver la stabilité. C'est l'environnement qui déclenche l'adaptation, mais l'être vivant joue un rôle majeur en ne subissant pas complètement ce processus : il y prend une part réelle.

2. Le second réduit le rôle du hasard, dans le sens où les adaptations choisies par le système ne sont pas une loterie hasardeuse. Il fait entrer pour cela une causalité circulaire avec une intelligence créatrice qui permet de tendre vers une solution appropriée.

Une théorie à la fois innovante et synthétique

L'hypothèse développée par PIAGET jusqu'à la fin de sa vie est de même nature pour les structures biologiques et les structures cognitives. Il répond de cette manière aux pressentiments de CUENOT qui pensait, qu'une structure aussi complexe qu'un œil ne peut s'expliquer par le seul jeu du hasard et de la sélection. Pour admettre cette évolution créatrice, on doit attribuer au génome une intelligence combinatoire plus puissante que le jeu des variations héréditaires aléatoires, suivie d'une sélection de l'expression qu'en effectuera le phénotype lui-même, avant même sa confrontation à l'environnement.

CUENOT, du fait de sa forte culture darwinienne et génétique, ne pouvait qu'être dans le doute. PIAGET qui n'a pas ce conditionnement limitatif va plus loin. Il attribue au système génétique la capacité à recréer dans son propre langage les adaptations acquises par l'expérience individuelle, avec des mécanismes à la fois combinatoires et compensatoires qui évoluent sur un mode constructif, et non aléatoire. C'est un tel mécanisme qui a pu créer de nouveaux organes et des instincts complexes, dont la structure est la solution obtenue par auto-organisation face à un point critique menaçant la stabilité de l'ensemble.

Face à deux évidences concernant les mutations : d'une part elles existent et peuvent modifier des caractères, d'autre part elles ne peuvent seules expliquer ni les changements majeurs (notamment l'apparition de nouveaux organes), ni l'apparition des instincts, PIAGET distingue deux niveaux d'évolution :
– L'évolution organisatrice qui concerne notamment les comportements et les organes différenciés nécessaires à leur exercice. Elle ne peut pas se faire sous le jeu des mutations et des sélections (cela a été largement démontré). Elle peut en revanche suivre le mécanisme précédemment cité.
– L'évolution « variationnelle », par le jeu des mutations et des recombinaisons sexuelles introduit des variations au sein de systèmes déjà organisés. À ce niveau, le mécanisme mutation/sélection a toute sa place.

Les évolutions variationnelles sont des modifications des systèmes génétique et épigénétique déjà formés, qui conservent leur organisation de fonctionnement, continuant ainsi à remplir leur fonction. Ces variations peuvent tout à fait être aléatoires et être ensuite sélectionnées par le milieu. Elles ne concernent que des caractères mineurs conduisant notamment à la diversité dans une même espèce. La formation d'une nouvelle espèce n'a jamais pu être observée ou démontrée par un simple jeu de mutations.

Les évolutions organisatrices sont, selon PIAGET, des conséquences de nouveaux comportements. Les caractères concernés sont soumis d'emblée à une double téléonomie (c'est-à-dire l'orientation vers un but) : celle du milieu externe auquel il doit répondre et celle du milieu interne qui doit apporter les instruments de sa réalisation. Cette double téléonomie permet d'une part d'adapter la physiologie (et la morphologie) à la réalisation du comportement, d'autre part, en construisant le comportement sur un objectif, de développer un mécanisme qui adapte chaque séquence de manière à conserver cet objectif lorsque celui-ci est mouvant. Une telle évolution peut à la fois induire de nouveaux comportements héréditaires et les organes qui lui sont nécessaires. Elle peut expliquer l'émergence de nouveaux caractères qui ont conduit à des sauts évolutifs majeurs (apparition des pattes, des ailes, de la conscience…).

Cette conception qui attribue au comportement un rôle moteur dans l'évolution est réellement innovante, révolutionnaire dans son mécanisme de fonctionnement, et cohérente avec les approches darwinienne et lamarckienne dès lors qu'on les libère de leurs aspects dogmatiques. Elle intègre les données fondamentales de la cybernétique et de la dynamique des systèmes non linéaires. Elle permet de se libérer d'un déterminisme téléologique ou créationniste en donnant au vivant la liberté et le pouvoir créateur d'évoluer à sa manière au sein de son environnement.

Réhabiliter LAMARCK

La théorie de PIAGET n'a pas attiré l'attention des évolutionnistes. Étant d'inspiration lamarckienne, elle est immédiatement suspecte et donc rejetée !

Il est évident aujourd'hui qu'avoir à ce point banni LAMARCK et mis DARWIN sur le piédestal du fondateur de l'évolution est injuste à bien des niveaux. D'abord, nous l'avons déjà mentionné, LAMARCK a précédé DARWIN. D'autre part, on peut difficilement dire aujourd'hui, au-delà de ce que chacun a apporté à cette science, lequel des deux courants s'est le plus trompé. On oublie trop souvent que dans sa dernière version de L'origine des espèces [...], DARWIN a adopté la thèse lamarckienne de la transmission de caractères acquis par l'usage ou le non usage. On peut se demander aussi si DARWIN lui-même, avec toutes les données actuelles, serait néodarwinien !

Cette réhabilitation, peut sembler symbolique, elle est cependant un pas significatif vers la sortie de l'hégémonie du néodarwinisme, qui permettrait une bien meilleure diffusion des nouvelles données de l'évolution et une autre vision de la biologie et de la vie.

VIII - De l'incertitude au pragmatisme

« Toutes les nouvelles données de la science nous permettent-
elles d'envisager une connaissance objective et absolue ?
Il n'existe tout simplement aucun moyen satisfaisant de décrire
les processus fondamentaux de la nature en termes d'espace,
de temps et de causalité. »
BANESH HOFFMANN

« Les lois fondamentales expriment maintenant des possibilités
et non plus des certitudes. »
ILYA PRIGOGINE

Les nouvelles données de la science nous permettent-elles d'envisager une connaissance objective et absolue ? Et cet absolu est-il nécessaire pour développer des applications pratiques ?
Aborder ces questions est une étape nécessaire avant d'aller plus loin vers la *Dynamique Triangulaire de la Vie*.

La mécanique quantique a apporté un niveau de connaissance de la matière sans précédent, permettant des applications technologiques particulièrement performantes.

À un niveau plus macroscopique d'organisation, la science des systèmes complexes a fait de même. L'une comme l'autre, en levant le voile sur des niveaux de réalité qui jusque-là nous échappaient, nous proposent de nouvelles lois qui accroissent la compréhension des phénomènes. L'espace de connaissance qu'elles ont ouvert est trop vaste pour être pleinement accessible à la raison humaine, ce qui éveille une vision nouvelle plus humble, consciente que la science ne peut plus apporter de certitudes.

Plus nous approchons du but, plus celui-ci s'évapore en brumes inaccessibles et, pourtant, plus nous disposons d'outils efficaces pour mieux aborder les phénomènes. Composer avec cette dualité impose un positionnement plus clair face à la connaissance.

1. Un fond d'incertitude

Certaines recherches qui ont éclairé le XXᵉ siècle ont aussi révélé l'impossibilité pour la connaissance de remonter à la racine des causes, qui semble inaccessible. La science doit alors se contenter de décrire ce qui se passe et de définir certains contextes maîtrisés où elle peut prévoir les phénomènes.

L'incertitude fondamentale à laquelle se heurte la connaissance se manifeste dans toutes les disciplines, notamment la physique, les mathématiques, la biologie, la psychologie.

♦ De la relativité au rôle de l'observateur dans l'observation

Les physiciens qui cherchaient à établir des lois décrivant le fonctionnement du monde se sont rapidement heurtés à la relativité formulée au début du XXᵉ siècle par EINSTEIN. Ce qui apparaît comme la réalité depuis un point d'observation est lié aux caractéristiques de ce point. Ce qui est observé est relatif aux conditions d'observations.

Pour observer objectivement un système, il faudrait être à l'extérieur de ce système. Nous ne pouvons être extérieurs au monde dans lequel nous vivons, c'est pourquoi toute observation de ce monde est relative. Le génie d'EINSTEIN a été de mettre cela en équation pour décrire des réalités observables en tenant compte de cette relativité. Mais ce qui est possible pour la physique à grande échelle ne l'est pas pour la matière à très petite échelle, ni pour des systèmes complexes comme les phénomènes vivants.

Plus tard, les chercheurs qui se sont intéressés au monde infiniment petit de la matière sont allés plus loin en montrant que toute observation est dépendante de l'observateur. Il n'y a donc pas, dans l'absolu, d'observation objective possible. Il est donc impossible de connaître la réalité ultime, on peut seulement l'approcher en choisissant une manière de l'observer. Ce n'est que dans un cadre défini et rigoureusement respecté qu'il est possible de faire des observations cohérentes et d'établir des lois.

♦ Le principe d'incertitude de la mécanique quantique

Dès le début de la mise en œuvre de la mécanique quantique, HEISENBERG a énoncé le principe d'incertitude, dont les formulations sont multiples. La plus connue énonce qu'il est impossible de connaître à la fois la position et la vitesse d'une particule. Il y a toujours quelque chose qui nous échappe.

Le comportement de la matière à l'échelle des particules élémentaires n'est donc ni déterminé, ni prévisible avec certitude. Les calculs que l'on peut effectuer sur la vitesse et la position de particules subatomiques n'expriment que des probabilités.

♦ Le mystère de la non-localité

Dans les années 1970, l'équipe d'ALAIN ASPECT a mis fin à un long débat sur la non localité, et clos le désaccord entre EINSTEIN et les physiciens quantiques au profit de la mécanique quantique. L'expérience a vérifié ce que prédisaient les calculs et qui semblait pourtant impossible : deux particules peuvent interagir alors qu'elles sont suffisamment distantes pour ne pas pouvoir communiquer à la vitesse de la lumière.

Or, dans le concept actuel de la physique, rien ne peut aller plus vite que la lumière. Cette expérience indique donc l'existence de phénomènes non locaux, dépassant toutes les lois actuellement connues. Cela ne pose pas de problème à la mécanique quantique. Elle avait prédit le résultat de l'expérience sans chercher à l'expliquer. Cette facilité d'acceptation de l'irrationnel est la conséquence de sa démarche et de son but. Elle ne prétend pas expliquer, mais décrire un modèle précis qui soit cohérent avec les phénomènes, et donc capable de les prédire.

L'existence des phénomènes non locaux a conduit à diverses interprétations. Les plus folles postulent une réversibilité du temps ou l'existence d'une multitude d'univers parallèles. D'une manière moins ambitieuse mais plus réaliste, il faut bien admettre l'existence, au-delà de la réalité matérielle connue, d'une réalité non physique qui échappe aux lois de la matière.

Le *champ du point zéro* est l'hypothèse la plus aboutie et la plus cohérente pour expliquer les phénomènes non locaux. La seule réserve, et elle est de taille, est que son existence ne peut pas être démontrée. Comme la gravitation, c'est un champ qui n'est pas directement observable, dont on peut seulement constater les effets. À l'opposé de la gravitation, ses effets ne sont pas mesurables et quantifiables de manière reproductible. On peut donc seulement, à l'instar de la mécanique quantique, établir des lois descriptives qui se vérifient, sans avoir accès aux mécanismes cachés qui les gouvernent.

♦ Le théorème d'incomplétude de Gödel

Après le domaine de la physique, l'incertitude a aussi gagné les mathématiques.

Les mathématiciens ont longtemps été persuadés que leur discipline pouvait démontrer toutes les vérités. KURT GÖDEL qui s'est penché sur cette question a fait deux constatations :

1. Dans certains cas, il est possible de démontrer une chose et son contraire (ce qu'il appelle l'inconsistance).

2. Au-delà d'une certaine complexité, dans un système fini, certaines choses sont impossibles à démontrer par les mathématiques. Celles-ci ne peuvent dire si la chose est vraie ou fausse (ce qu'il appelle incomplétude).

En 1931, dans le théorème d'incomplétude il énonce clairement que dans une réalité complexe, il existe des domaines dans lesquels les mathématiques ne peuvent aboutir à aucune certitude.

Certaines propositions ne peuvent être ni prouvé ni réfuté à l'intérieur d'un système. De telles propositions ou énoncés sont appelés les *indécidables du système*.

L'idéal de certitude cartésien, fondement d'une science rigoureuse dans laquelle les mathématiques sont le socle capable de déterminer de manière irréfutable toutes les vérités, est infirmé par ce principe.

La science ne peut donc pas prétendre atteindre la vérité absolue

♦ Comportement imprévisible des systèmes complexes

La science de la complexité, fondée sur l'observation et la mise en œuvre de modèles mathématiques, a montré que l'évolution d'un système complexe est fondamentalement imprévisible. Il est possible d'approcher la manière dont il se comporte, mais l'organisation qu'il va adopter dans un contexte critique pour maintenir sa stabilité est parfois hors du champ des prévisions possibles.

Cette propriété concerne particulièrement les êtres vivants, qui sont des systèmes complexes. En ce domaine, où la prévision certaine est impossible, une part de mystère qui est toujours présente alimente un fond d'incertitude avec lequel il faudra toujours composer.

♦ La nature de la vie

Parmi les grandes énigmes de la science, la nature réelle de la vie est sans doute la plus troublante. La vie est en nous et autour de nous.

Nous observons chaque jour ses manifestations. Nous avons une idée intuitive de ce qu'elle est, de sa fragilité, de sa cohérence, de sa beauté, de son intelligence… mais en terme scientifique, on ne peut décrire que la manifestation de ses effets. Sa nature réelle et son origine sont dissipées dans le mystère.

Dans les minutes qui suivent sa mort, un organisme n'a aucune différence biochimique avec ce qu'il était, encore vivant. Pourtant, quelque chose d'essentiel n'est plus là. Les anciens parlaient d'âme. Aujourd'hui on parle de vie, mais il y a bien quelque chose d'individualisé qui permettait la vie dans cet organisme et qui n'est plus là. C'est pourquoi l'âme et son mystère sont toujours d'actualité, et peuvent être considérés en se libérant des notions déterministes que les croyances religieuses y ont associées. Ce sera l'objet du chapitre XII.

♦ **La nature du psychisme**

Les phénomènes psychiques sont également une expérience immédiate accessible à chacun. La science s'y est intéressée, avec de multiples approches.

Le comportementalisme l'étudie de l'extérieur, par ses manifestations pouvant se mesurer ou se modéliser. La psychologie introspective l'étudie de l'intérieur, par des descriptions personnelles dont les fondements communs évoquent des lois. Les neurosciences décrivent le fonctionnement du support, le cerveau. Et les sciences cognitives établissent des modèles capables de reproduire ce fonctionnement.

Au-delà de toutes ces approches, nul ne sait la nature réelle de la pensée ou de l'émotion. Elles restent des réalités abstraites dont l'origine est mystérieuse. Certaines analogies évoquent un lien avec ce qui sous-tend la vie, mais cela ne peut être démontré.

♦ **Réalités physiques et non physiques, quantitatives et qualitatives**

Globalement, il est possible d'observer plusieurs types de réalités. Certaines sont physiques et peuvent s'observer et se mesurer. D'autres ne sont pas physiques. Il est alors impossible de les observer ou de les mesurer directement. Seuls leurs effets sur la réalité physique sont observables, et parfois mesurables.

Parmi ces réalités non physiques, certaines sont quantitatives. On peut alors les convertir en lois mathématiques linéaires, capables de prédire leurs manifestations. C'est le cas des champs identifiés par la physique moderne : gravité, électromagnétisme, forces nucléaires forte et faible. Les lois qui les décrivent donnent une connaissance précise des comportements de la matière et permettent des applications concrètes : appareils de mesure, machines, systèmes de communication, bombes atomiques… Ces applications sont extrêmement performantes, alors que les causes sous-jacentes des processus restent inaccessibles.

Dès lors qu'il y a de la vie, quelque chose échappe aux lois de la matière. Quelque chose qui n'est pas quantitatif et ne peut donc pas être mesuré. Les mathématiques non linéaires peuvent au mieux décrire des processus, mais ne peuvent pas prédire avec exactitude le résultat des comportements.

Il y a donc deux manifestations de la réalité pour lesquelles les seuils de connaissance sont différents.

1. Pour la matière inerte, malgré un domaine causal mystérieux, la reproductibilité des comportements permet une connaissance fiable des processus et de leurs résultats.

2. Pour la matière vivante, en plus du domaine causal mystérieux, il y a un mystère supplémentaire au niveau de ses manifestations, qui ne répondent pas uniquement aux lois physiques quantitatives. D'autres lois peuvent décrire certains comportements. Elles sont qualitatives et ne peuvent pas prédire précisément leur résultat.

DOMAINE CAUSAL		DOMAINE PHÉNOMÉNAL MACROSCOPIQUE	
Matière	Causes	Comportement	Résultat
MATIÈRE INERTE	?	Décrit par des lois quantitatives	Prédictible avec précision
MATIÈRE VIVANTE	?	Décrit par des lois quantitatives et qualitatives	Non prédictible avec précision

En dehors du domaine causal, mystérieux pour l'ensemble des phénomènes, il y a dans le monde vivant une intelligence complexe qui prend part aux comportements sans entrer dans le cadre de lois quantitatives. C'est pourquoi il reste toujours une incertitude sur le résultat des comportements, même lorsque nous croyons maîtriser tous les facteurs.

2. De l'absolu au relatif : des niveaux de réalité différents

Le fond d'incertitude et de mystère que nous venons de décrire enlève toute illusion de connaissance absolue. Face à cela, plusieurs attitudes sont possibles : abandonner, s'autoriser des interprétations qui conduisent à des théories aussi nombreuses que contradictoires, ou faire la part entre ce qui est connaissable et ce qui ne l'est pas, pour s'investir dans la part accessible à la connaissance.

Une connaissance sera d'autant plus fiable qu'elle a limité son territoire à la part connaissable, sans avoir à poser de postulat sur celle qui ne l'est pas. De tels postulats ont l'effet contraire de leur objectif. En voulant dépasser la frontière de ce qui est connaissable, ils créent des contraintes à l'intérieur de ce nouveau périmètre et ces contraintes limitent le développement de la connaissance.

La physique a très bien réussi cela avec la mécanique quantique, mais ce n'est pas actuellement le cas pour la biologie.

♦ Deux attitudes des physiciens modernes

Ce qui se passe dans le domaine de la physique depuis un siècle est éclairant à ce sujet. D'un côté, il y a une connaissance nouvelle, révolutionnaire et très éclairante sur la nature du monde dans lequel nous vivons. De l'autre, une part de mystère approchée et mieux révélée a pris davantage d'importance.

Face à cela, les physiciens ont adopté deux attitudes : l'une est pragmatique, l'autre idéaliste.

– L'attitude pragmatique a été préconisée par NIELS BOHR. Selon lui, la physique ne peut prétendre expliquer ce qu'est la nature, seulement décrire une manière de l'observer. Et à partir de cette observation dans un cadre défini, établir des lois vérifiables et ouvrir des champs d'application.

– L'attitude idéaliste portée par EINSTEIN et bien d'autres après lui, consiste à aller au-delà de cette frontière pour approcher le monde causal. Pour EINSTEIN, cela s'est traduit par une grande rigueur et des doutes sur ce qui échappait à la logique, ce qui l'a conduit à critiquer la mécanique quantique. Pour beaucoup d'autres physiciens d'une période plus récente, il en résulte un nombre important de théories purement spéculatives qui génèrent de grands débats et ne font avancer ni la connaissance précise du monde phénoménal, ni les applications pratiques.

Notons que l'attitude de Bohr permettait d'accepter la non-localité qui était cohérente avec les observations, bien qu'irrationnelle. Einstein ne pouvait l'accepter car elle n'avait pas d'explication. L'expérience d'Aspect, réalisée bien plus tard, a donné raison à Bohr.

◆ Du monde quantique au monde observable : la décohérence

La physique a été confrontée à une autre question délicate : comment le monde que nous observons peut-il répondre aux lois déterministes de Newton alors qu'il est constitué de matière répondant aux lois non déterministes (probabilistes) de la mécanique quantique ?

Cette distinction était d'autant plus nécessaire que l'indétermination quantique appliquée au monde macroscopique conduit à des paradoxes comme le célèbre chat de Schrödinger, se trouvant à l'issue de l'expérience dans un état à la fois mort et vivant, sans qu'il soit possible de le prédire.

De tels paradoxes, avec des états à la fois incompatibles et pourtant superposés, posent le problème de la transition entre le monde quantique, dont la physique maîtrise désormais les comportements étranges, et le monde phénoménal macroscopique qui peut être observé et dans lequel ces comportements ne se retrouvent pas.

De manière pragmatique, il a d'abord été admis qu'il y avait deux niveaux de réalité : l'un microscopique dans lequel les lois probabilistes dominent, l'autre macroscopique dans lequel les lois déterministes s'appliquent. Entre les deux, l'organisation de la structure échappe progressivement à l'indétermination, jusqu'à mettre fin à l'instabilité par le choix d'une possibilité qui stabilise durablement la structure.

Cette explication intuitive au départ a été formalisée par la théorie de la *décohérence*, introduite par Heinz Dieter Zeh en 1970 et confirmée expérimentalement 25 ans plus tard. C'est aujourd'hui l'approche explicative la plus aboutie de ce processus, et de ce fait largement reconnue.

La *décohérence* met en avant qu'un système quantique dans le monde réel n'est jamais isolé, il est toujours en interaction avec un environnement qui réduit ses degrés de liberté. Ce sont ces interactions qui provoquent la disparition rapide des états superposés de l'état quantique, dès lors que ceux-ci deviennent incohérents.

Les mathématiques démontrent que chaque interaction réduit le nombre d'états possibles jusqu'à une probabilité nulle d'observer des états superposés. Elles calculent le temps nécessaire pour qu'une structure de type molécule, une fois formée, sorte de l'incertitude quantique pour entrer dans un état stable unique. Ce temps qui est théoriquement conséquent dans un vide parfait (qui n'existe pas), devient très court dans l'air, de l'ordre de 10^{-30} seconde, c'est-à-dire instantané à notre niveau de perception.

La mécanique quantique décrit un monde probabiliste d'états superposés avec l'un d'eux qui va se figer lors de l'observation, ce qu'elle appelle la « réduction du paquet d'ondes ».

La *décohérence* indique que cette réduction se fait pour tout système organisé dans le monde phénoménal avant même l'observation, par les diverses interactions qui stabilisent les éléments du système. C'est la force des interactions avec son environnement qui maintient un système dans un seul état stable, et non pas entre tous les états théoriques superposés que le calcul peut prévoir.

♦ La biologie enfermée dans ses dogmes

La biologie étudie un monde macroscopique et n'a de ce fait jamais intégré les incertitudes du monde quantique. La *décohérence*, bien qu'apparue tardivement, pourrait justifier cette attitude, le monde vivant est un monde suffisamment grand dans lequel les nombreuses interactions déterminent un état unique et stable. Si on considère la matière vivante comme de la matière inerte, cette démarche est donc tout à fait légitime.

Cependant, la biologie ne peut pas considérer la matière vivante comme une matière inerte au sens habituel, il est trop évident qu'elle a quelque chose de plus que les minéraux. Cependant, en focalisant son étude sur les aspects biochimiques dont on peut étudier précisément les constituants, les propriétés et les interactions individuelles qui expliquent l'ensemble, elle assimile sans se l'avouer la matière vivante à de la matière inerte. Elle lui attribue donc un comportement mécanique répondant à des processus linéaires.

Or, un organisme vivant n'est pas de la matière inerte et les relations entre ses constituants ne sont pas les mêmes que celles d'une machine. Il y a ce quelque chose de plus qui empêche de prédire le résultat de ses comportements. C'est là tout le mystère d'un système dans lequel le haut niveau des interactions entre ses constituants libère de l'indéterminisme quantique, sans pour autant le faire entrer dans le déterminisme mécanique. Du fait de son extrême cohérence qui se manifeste spontanément, certains disent même qu'il se comporte comme un système quantique ![16]

Les sciences biologiques sont encore loin d'avoir intégré cela. Elles considèrent les organismes vivants comme des systèmes mécaniques. Elles cherchent à les modéliser suivant une logique la plus linéaire possible, ce qui conduit à de grossières approximations et au final à un modèle peu ressemblant !

Elles justifient cet échec par le manque de connaissance face à l'immensité des données qui entrent en jeu, et elles comblent leurs insuffisances par des postulats et des raccourcis guidés par les observations statistiques. Elles tentent ainsi d'assimiler le complexe qui leur échappe au compliqué qu'en théorie elles peuvent maîtriser.

Le résultat est décevant. Il permet, certes, des applications performantes sur certaines parties du fonctionnement, mais la vision d'ensemble est d'une rigidité qui se superpose mal avec la fluidité adaptable des organismes et de leurs comportements.

---

16. *En fait, il partage avec un système quantique la possibilité d'évoluer vers plusieurs états sans que l'on puisse déterminer à l'avance lequel il va choisir. Il diffère par le fait que ces états se succèdent mais ne se superposent pas. Dans le monde quantique, le temps est réversible, alors que le monde vivant est à la fois stabilisé par la décohérence et soumis à la flèche du temps.*

♦ Définir un cadre de connaissance en biologie

La vision mécaniste qui sous-tend la biologie et la médecine actuelles est donc approximative et déformante. Elle dépasse le périmètre de connaissance possible en affirmant que la vie est générée par un processus biochimique. Enfermée dans l'axe de son postulat, elle ne peut plus voir, et encore moins admettre certains aspects de la réalité. Finalement, elle limite considérablement son espace de connaissance. Parfois jusqu'à l'aberration !

Pour accroître cet espace de connaissance et résoudre les problèmes qui semblent aujourd'hui insolubles, il faut donc se libérer du dogme qui prétend expliquer les choses au-delà de cet espace et, finalement, le limite.

Le cadre qui peut offrir à la biologie un espace maximal de connaissance est limité par deux incertitudes :
1. Celle du monde causal (commune à toutes les sciences, y compris la physique),
2. Celle du mystère de la vie qui s'insère dans la structure et le comportement des organismes pour y introduire une part d'incertitude et des phénomènes incomplètement prévisibles.

À l'intérieur de ces limites respectées, il y a un espace accessible à la connaissance scientifique avec d'une part les mécanismes locaux qui sont très bien connus de la biochimie et de la physiologie, et d'autre part un processus global qui échappe à la linéarité et répond à une approche systémique.

En acceptant la part inévitable d'incertitude et de mystère, une biologie rénovée et ouverte peut décrire un fonctionnement dynamique intégrant ces deux aspects de la structure des organismes.

Pour aller plus loin, elle peut intégrer l'influence de deux autres principes : l'information qualitative d'organisation relayée par le psychisme et le souffle mystérieux de la vie qui dynamise l'ensemble.

C'est ce cadre-là qui a conduit à la *Dynamique Triangulaire de la Vie*.

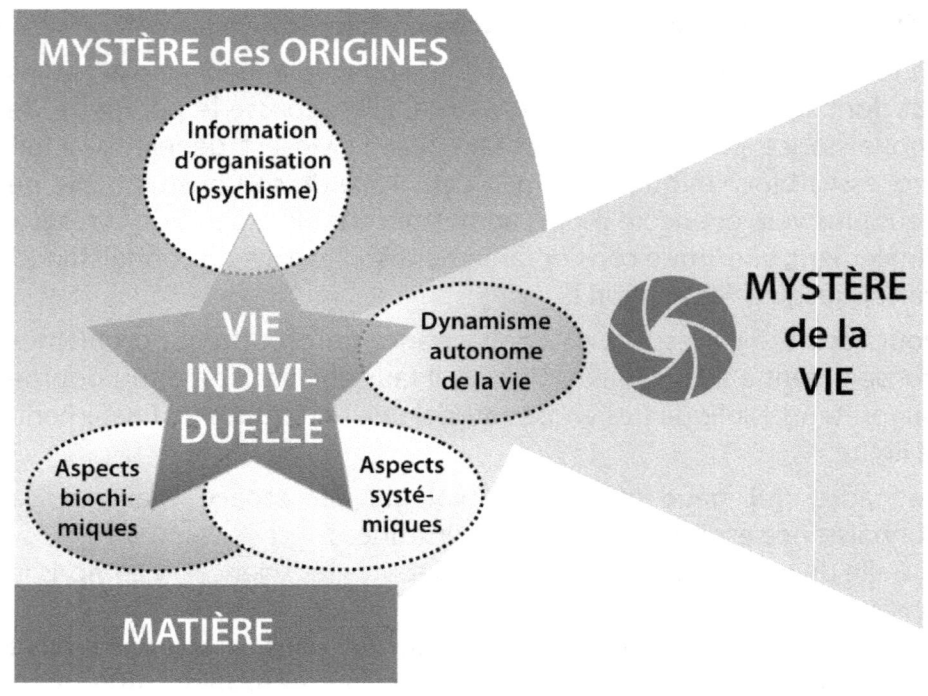

Fig. 8 : Nouveau cadre d'approche de la biologie

Deux mystères inaccessibles à la connaissance humaine et qu'il n'est nul besoin de connaître :
– La cause des causes (s'il y en a une), c'est-à-dire le mystère des origines.
– Le dynamisme propre de la vie, capable de s'individualiser (qui se distingue du premier par le fait que le monde inanimé peut exister sans la vie).

Deux bases scientifiques de connaissance de la matière vivante
– Les aspects biochimiques (approche réductionniste).
– Les aspects systémiques (approche globale).

Deux hypothèses :
– L'existence d'une *in-formation* immatérielle liée au psychisme et capable d'organiser la matière.
– L'existence d'un dynamisme autonome des êtres vivants qui se manifeste notamment par l'évolution et la capacité de souveraineté humaine.

3. Entre dogme, doute et foi : idéalisme et pragmatisme

L'incertitude qui règne dans le domaine causal et aussi dans le domaine phénoménal pour les êtres vivants crée un vide.

Ce vide peut être comblé de différentes manières : le postulat d'un dogme, l'entrée dans le doute ou une foi qui va au-delà de ce qui peut être compris. Ce peut être aussi une juste alternance de ces positions selon le contexte.

L'attitude qui découle du positionnement choisi est idéaliste ou pragmatique.

♦ L'approche dogmatique, scientifique ou religieuse

Un dogme est un postulat qui n'est jamais remis en cause et sur lequel se fonde un système de pensée et de connaissance.

Le dogme spiritualiste postule qu'une intelligence supérieure (appelée Dieu ou de tout autre manière) a créé le monde et le gouverne, assurant ainsi sa cohérence et son sens.

Le dogme matérialiste postule que la matière est la seule réalité et tous les phénomènes sont le résultat de l'organisation de cette matière suivant les lois de l'univers.

Ces deux systèmes dogmatiques excluent ce qui n'est pas compatible avec le postulat de départ : hasard et indétermination pour les spiritualistes, réalité non matérielle pour les matérialistes.

Dans une conception holosystémique, la notion de dogme est moins flagrante puisque tout est ouvert dès lors que le fonctionnement global et cohérent est reconnu comme un fait. L'origine de cette cohérence n'est pas postulée à l'avance.

♦ Le doute générateur d'inertie et de fragilité

Le fait de se focaliser sur les incertitudes et d'en faire un générateur de doute sur tout est une démarche légitime dans un perfectionnisme absolu, mais c'est une démarche le plus souvent stérile. Sans base solide, il est en effet impossible de construire une connaissance et de développer des applications. Le scepticisme fondamental conduit au manque de cohérence de la connaissance et à la faiblesse de l'action.

L'absence de structures solides de connaissance est un handicap qui entrave la cohérence des actions et des réactions.

Elle rend le choix difficile, voire impossible, et crée une vraie fragilité face aux situations nouvelles.

♦ Accepter le mystère et développer une foi ouverte

Accepter le mystère est différent de poser un dogme qui masque ce mystère. Le dogme entraîne la fermeture. L'acceptation du mystère permet de développer une foi en ses propres croyances, avec une racine plongée dans l'inconnu dans lequel on investit sa confiance.

La foi donne une base qui fortifie la connaissance. Lorsqu'elle est fermée, voire aveugle, elle rejoint le dogme décrit précédemment, mais elle peut avec la même force rester ouverte aux faits et savoir se remettre en cause.

Tout système de connaissance non construit sur un dogme fermé demande une foi ouverte, au minimum dans l'existence d'une cohérence et dans le fait qu'une connaissance partielle soit possible.

♦ Idéalisme et pragmatisme

L'idéalisme est ancré sur l'absolu. Il ne peut se manifester que dans une cohérence sans faille avec tout ce qui est connu.

Enracinée dans un dogme, sa puissance d'action est forte, mais cette capacité à agir est enfermée dans l'axe que délimite ce dogme, d'où une inévitable intolérance, voire un fanatisme.

Enraciné dans le doute, l'idéalisme paralyse et rend l'action particulièrement inefficace.

Le pragmatisme considère ce qui fonctionne et utilise ce qui est disponible pour un maximum d'efficacité. Il ne se préoccupe pas des causes mystérieuses. Il s'appuie sur des lois établies et vérifiées qui permettent de développer des applications efficaces dans le cadre de validité de ces lois.

Le doute est le plus grand frein au pragmatisme. On ne peut développer des applications efficaces sur une base incertaine.

Le dogme permet d'agir, mais dans un champ d'action restreint à ce qui est lui est compatible.

La foi ouverte permet aussi d'agir, et ceci dans un champ d'autant plus large qu'il y a une ouverture réelle au mystère, sans présupposer d'explication aux causes et sans avoir besoin de les connaître. La foi ouverte est donc le meilleur socle au pragmatisme.

♦ Domaine causal et domaine phénoménal

Le <u>domaine causal</u> est celui dans lequel tout prend racine. C'est là que se trouvent les explications ultimes de tout ce qui peut être observé. L'ensemble des incertitudes démontrées prouve que le domaine causal n'est pas accessible depuis le monde manifesté dans lequel nous sommes.

Le <u>domaine phénoménal</u> est celui de la manifestation, qui peut être observé et dans lequel s'effectuent les expériences. On peut y voir trois aspects :
– Les causes identifiables, derrière lesquelles il y a toujours l'incertitude, et donc des causes plus profondes. Ce sont des causes secondaires ou causes manifestées.
– Les phénomènes proprement dits, observables par leurs résultats finaux ou intermédiaires et descriptibles en termes de processus.
– Le résultat de ces processus, qui est une structure ou un comportement, observable et analysable. Il peut être prédit ou non selon le contexte.

Les causes manifestées sont accessibles à l'analyse qui peut les répertorier, voire les quantifier. Il en est de même du résultat du processus. En revanche, le processus lui-même n'est pas observable au-delà d'une certaine complexité. Il doit donc être déduit ou imaginé, de manière à établir un modèle.

L'idéalisme s'enracine dans le monde causal. La manière dont les causes sont connues dans le système de pensées influe sur la manière de connaître le domaine phénoménal et donc d'agir.

Le pragmatisme se limite exclusivement au monde phénoménal.

L'acceptation du mystère causal avec une confiance véritable (de l'ordre de la foi) dans la cohérence de l'ensemble permet de développer le pragmatisme le plus efficace, capable d'avoir recours à tout ce qui est possible.

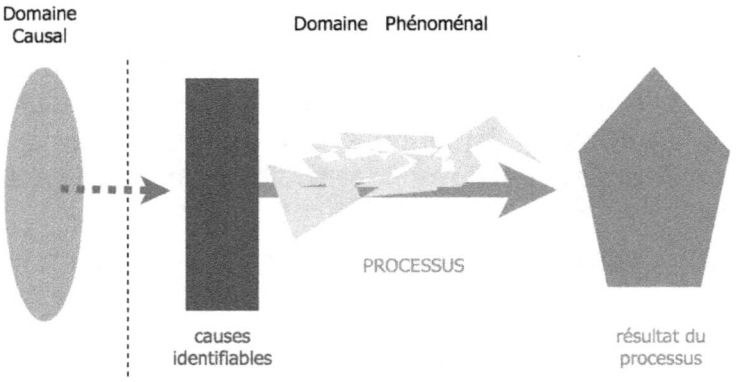

Domaine
Causal

Domaine   Phénoménal

PROCESSUS

causes
identifiables

résultat du
processus

DOGMATISME

Le **dogmatisme** s'enracine dans l'absolu du domaine causal.
Il a une réelle puissance de connaissance et d'action dans le monde phénoménal, mais limitée à ce qui est compatible avec la vérité de son dogme.

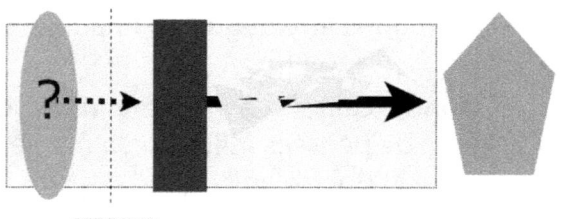

SCEPTICISME

Le **scepticisme** veut s'enraciner dans l'absolu du domaine causal, mais n'y trouve aucune certitude. Sa connaissance et son action dans le monde phénoménal sont peu cohérents et peu efficaces.

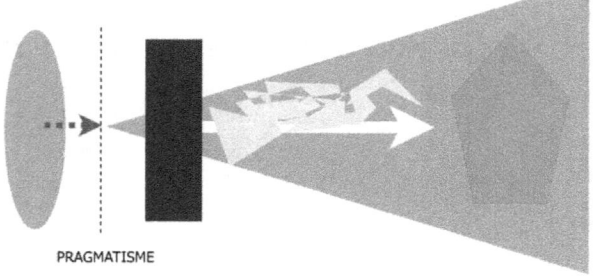

PRAGMATISME

Le **pragmatisme** s'enracine dans le relatif du domaine phénoménal. Son champ de connaissance et d'action est sans limite.

Fig. 9 : Dogmatisme, scepticisme et pragmatisme

♦ Le choix du pragmatisme : l'attitude naturelle de la vie

L'observation des manifestations de la vie, notamment chez les animaux, montre une attitude très pragmatique.

Par leur physiologie, leurs comportements instinctifs et acquis, ils expriment un savoir-faire particulièrement bien adapté aux situations, sachant utiliser les diverses possibilités accessibles. Le fait que ce fonctionnement soit automatique les enferme dans les solutions connues (ce qui n'est pas toujours avantageux), mais permet, par l'absence d'inertie liée au doute, une exécution immédiate et efficace avec toute l'énergie disponible.

Chez l'homme, la conscience individuelle permet de sortir des automatismes, mais le doute associé à cette capacité retarde souvent l'exécution de l'acte choisi, et l'ampute d'une partie de sa puissance. Toute l'énergie disponible n'est pas engagée. Ce qui d'un côté facilite le choix des solutions les plus efficaces (et donc la survie), de l'autre entrave le passage à l'action et devient source de fragilité. Les failles de la connaissance qui semble nécessaire pour entreprendre l'action juste sont à l'origine des doutes.

Il est donc utile, pour une attitude pragmatique efficace, d'avoir une connaissance cohérente, fondée sur une base solide, qui a écarté les incertitudes sans réduire le champ du possible.

♦ Incertitude sur l'absolu et pragmatisme relatif

Face au processus vivant, peut-on adopter une position qui sait qu'il n'y a **pas de certitude sans pour autant avoir de doutes** ?

D'une part, nous savons qu'il y a un absolu mystérieux impossible à connaître et un relatif pour lequel il est possible de construire une connaissance et élaborer des applications.
D'autre part, il y a le choix d'une attitude idéaliste ou pragmatique.

Une foi en la cohérence et l'intelligence de ce qui nous échappe pose des bases solides de confiance, sans avoir besoin de certitude sur ce qui relève du mystère. Elle sous-tend solidement une attitude pragmatique optimale, capable de développer une connaissance performante dans le domaine relatif qui est connaissable et sur lequel il est possible d'agir. Cela évite le doute face à une situation, permet de choisir la meilleure solution sur l'unique critère de l'efficacité, et enfin d'agir de manière pertinente.

VIII - De l'incertitude au pragmatisme (en résumé)

Les recherches les plus poussées de la science, en différents domaines, aboutissent au même constat : la réalité ultime ne peut pas être connue.

En d'autres termes, pour nous, êtres humains vivant sur cette terre et capables de connaissance, il y aura toujours une part de mystère.

Vouloir pénétrer le monde du mystère pour en faire une connaissance conduit à établir des dogmes, dont l'effet pervers est d'enfermer le monde dans un cadre restreint et de ne plus avoir accès à certaines connaissances. Face au mystère, il y a deux autres attitudes : la foi ouverte qui s'incline et respecte ce qui nous dépasse (le sens du sacré) et le doute.

Le dogmatisme donne une force d'action puissante rigide et intolérante.
Le doute rend faible et peu efficace dans l'action.
La foi ouverte donne une capacité d'action tolérante et adaptative.

Dogmatisme et doute sont les deux faces de l'idéalisme qui veut s'ancrer dans l'absolu pour connaître le monde et y entreprendre l'action juste.
La foi ouverte qui établit une confiance en ce qui nous dépasse permet une confiance capable de porter une attitude pragmatique dont le champ de connaissance et d'action est beaucoup plus vaste.

Dans une démarche scientifique qui se veut, autant que possible, non dogmatique, il convient de bien différencier le monde causal (lieu du mystère) et le monde phénoménal (domaine de l'observation, de l'expérience et donc de la science).

Une foi ouverte permettant de ressentir le sens et la cohérence du monde permet d'accepter le domaine causal sans le comprendre et sans pour autant tomber dans le doute. Dans le monde phénoménal, en établissant des lois qui ne sont pas dépendantes de bases dogmatiques réductrices, il est possible de mettre en place des applications performantes et d'agir efficacement. C'est la démarche pragmatique.

La *Dynamique Triangulaire de la Vie*, après acceptation du mystère des origines et du principe de vie, est avant tout une démarche pragmatique permettant de mieux comprendre les mécanismes du processus vivant et d'agir plus efficacement dans son environnement présent.

Elle **ne prétend pas être une vérité, simplement un pragmatisme respectueux de la zone de mystère inaccessible à la connaissance et ouvert à l'utilisation optimale de toutes les connaissances du monde phénoménal, issues de l'observation et de l'expérience.**

IX - Holisme en biologie et champ biotique

*« Le concept du champ unitaire ne prétend pas résoudre au
rabais les problèmes, mais bien faciliter leur résolution en les
posant clairement dans leur plus grande généralité, sans rien
dissimuler de leurs difficultés, au contraire, en les mettant en
pleine lumière. Il n'invoque pas une influence arbitraire et
fantasque, mais un ensemble de forces gouvernées par des
lois tout aussi précises que celles qui ont déjà été reconnues
dans le domaine physique. »*
HENRI PRAT

La biologie est une science qui doit composer avec les incertitudes. La source de la vie est un mystère, et le fonctionnement des organismes, malgré toutes les connaissances acquises, reste imprévisible et non maîtrisable.

Pour adopter une attitude pragmatique, notamment dans les domaines de la santé, de la réussite ou de la qualité de vie, il est donc important de poser une base solide, qui ne soit pas fragilisée par les incertitudes, et qui ouvre au maximum le champ des applications possibles. Ainsi, nos capacités d'action sont optimisées.

Une telle base de connaissance du monde vivant doit être le moins dogmatique possible pour ne pas fermer le champ de ses potentiels. Elle doit aussi être rationnelle et en accord avec les faits observés pour être solide. Enfin, si elle s'accorde avec notre ressenti profond, elle génère une foi qui nourrit l'enthousiasme et éloigne les doutes.

Face à l'harmonie et l'intelligence exceptionnelles du processus vivant, que chacun peut observer dans ses diverses manifestations, le principe d'un fonctionnement global, organisé et cohérent (donc holistique) me semble constituer cette base.

Pour sortir cet holisme du flou mystérieux dans lequel il est souvent placé et l'ancrer dans une logique permettant de comprendre son fonctionnement, le *champ biotique* est sans équivoque l'hypothèse la plus aboutie.

1. Deux formes d'holisme

L'holisme considère l'ensemble de la réalité observable comme la manifestation d'un tout organisé et cohérent, et non comme une juxtaposition d'éléments qui occupent chacun un territoire.

Cette approche ancienne est très en vogue depuis quelques décennies, avec deux conceptions différentes, parfois mélangées, ce qui met de la confusion dans ce concept.

◆ L'approche linéaire : l'holisme centralisé

C'est le mode de pensée des religions monothéistes, et aussi de spiritualités orientales. Dieu, ou toute autre dénomination que l'on donne à l'origine, est au centre de tout ce qui existe (sa création) et toutes les manifestations s'animent autour de lui, en accord avec ses lois universelles. Les causes s'enchaînent les unes aux autres et tendent vers un résultat final. Ce résultat est la réalité manifestée que nous pouvons observer. Tout phénomène a une cause, les causes ont une hiérarchie, et le chemin qui remonte à la cause des causes ramène à Dieu.

Il est très facile d'expliquer le monde suivant ce principe. Tout est logique suivant une causalité linéaire et tout a un sens. Si nous ne pouvons pas avoir accès à certaines causes, une conscience plus grande (celle d'un sage, d'entités supérieures tels les anges ou de Dieu lui-même) peut nous la communiquer par la transcendance. Dans le fonctionnement du monde, rien n'est laissé au hasard.

La forme la plus radicale de ce principe s'exprime dans les intégrismes religieux par un déterminisme absolu et une soumission à la volonté divine.

Loin de l'excès de ces intégrismes qui restent marginaux, cette manière de penser est fréquente dans notre monde, plus ou moins affirmée dans un ensemble confus.

Dans le domaine de la santé, elle s'exprime notamment par un causalisme qui postule que seul le fait de remonter aux causes hiérarchiquement plus élevées (psychologiques et spirituelles) permet la véritable guérison.

Cette approche pose deux problèmes : certains faits s'y accordent mal et elle favorise la dérive sectaire.

1. Certaines observations dans le domaine de la santé entrent difficilement dans cette logique. Les maîtres spirituels qui devraient échapper à la maladie font eux aussi des cancers et en meurent. À l'opposé des personnes spirituellement très ordinaires, qui ne se posent pas de questions sur les causes et suivent leur traitement allopathique, guérissent de ces mêmes cancers.

De nombreux phénomènes existant dans le monde s'accordent mal à une logique centralisée, notamment des injustices insoutenables, des expériences vertueuses qui mènent à des culs-de-sac, etc.

Il y a bien sûr des explications à tout cela : le karma, la nécessité évolutive, les voies de dieu impénétrables… Le problème d'un holisme centralisé est qu'il a réponse à tout. Cependant, ses réponses ne sont jamais vérifiables. Nous sommes là, suivant le critère de Popper, dans un domaine non réfutable qui ne permet pas de savoir si une affirmation est vraie ou fausse. C'est donc uniquement la croyance qui peut faire ce choix.

2. La dérive sectaire, ou plus généralement la prise de pouvoir sur la souveraineté de l'autre par conditionnement de ses croyances, est liée à ce mode de pensée. Celui qui est plus conscient connaît mieux que les autres les causes de ce qui arrive, et d'une manière qui ne peut pas être vérifiée pour celles et ceux qui n'ont pas cette « conscience ». D'où la tendance à la dévotion devant celui qui sait, et la prise de pouvoir facile par les « initiés » qui deviennent des « gurus ».

♦ L'approche systémique (non linéaire) : holisme interdépendant

Cette approche existe dans certaines traditions, notamment celle des Amérindiens précolombiens et des Aborigènes d'Australie.
Elle souligne les liens entre tout ce qui existe, sans qu'il y ait pour cela un centre organisateur. L'unité n'est pas la conséquence d'une origine centrale commune, elle émerge d'un fonctionnement spontanément cohérent du tout. Tout ce qui vit joue un rôle dans cet ensemble, contribuant à faire ce qu'il est.

Les cultures chamaniques ont construit une vision du monde sur ce modèle, qui se transmet oralement et conduit à une organisation sociale en petites communautés. Généralement le chef émerge par sa qualité à être chef. La vie s'organise dans une harmonie profonde avec l'environnement. Chacun a une place dans la communauté en fonction de ses qualités naturelles. Ce mode d'existence souvent idéalisé, est avant tout une résonance assez juste avec les lois fondamentales de la vie. Les peuples concernés vivent l'écologie sans avoir besoin d'y penser. Ils respectent mieux que tout autre leur environnement, qui a pour eux une dimension sacrée.

Dans un tout autre domaine, le réseau Internet est aussi un exemple d'holisme systémique. Dans ce réseau, tous les ordinateurs du monde connectés sont reliés les uns aux autres, sans structure centralisatrice. Il y a seulement des points de relais dont aucun n'est indispensable. Si l'un d'eux vient à défaillir, il est rapidement contourné et l'ensemble du réseau continue à fonctionner.

L'holisme centralisé correspond à un concept spiritualiste et l'holisme interdépendant à un concept systémique.

Le choix d'une approche systémique comme modèle des êtres vivants conduit donc à celui d'un holisme interdépendant comme modèle de la globalité.

♦ De l'holisme au champ d'information

La cohérence holistique du monde vivant peut sembler une évidence, mais cela reste un postulat. Un postulat qui devient dogmatique s'il n'est pas associé à un mécanisme permettant d'expliquer son fonctionnement et pouvant être mis à défaut.

L'hypothèse des champs d'information se heurte à une absence de démonstration dans le sens habituel, parce que ces champs sont hors de la matière connue, et ne sont donc pas directement observables. Seuls leurs effets peuvent être observés et expérimentés, et ces effets, essentiellement qualitatifs, sont difficilement mesurables avec des critères à forte objectivité.

Cette hypothèse qui postule l'existence d'un champ biotique (champ d'information qui gouverne le monde vivant) a été élaborée en conjuguant l'ouverture nécessaire pour sortir du paradigme actuel et une vraie rigueur scientifique.

Elle explique clairement comment les choses peuvent fonctionner de manière cohérente, avec des organismes doués d'un incroyable savoir-faire spontané, et un ensemble qui fonctionne en harmonie, alors que la relation locale n'est pas possible entre tous ses éléments.

2. Champ d'information, archétype, attraction, résonance

Quel que soit le concept choisi (une organisation centralisée ou interdépendante), un modèle holistique ne peut pas expliquer rationnellement le fonctionnement global du processus vivant sans admettre l'existence d'un champ organisateur.

Aucune autre explication aboutie ne permet en effet, à ce jour, de comprendre la cohérence d'un ensemble mettant en jeu des liens multilatéraux complexes et des liens non locaux entre ses éléments.

Une analogie peut nous éclairer à ce sujet. Nous cherchons à comprendre l'unité et la cohérence de comportement des différents éléments qui ne peuvent entretenir de relations locales, c'est-à-dire qui n'ont pas de lien de communication directe entre eux. Ne pas introduire un champ d'information dans ce contexte, ce serait comme appréhender le fonctionnement simultané des postes de télévision qui diffusent le même programme, sans la notion d'ondes portées par un champ électromagnétique. Dans cet exemple, ce sont bien les ondes présentes dans la totalité de l'espace du champ qui permettent aux téléviseurs de réagir simultanément à une même information, alors qu'ils ne peuvent pas communiquer entre eux.

Le champ biotique est une matrice qui donne les formes d'expression de la vie et maintient son unité dans une dynamique cohérente. Avant de développer ce concept peu connu, il est important de préciser toutes les notions nécessaires à la compréhension du fonctionnement d'un champ d'information, en complément de celles déjà exposées au chapitre VI sur le *champ du point zéro*.

♦ Du champ de force au champ d'information

Les champs sont aujourd'hui bien connus en physique. Ils ont permis une connaissance précise de la matière inerte et font désormais partie de la culture scientifique. Cependant, ces champs ne peuvent pas être observés directement. Seuls leurs effets sur la matière sont observables. Ces effets étant mesurables et reproductibles, la notion de champ est reconnue comme une réalité certaine.

Passer du champ de force, qui agit sur la configuration ou le mouvement de particules inertes, au champ d'information, qui agit sur la nature des formes organisées adoptées par les systèmes vivants, est une hypothèse ambitieuse, révolutionnaire.

Il s'agit en effet d'un champ d'une tout autre nature !

Cette hypothèse peine à se faire reconnaître pour deux raisons.

D'une part, elle n'est pas directement démontrable, les effets de nature qualitative étant difficiles, voire impossibles à mesurer.

D'autre part, elle remet en cause la manière de considérer la vie et conduit immédiatement à un changement de paradigme, ce qui entraîne aussitôt la levée de boucliers que nous avons déjà évoquée.

Cependant, une fois la porte franchie, des phénomènes bien réels, que l'approche scientifique traditionnelle classe au rayon des mystères, énigmes ou anomalies, s'expliquent avec une évidence stupéfiante. Et c'est la seule approche à ce jour qui permet cela.

Les quatre champs de la physique moderne (force de gravité, électromagnétisme, forces nucléaires forte et faible) expliquent très bien les comportements de la matière inerte, mais ils sont débordés par les manifestations du monde vivant. La matière inerte répond à des lois quantitatives qui entrent dans une logique linéaire. Les systèmes vivants répondent en partie à cela, et aussi à des lois qualitatives dont la logique n'est pas linéaire.

C'est pourquoi des chercheurs ont imaginé un champ supplémentaire (appelé *champ biotique* ou *biochamp*) qui agit sur les êtres vivants en apportant l'information capable d'organiser leurs structures et leurs comportements. Ensuite, à partir de cette information, la structure et les comportements se manifestent en utilisant les lois de la matière.

En ne considérant que les lois physiques classiques de la matière, il manque quelque chose, que l'on doit admettre face à l'expérience sans pouvoir le comprendre. Nous espérons alors qu'une meilleure connaissance de l'ADN et de la biochimie des protéines apportera prochainement une solution. Et c'est là que la science devient une foi peu lucide ! Cette solution semble encore tellement lointaine qu'on peut se demander si elle existe vraiment, ou si elle n'est que l'illusion nécessaire au maintien du dogme et de son paradigme.

Le *champ biotique* est considéré comme un aspect du champ unitaire *(champ du point zéro),* qui contient toute l'information nécessaire à la configuration des structures et à l'expression de leurs comportements.

Le fait que la notion de champ s'applique à la fois à des phénomènes énergétiques (donc matériels) et informatifs (donc non énergétiques et immatériels) prête à confusion, car le processus qui en résulte, au-delà de certaines similitudes, présente des différences importantes.

– Un champ énergétique agit sur les diverses particules par son *tenseur* qui met en jeu diverses forces d'attraction et de répulsion.

Il agit localement sur les éléments d'une structure et sur l'activation de son potentiel d'action, de nature quantitative, est mesurable.

– Un champ informatif agit sur un ensemble de particules capables de s'auto-organiser en structure par son *attracteur*, qui entre en résonance avec cet ensemble en fonction des conditions du milieu dans lequel il se trouve, pour lui donner une forme stable.

Il agit globalement sur la forme de la structure et la qualité de son action, de nature qualitative, est observable mais non mesurable.

Si les conditions changent et que la structure se déstabilise, elle peut entrer en résonance avec un nouvel *attracteur* et adopter une forme nouvelle, qui modifie instantanément toutes les relations locales entre les éléments, tout en gardant une cohérence organisée et en maintenant la fonction principale.

CHAMP ÉNERGÉTIQUE	CHAMP D'INFORMATION
Agit par un effet *tenseur* qui met en jeu des forces d'attraction ou de répulsion	Agit par effet de résonance avec un *attracteur* qui met en jeu un pouvoir de morphogenèse
Agit localement sur la structure et sur son potentiel d'action, de manière quantitative et mesurable	Agit globalement de manière qualitative et non mesurable en organisant la forme d'une structure ou d'un comportement

Dans un premier temps, nous retenons l'idée d'un champ capable d'organiser les systèmes vivants en fournissant des modèles à leur auto-organisation, pour leur donner la meilleure stabilité dans les conditions de leur milieu.

Ce champ n'est pas contradictoire avec les champs de force de la physique, il compose avec pour apporter quelque chose de plus, une forme organisée, douée de fonctions cohérentes et compatibles avec l'ensemble du monde vivant.

◆ Information, forme, attraction et archétypes

Ces différentes notions sont essentielles pour comprendre le fonctionnement d'un champ d'information.

Information et forme

La notion de champ biotique est née suite à l'incapacité de la biologie à expliquer la morphogenèse, c'est-à-dire l'apparition des formes. Sans entrer dans le détail, il est clair aujourd'hui que la génétique n'explique pas les formes. Elle explique comment un organisme fabrique toutes les protéines qui vont composer sa structure, mais pas comment ces protéines s'assemblent pour constituer des formes capables de s'ajuster au contexte sans perdre leur fonction avec une incroyable aisance.

L'ADN contient l'information permettant de produire tous les éléments constitutifs d'un être vivant. Il ne contient pas celle qui pilote le développement de l'organisme et lui donne sa forme à la fois stable, spécifique, souple et adaptable.

Cette forme, suivant le paradigme systémique, émerge spontanément de l'auto-organisation de ses constituants, et cette auto-organisation dépend d'un *attracteur*. Mais où se trouve cet *attracteur* ?

La théorie des systèmes est arrivée à l'évidence que ces *attracteurs* existent, sans pouvoir en dire plus sur ce qu'ils sont vraiment, ni par quel mécanisme ils se manifestent.

La notion d'archétype

Dans la philosophie de PLATON : l'archétype est une idée, une forme du monde abstrait (de l'esprit) sur laquelle sont construits les objets du monde sensible (matériel). Cette notion éclaire le monde de l'esprit dont le contenu est abstrait, inobservable directement, et qui sert de modèle à la construction des formes et se trouve donc en résonance avec ces formes.

Plus tard, en introduisant la notion d'inconscient collectif, JUNG donnera une autre approche de l'*archétype*, plus psychologique, en le définissant comme une image symbolique universellement utilisée par l'esprit humain.

Dans les deux cas, il s'agit bien, fondamentalement, de la même chose, c'est-à-dire une information abstraite qui prend forme dans un monde manifesté : le monde de la matière pour PLATON, celui du psychisme humain pour JUNG.

Cette notion décrit clairement la nature d'un champ d'information. Celui-ci contient des *archétypes*, c'est-à-dire des informations de forme qui se manifestent dans la matière en organisant des structures avec lesquelles elles entrent en résonance.

Ce mécanisme explique les correspondances symboliques. Ce sont des corrélations entre plusieurs formes issues d'un même *archétype*, distinctes dans leur existence parce qu'elles ont été construites avec une substance différente ou dans un contexte différent, et semblables dans leur essence, du fait d'une forte similitude dans l'information qui a organisé leur forme.

En observant deux objets en correspondance symbolique, nous ressentons généralement d'abord la ressemblance, spontanément et immédiatement, puis une analyse rationnelle révèle la différence, ce qui conduit à la distinction.

Cette similitude d'information d'origine provoque une entrée en résonance qui permet au psychisme intuitif de les associer, alors que l'analyse rationnelle ne peut les comprendre.

Les *archétypes* nous permettent de comprendre la relation entre le champ d'information qui contient le modèle de la forme et le monde de la matière qui la manifeste dans une structure organisée.

De l'archétype à l'attracteur

La notion d'*attracteur*, développée par la science des systèmes complexes, rejoint celle d'*archétype,* issue de la description d'un champ d'information. Fondamentalement, c'est la même chose, mais je propose ici d'y mettre une nuance essentielle, postulée dans le cadre de cet ouvrage, pour faciliter la compréhension de ce qui sera exposé ultérieurement[17] :

> Un **archétype** est défini comme une information fondamentale de forme, qui existe en permanence, qu'elle soit manifestée ou non.
>
> Un **attracteur** est défini comme un *archétype* actif, en relation avec un système qu'il organise suivant son in-formation.
>
> L'*archétype* est permanent, l'*attracteur* est transitoire et n'existe que si certaines formes de l'*archétype* sont manifestées. Lorsqu'un système auto-organisé sort de sa zone de stabilité dans son environnement et qu'il peut en

---

[17] *Attention, ces définitions sont spécifiques à la thèse présentée dans cet ouvrage et ne prétendent pas s'appliquer de façon générale à ces termes, qui restent encore assez confus.*

retrouver une autre avec *l'in-formation* d'un nouvel *archétype*, il entre en résonance avec ce nouvel *archétype* et il se forme alors un nouvel *attracteur*.

– Un même *archétype* peut être actif sur de nombreux systèmes.
On dira alors qu'il a activé plusieurs *attracteurs*.

– Plusieurs *archétypes* peuvent s'associer en un même *attracteur*, pour organiser un système d'attraction complexe.

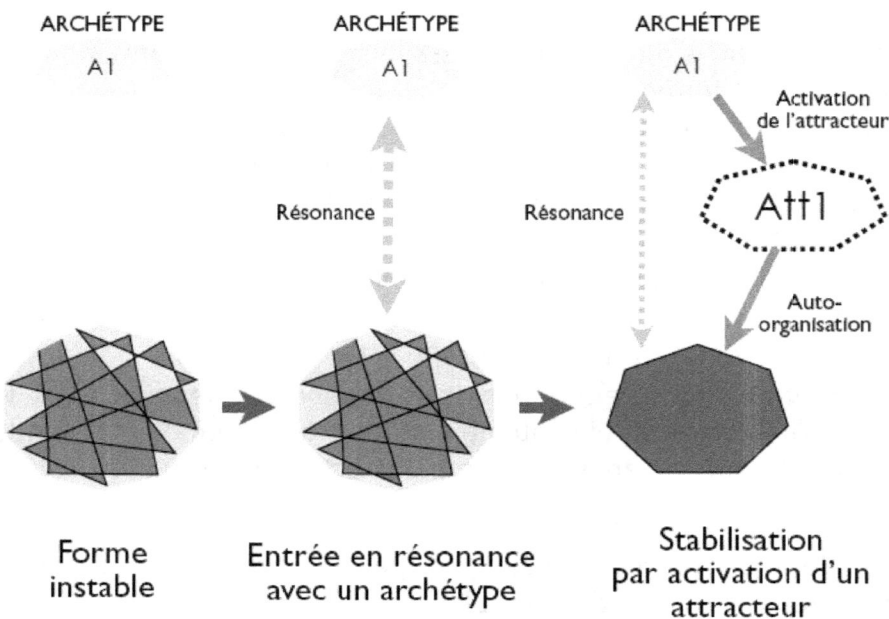

Fig. 10 : Relation entre système, archétype et attracteur

Le système est un ensemble de constituants matériels qui ont entre eux une affinité qui les relie et qui sont capables de s'auto-organiser pour prendre une forme donnant une stabilité dans l'environnement présent.

Pour s'auto-organiser, le système a besoin d'un modèle. À défaut de modèle adéquat, il prend des formes provisoires instables et peut perdre sa cohérence (désintégration ou mort).

S'il entre en résonance avec un *archétype* capable de fournir un modèle d'auto-organisation adéquat offrant cette stabilité, alors il y a activation d'un *attracteur* et le système s'auto-organise en forme stable suivant le modèle rendu disponible pour lui par l'*attracteur*.

L'*attracteur* est donc l'activation de la relation entre un système organisé (dans le monde manifesté) et un ou plusieurs *archétypes* qui portent le modèle de sa structure.

Pour pouvoir agir sur les systèmes, quel que soit l'endroit où ils se trouvent, et agir sur plusieurs systèmes d'une même famille, les *archétypes* doivent se situer en dehors de la structure de ces systèmes et présents dans tout l'espace que ces systèmes peuvent occuper. Il ne peut donc s'agir que d'un champ !

Ce champ agit sur les systèmes organisés comme les champs de la physique agissent sur les systèmes inertes, avec une information génératrice de forme (d'où le nom parfois employé de champ morphique ou champ morphogénétique).

L'équivalent du *tenseur* pour la matière inerte (qui décrit l'influence du champ sur une particule) est l'*attracteur*.

La matière et l'énergie nécessaire pour sa cohésion ou son mouvement font partie du monde de la matière, l'information qui les structure est d'une autre nature. Dans une conception dualiste (matière/esprit), elle appartient au monde de l'esprit.

L'information se manifeste sur la matière par le biais d'*attracteurs* issus de l'activation d'*archétypes*. Ces *attracteurs* fournissent un modèle d'auto-organisation aux systèmes. Ils leur donnent une structure et un comportement, c'est-à-dire des formes.

♦ Attraction réciproque et résonance morphique

L'interaction réciproque et la relation entre un système en tant que forme manifestée et le ou les *archétypes* qui apportent l'information de sa forme est la clef fondamentale de compréhension du fonctionnement de l'ensemble.

Relation entre archétype et forme

Dans un modèle linéaire, la relation entre *archétype* et forme est unilatérale : l'*archétype* définit la forme. Pour éviter que tout se fige, il faut admettre que les archétypes évoluent, commandés par une intelligence, pour faire évoluer le monde manifesté, comme une marionnette évolue suite aux mouvements du marionnettiste.

Il y a donc dans ce cas une vie propre du monde de l'esprit et il s'agit bien d'une métaphysique spiritualiste.

Dans un modèle non linéaire, la relation entre l'*archétype* et le système qui prend forme est bilatérale : ils s'attirent par affinité réciproque.

Cette attirance met en place un *attracteur* qui organise le système et lui donne une forme.

Cette relation active est capable de faire évoluer l'ensemble.

– Si l'*attracteur* d'un système change, la forme évolue spontanément.

– Si la forme se déstabilise suite à un événement qui s'est produit dans son environnement, elle peut changer d'*attracteur* et se transformer. C'est le changement de forme par un événement survenu dans le monde manifesté qui a désactivé la relation avec l'*attracteur* précédent et c'est l'entrée en résonance avec un nouvel *attracteur* qui va donner la forme nouvelle, transformée.

Nous ne sommes donc plus dans le déterminisme spiritualiste, puisque le changement vient en partie des interactions qui se déroulent horizontalement dans le monde manifesté.

La modification de l'information n'est pas le moteur du changement, elle est le processus qui lui permet de se manifester, en offrant diverses possibilités de réorganisation cohérentes.

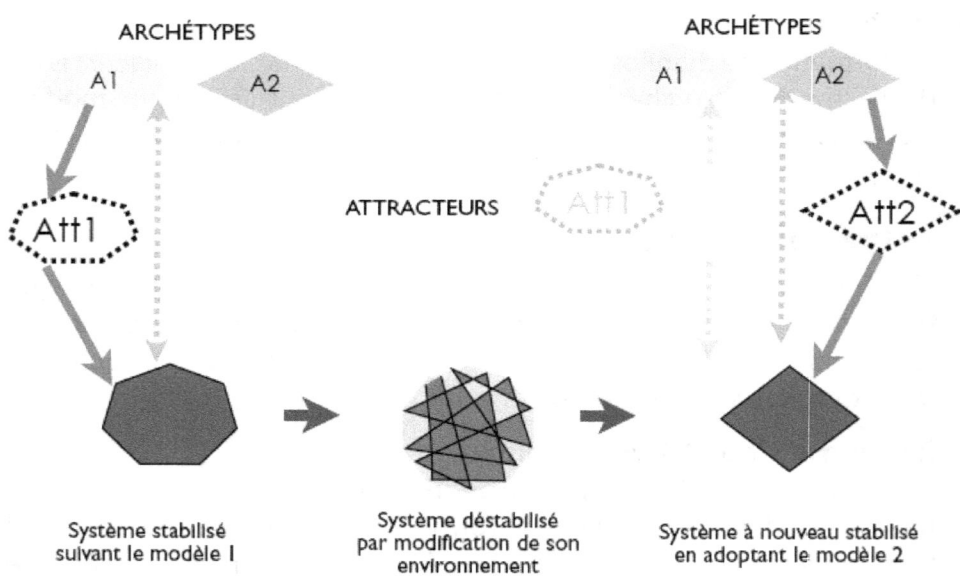

Fig. 11 : Transformation d'un système par changement d'attracteur

Commentaire page suivante

1. Le système est stabilisé par sa résonance avec l'*archétype* A1, ce qui a activé l'*attracteur* Att1 et donné une forme stable suivant le modèle 1.

2. Suite à une modification de l'environnement, le modèle 1 ne permet plus de maintenir la stabilité. Le système, déstabilisé, est en danger.

3. Les nouvelles conditions le font entrer en résonance avec l'*archétype* A2. Il y a alors activation de l'*attracteur* Att2 et réorganisation suivant le modèle 2.

Face à la perte de sa stabilité dans un environnement qui a changé, le système s'est transformé en adoptant un modèle d'organisation plus adéquat.

Résonance morphique

La résonance est l'interaction réciproque entre les *archétypes* qui contiennent l'information de forme et leurs manifestations concrètes par activation d'*attracteurs* et genèse de formes organisées.
Elle accroît l'influence d'un *archétype* en accroissant la force de l'*attracteur* et la stabilité du système qu'il organise.

Plus les systèmes qui adoptent les *attracteurs* issus d'un même *archétype* sont nombreux, plus l'influence de l'*archétype* augmente, et plus il active de nouveaux *attracteurs* qui agissent sur de nouveaux systèmes. Ce processus de renforcement correspond au rétrocontrôle positif de la cybernétique.

De même, plus l'auto-organisation d'un système est performante dans sa capacité à maintenir la stabilité de systèmes, plus elle renforce son *attracteur* en le maintenant actif dans la durée.

Un *archétype* accroît son influence :
– lorsque son in-formation stabilise efficacement les systèmes avec lesquelles il résonne (aspect qualitatif),
– lorsqu'il est en résonance avec de nombreux systèmes différents (aspect quantitatif).

En d'autres termes, l'influence d'un *archétype* est liée au nombre et à la puissance des *attracteurs* qu'il génère.

Cette relation bilatérale entre *archétype* et formes auto-organisées a été très bien décrite par RUPERT SHELDRAKE dans ses ouvrages sur les champs morphogénétiques (générateurs de forme).
Il a nommé cette relation : *résonance morphique*.

La *résonance morphique* décrit la dynamique de fonctionnement du couple *archétype*/forme. C'est une relation matière/esprit, du même type que le modèle platonicien des traditions spirituelles, avec cependant une différence majeure : elle n'est plus à sens unique !

L'*archétype* agit sur la matière en activant l'*attracteur* de systèmes pour leur donner des formes stables, et les formes stabilisées agissent sur l'*archétype* en accroissant son influence sur les systèmes de la même famille. Ce renforcement par rétrocontrôle positif crée un lien durable entre un *archétype* et une famille de systèmes, donnant ainsi une stabilité dans le temps, des habitudes qui se répètent.

Il est bien clair qu'il ne s'agit que d'une stabilité, non figée, et non d'un équilibre définitif. Cette stabilité peut être bousculée par un changement de contexte. L'origine de ces changements qui font évoluer le tout dans un ensemble qui ne peut jamais atteindre l'équilibre est la partie la plus mystérieuse de ce fonctionnement, sur laquelle toutes les spéculations sont possibles. C'est le cœur de *la Dynamique Triangulaire de la Vie*.

Mémoire

Un autre aspect essentiel du champ d'information est son rôle dans la mémoire. Sans nier le fait que la mémoire peut se graver dans la matière (avec l'ADN qui conserve les codes permettant de fabriquer certaines protéines, le cerveau qui encode certains souvenirs, etc.), il introduit un autre type de mémoire, qui n'est plus à l'intérieur du monde matériel mais en dehors, tout en se manifestant sur la matière.

Cet apport est essentiel, notamment pour le psychisme humain. Il permet de résoudre les différents mystères de la mémoire, révélés par diverses observations et expériences, qui ne trouvent aucune explication fiable si celle-ci est localisée uniquement dans le cerveau.

Les notions d'*archétypes* et d'*attracteurs* telles qu'elles ont déjà été définies, nous permettent de comprendre comment les choses peuvent se passer en accord avec ce qui est observé.

Si l'*archétype* est un principe permanent et stable, l'*attracteur* agit par ses interactions dans le monde matériel et ce sont ces interactions qui sont mémorisées. Suivant le principe de *résonance morphique*, plus un *attracteur* se renforce et se multiplie, plus il entre dans de nouvelles interactions, et plus il prend d'importance dans la mémoire.

La mémoire de forme portée par le champ d'information est donc d'autant plus influente qu'elle s'est déjà manifestée dans un contexte similaire. Lorsqu'un contexte particulier apparaît, un système qui se retrouve déstabilisé entre en affinité avec les *archétypes* qui sont déjà intervenus dans un contexte identique ou proche. Les *attracteurs* qui ont déjà opéré se réactivent pour favoriser le comportement ou le changement de structure qui ramène la stabilité.

C'est ainsi que l'on retrouve, à tous les niveaux d'organisation qui nécessitent une *in-formation,* une mémoire collective, qui reproduit spontanément ce qui a déjà existé, sans que cela soit un déterminisme absolu, laissant ainsi une porte étroite à l'évolution.

Cette mémoire est à l'origine de la stabilité de l'univers, et aussi de l'inertie au changement.

3. Le champ biotique

Les bases du fonctionnement d'un champ d'information étant désormais posées, il est plus facile d'aborder le *champ biotique,* en retraçant son histoire, et en le posant comme une hypothèse forte permettant la compréhension de la cohérence et de la globalité du processus vivant.

♦ Historique

L'histoire du *champ biotique* a été alimentée par les contributions de nombreux chercheurs, plus ou moins connus. Elle est relatée en annexe à la fin de ce chapitre.

Elle aboutit à l'hypothèse d'un champ d'information et de mémoire qui explique les manifestations du processus vivant, aussi bien dans la grande précision des mécanismes de développement et de réparation, dans l'extrême cohérence des organismes, que dans la grande stabilité de l'ensemble malgré un déséquilibre permanent.

♦ Une évidence non démontrable

L'hypothèse d'un champ universel d'information, contenant des *archétypes* qui activent des *attracteurs* soumis à la *résonance morphique,* posée comme source d'organisation du monde vivant, est-elle une élucubration conceptuelle ou répond-elle à une démarche scientifique rigoureuse ?

Ce n'est pas une élucubration conceptuelle, mais une construction cohérente étayée par l'observation attentive de phénomènes spontanés et expérimentés. Ce n'est pas non plus une démarche scientifique au sens communément admis par les Académies des Sciences, car leur paradigme matérialiste exclut l'information de forme et rejette ce qui y fait référence au rang de pseudoscience. C'est en revanche une démarche rigoureuse, dans un esprit scientifique ouvert qui refuse les limites imposées par le postulat matérialiste.

La démarche qui conduit au *champ biotique* est à la fois scientifique et pragmatique : elle cherche la meilleure explication aux faits observés en s'appuyant sur des expériences qui sont bien réelles et qui n'ont aucune autre explication.

Lorsque SHELDRAKE, biologiste universitaire, a présenté la notion de *champ morphique* avec son hypothèse de la *causalité formative*, largement documentée, il a été violemment rejeté par ses pairs, ce qui n'est pas étonnant, vu la remise en cause que cette approche exige ! Le rejet a été alimenté par certaines positions spiritualistes de l'auteur, ce qui est considéré comme incompatible avec une démarche scientifique, celle-ci devant forcément suivre une voie matérialiste !

Plus récemment, et appuyé sur des travaux scientifiques de grande envergure dans les domaines de l'astrophysique, de la mécanique quantique, de la biologie et des sciences cognitives, LASZLO a présenté d'une manière plus aboutie la même notion de champ d'information, sous la dénomination de *champ akashique*. Il n'y a pas eu davantage d'écho dans la communauté scientifique.

Tant que l'on restera enfermé dans un dogme matérialiste et encore plus avec un mode de pensée linéaire, la notion de champ d'information restera une hypothèse de rêveurs. Dès lors que l'on accepte de sortir de ce dogme, sans entrer forcément dans celui des spiritualistes, elle est sans équivoque la plus aboutie et la seule qui apporte un processus explicatif aux grands mécanismes de fonctionnement du monde vivant.

◆ La trame de la cohérence et de l'unité

Un *champ biotique* informant le processus vivant, avec ses *archétypes*, ses *attracteurs* et une mémoire cumulative qui s'établit par *résonance morphique*, explique de manière simple et rigoureuse comment le monde vivant est à la fois extrêmement cohérent, suffisamment stable pour se maintenir, et évolutif.

Il est une trame de cohérence et d'unité, stabilisée par la mémoire, et ouverte à une dynamique de changement qui permet l'évolution.

♦ Un rôle organisateur de toutes les formes de la vie

Le processus vivant est auto-organisé. Que ce soit la structure de la cellule, des organismes, le déroulement coordonné de la physiologie, l'instinct, les comportements acquis ou toute autre manifestation de la vie, il y a toujours un ensemble cohérent, assimilable à un système complexe, qui se met en mouvement et remplit une fonction.

Comme tout processus auto-organisé, les manifestations de la vie se déroulent sous l'influence d'une information structurante qui se manifeste à travers un *attracteur*.

Le *champ biotique* est la matrice qui porte tous les *attracteurs* du monde vivant.

En distinguant différents niveaux de manifestation du psychisme : végétatif, comportemental (inconscient) et cognitif (conscient), le *champ biotique* est assimilable à un champ psychique général, capable d'organiser tous les étages du processus vivant.

♦ Une dynamique évolutive qui reste mystérieuse

Le *champ biotique* explique l'organisation cohérente de la vie individuelle ajustée en permanence à la vie collective.

Il ne peut cependant expliquer à lui seul l'évolution, à moins d'entrer dans le concept spiritualiste et un déterminisme divin qui animerait le monde. Nous avons vu précédemment que cette hypothèse (créationniste) n'est pas satisfaisante face à l'observation des faits, tout comme l'hypothèse néodarwinienne, pour d'autres raisons.

L'évolution peut être considérée d'une autre manière, en s'appuyant sur les notions précédemment exposées. Le *champ biotique* apporte un cadre explicatif à la cohérence observée dans le parcours évolutif, La *résonance morphique* montre que l'influence de ce champ n'est pas à sens unique, les êtres vivants participant aussi au processus.

L'esprit (*in-formation*) et la matière (systèmes auto-organisés) sont en interaction, sans primauté de l'un sur l'autre, animé par un troisième pôle propre au monde vivant.

C'est le fondement de l'hypothèse EAC (Évolution par Auto-organisation et Constructivisme), précédemment proposée.

IX- Holisme en biologie et champ biotique (en résumé)

Une vision holistique observe un ensemble par sa globalité, à la différence d'une vision réductionniste qui observe les parties et reconstitue ensuite l'ensemble.

L'holisme est une notion traditionnelle ancienne, largement reprise dans le monde de la santé alternative. Généralement, les conceptions holistiques sont de type centralisé, c'est-à-dire avec un centre organisateur capable de déployer une organisation qui s'affine jusque dans le détail en gardant la cohérence maintenue par la source commune. Il s'agit d'une vision linéaire, facile à intégrer pour notre mental, et qui décrit parfaitement la conception spiritualiste du monde (Dieu ou tout autre principe créateur étant le centre).

L'approche systémique propose une autre forme d'holisme, non centralisée, répondant à une logique non linéaire et fondée sur l'auto-organisation de tout ensemble dont les parties sont reliées de manière multilatérale. On parle alors d'holisme interdépendant, plus difficile à concevoir pour notre mental, mais qui est la seule manière de voir une globalité cohérente sans le souffle déterministe d'un centre organisateur.

Toute vision holistique ne peut se concevoir sans l'existence d'un champ d'information agissant simultanément sur tout ce qui compose l'ensemble du monde manifesté. Un champ d'information n'est pas porteur de forces comme les champs connus de la physique (gravitation, électromagnétisme, forces nucléaires), mais de modèles d'organisation capables de donner instantanément la forme la plus stable à tous les systèmes cohérents (c'est-à-dire dont les constituants sont fortement reliés entre eux). De telles propriétés ont été décrites pour le *champ du point zéro,* qui peut donc en être le support.

Un tel champ, de nature immatérielle, contient des *archétypes,* au sens défini par PLATON, c'est-à-dire des modèles abstraits capables de donner forme à des objets concrets. Un *archétype* est donc une information de forme *(in-formation),* disponible et qui se manifeste dès lors qu'elle peut stabiliser un système.

Le lien entre cette conception qui observe depuis l'abstrait (monde de l'esprit) et l'approche systémique qui considère d'abord le concret (monde de la matière avec les formes auto-organisées) se fait spontanément par les *attracteurs,* notion abstraite de la dynamique des systèmes non linéaires, nécessaire à la compréhension de ces systèmes, mais restée mystérieuse sur sa véritable nature.

Le modèle proposé ici est une hypothèse explicative de la manifestation du processus vivant. Il considère que l'*attracteur* est un modèle d'auto-organisation activé chaque fois qu'un système entre en résonance avec un *archétype,* dès lors que celui-ci est apte à lui apporter une information de forme adéquate pour le stabiliser dans son milieu.

Lorsqu'un système est déstabilisé par son environnement, son *attracteur* n'est plus adéquat, il entre en instabilité jusqu'à ce qu'il trouve une résonance avec un nouvel *archétype,* qui va activer un nouvel *attracteur* capable de fournir un nouveau modèle d'auto-organisation pour retrouver la stabilité.

A*rchétype* (esprit), forme organisée (matière) et *attracteur* (modèle dynamique transitoire) décrivent un axe majeur de la *Dynamique Triangulaire de la Vie.*

☐ Historique du champ biotique

Les précurseurs de la notion de champ en biologie

L'Allemand HANS SPEMANN en 1921, le Russe ALEXANDER GURWITSCH en 1922 et l'Autrichien PAUL ALFRED WEISS en 1923 sont les trois biologistes qui ont introduit, de manière indépendante, le terme « champ » dans leur domaine de recherches, suggérant que, dans les organismes vivants, la morphogenèse est organisée par une information abstraite n'appartement pas au domaine de la matière. Ces champs permettent de mieux comprendre l'organisation du développement et les processus de régénération après la lésion d'un tissu.

En 1940, GUSTAV STRÖMBERG, professeur de biologie et astronome américain d'origine suédoise, développe dans *The Soul of the Universe* une thèse selon laquelle un champ vibratoire organisateur est à l'origine des structures moléculaires complexes qui constituent les êtres vivants. L'hypothèse était alors essentiellement intuitive, peu étayée par des faits et des expériences. Elle a été de ce fait tournée en dérision et rejetée.

Cette thèse est reprise un peu plus tard par le physiologiste américain HAROLD SAXTON BURR qui cherche l'expression de ce champ directement dans l'organisme. Il définit ainsi le *champ vital (L-field)*, dont il établit une mesure électrique avec un voltmètre sensible. Il conclut de ses recherches que l'organisme puise dans le cosmos l'information de son organisation.

En 1945, ERWIN SCHRÖDINGER, l'un des pionniers de la mécanique quantique, publie *What's Life.* Dans ce traité sur la nature de la vie, il pose clairement la notion de dépendance des êtres vivants à un monde extérieur dans lequel ils puisent l'information de leur organisation, ne pouvant maintenir leur structure que par absorption d'information d'organisation.

En 1953, WINTER, publie en France dans les *Cahiers de Physique* un article intitulé : *Intérêt physique de la notion de champ biologique.* Il invite à ne plus considérer seulement les phénomènes biophysiques dans l'organisme, mais aussi l'influence qu'ils exercent sur des manifestations biologiques. Il introduit la notion de *champ biologique,* comme une force d'attraction spécifique qui permet à des structures vivantes d'entrer en contact : gamètes de sexe opposé, antigène et anticorps, virus et cellules hôtes... avec des propriétés qui diffèrent des forces physico-chimiques classiques par plusieurs caractères :
– elles sont spécifiques et sélectives,
– elles s'exercent à des distances qui peuvent être considérables (en rapport avec leur taille),
– elles agissent lentement.

La synthèse d'Henri Prat

HENRI PRAT (1902-1981) est un biologiste français particulièrement méconnu. Licencié en physique et chimie et docteur ès sciences, il a partagé sa carrière entre les universités d'Aix-Marseille en France et de Montréal au Québec. Ses publications sont nombreuses. Concernant essentiellement la botanique au départ, elles s'élargiront progressivement à l'ensemble du monde vivant.

Le champ unitaire en biologie, paru en 1964 est un ouvrage passé totalement inaperçu, et qui pourtant décrit une innovation majeure en biologie, qui sera développée plus tard et avec plus de succès par d'autres auteurs.

HENRI PRAT a développé, dans la continuité des observations de WINTER, un traité complet qu'il résume lui-même en 6 points :

1. L'univers est le résultat de l'action d'un champ unitaire qui constitue la phase *continue* du réel agissant sur les particules qui en sont la phase *discontinue* ou condensée.

2. Le champ organise les particules en structures plus ou moins complexes qui se manifestent différemment selon le degré de complexité : atome, molécule, grosse molécule, tissu vivant, organisme élémentaire, organisme doué de système nerveux, organisme doué de conscience.

3. Le champ unitaire organise toutes les formes, leurs mouvements et leur évolution. Il agit par des forces d'orientation, d'attraction, de répulsion. Ces forces se manifestent sur divers plans : physique, chimique, biologique, psychique, par le jeu de diverses variantes du champ : électromagnétique, gravitationnelle, intranucléaire, mais aussi de valence chimique, d'organisation biologique (champ biotique), d'attractions psychiques...

4. Sous l'action du champ, les structures évoluent dans un hyperespace à N dimensions incluant le temps qui relie les trois dimensions de l'espace aux autres dimensions de l'énergie-matière.

5. Tous les systèmes évolutifs ont une structure qui s'allonge sur l'axe du temps, avec diverses phases : germination d'un condensé d'information, développement, expansion, épanouissement, reproduction, déclin, mort et survie d'une mémoire infinie. Cela concerne les êtres vivants, mais aussi les sociétés, les étoiles, les œuvres musicales, les théories, les modes... Ce processus de développement est une loi fondamentale de l'univers.

6. Il existe des gradients (c'est-à-dire une différenciation de niveaux) dans l'intensité du champ et dans la capacité des structures différenciées à recevoir l'influence de ce champ. C'est ainsi que les structures ne sont influencées que par les aspects du champ qu'elles sont aptes à capter.

À partir des connaissances qui étaient disponibles à son époque, PRAT a décrit les fondements du champ universel d'information et de sa composante biologique, vers lequel ont convergé d'autres recherches qui lui ont succédé. Et ceci dans le plus grand anonymat !

Le champ du vivant sera à nouveau évoqué en France bien plus tard par un autre biologiste, directeur de recherche au CNRS, PIERRE-JEAN GAREL. Il propose le terme de *biochamp*, comme cinquième champ à ajouter aux quatre déjà décrits par la mécanique quantique, avec la réintroduction de l'éther comme cinquième élément et support de ce champ. L'ouvrage fait référence à SHELDRAKE mais pas à PRAT.

Rupert Sheldrake et les champs morphiques

RUPERT SHELDRAKE (né en 1942) a proposé à la fin des années 1980 l'hypothèse de la *causalité formative*, après une étude bibliographique rigoureuse montrant l'absence de causes pertinentes à la morphogenèse (comment apparaissent les formes) et l'observation de nombreux phénomènes biologiques inexpliqués. La seule manière de résoudre le problème était d'introduire un champ influant sur l'organisation du monde vivant.

L'étude bibliographique sur les causes de la morphogenèse révèle la pauvreté des explications admises. La génétique, explique très bien comment la cellule fabrique, à partir de l'information contenue dans son ADN, toutes les substances nécessaires à la formation des tissus et des organes, mais pas comment elle les assemble (et ceci, malgré la découverte des gènes architectes, outils de mise en forme, insuffisants pour lever le mystère de la morphogenèse). Expliquer la morphogenèse par la génétique, c'est comme admettre qu'en amenant tous les matériaux, un plan de montage et en soufflant fortement sur le tout, l'assemblage se fera de lui-même pour construire un édifice complexe, trouvant même des solutions pour s'adapter aux quelques erreurs inévitables dans la liste de matériaux !

Parmi les phénomènes ne pouvant s'expliquer avec les données actuelles, SHELDRAKE évoque le mouvement des bancs de poissons (instantanément coordonnés pour tous les individus lors des changements de direction), les transmissions de savoir-faire acquis entre communautés animales sans relation directe entre les individus et, dans le même ordre d'idées, la quasi simultanéité de découvertes effectuées par l'humanité en différents points de la planète.

Une forme peut s'exprimer dans l'espace (ce sont les formes que nous connaissons par l'observation) ou dans le temps (on parle alors de comportement). Ce qui sous-tend une forme vivante et la manière dont elle se maintient et évolue dans un environnement changeant est un mystère dès lors que l'on veut expliquer précisément et concrètement le mécanisme.

L'hypothèse de la *causalité formative* apporte une solution à la morphogenèse et aux comportements collectifs. Elle se résume en quatre principes majeurs :

1. L'action permanente d'un champ (appelé *champ morphique* ou *morphogénétique)* est responsable de la genèse, du maintien et de l'évolution des formes.

2. Le *champ morphique* contient l'information de la forme (comme un champ magnétique organise une nouvelle forme à partir d'un assemblage de limaille de fer), mais cette information est en résonance avec la forme elle-même et son devenir, si bien qu'elle évolue avec les retours d'information qu'elle reçoit suite aux modifications des formes organisées. Cette interactivité permanente entre l'information et son expression dans la forme est appelée *résonance morphique.*

3. Le champ, par la *résonance morphique* permanente, cumule toutes les expériences de forme déjà effectuées et son information présente est le résultat de l'accumulation intégrée de tout le passé. Ainsi, il est la mémoire de l'univers.

4. Le champ est constitué d'une succession de couches qui s'emboîtent les unes dans les autres comme des poupées russes. Ces différentes couches déterminent les différents niveaux d'action qui peuvent agir sur différentes cibles. Certaines couches concernent tout le monde vivant, d'autres seulement une espèce, d'autres seulement une partie des membres de l'espèce : peuple, communauté, famille.

Le rejet (parfois violent) de cette hypothèse par la communauté scientifique est à la hauteur des conséquences qu'elle implique :

– La mémoire et l'information qui définit les formes ne se situent pas à l'intérieur des organismes mais en dehors. Le système nerveux est certes capable, comme un ordinateur, de stocker des informations dans ses circuits pour les exploiter, mais il est avant tout capable de capter des informations externes, contenues dans le champ, comme un récepteur réglé sur la bonne fréquence reçoit la radio. Cette notion révolutionnaire sera confirmée par des travaux effectués en neurobiologie montrant qu'on ne peut localiser la mémoire dans le cerveau. En admettant cela, on comprend mieux les phénomènes collectifs cohérents observés dans le monde animal (insectes sociaux, bancs de poisson, oiseaux migrateurs...), ainsi que l'inconscient collectif, les mémoires transgénérationnelles, les synchronicités...

– La mémoire et l'information sont partagées par tous ceux qui sont reliés aux mêmes influences du champ. Cela est évident pour de nombreuses informations qui nous parviennent inconsciemment, concernant notamment le fonctionnement biologique et l'inconscient collectif décrit par JUNG. Cela peut aussi l'être pour des informations conscientes, ce qui donne un cadre de compréhension pour les phénomènes parapsychologiques, notamment la transmission de pensée. Cela explique aussi qu'il est plus facile de découvrir spontanément quelque chose qui a déjà été découvert et pratiqué ailleurs.

– La répétition consolide les formes et l'évolution est d'autant plus difficile que les formes ont été préalablement consolidées. C'est pourquoi les habitudes collectives sont bien ancrées, et aussi qu'un certain seuil d'évolutions individuelles (pour un comportement donné) peut faire basculer rapidement l'ensemble du groupe, les autres ne recevant plus de manière aussi forte l'information précédente qui ancrait l'habitude. C'est également la raison pour laquelle, dans une société, les individus qui n'ont pas développé une propre souveraineté et un véritable libre arbitre, pensent et agissent sous la forte influence des habitudes du passé et du courant dominant, et de ce fait, les croyances collectives évoluent difficilement et toujours lentement (en dehors d'évènements traumatisants capables de déclencher une bascule globale).

Cette hypothèse redonne au collectif une place que les sociétés individualistes ont considérablement réduite et qui est un frein important à l'épanouissement de tous. Il n'est pas question, bien évidemment, de nier la capacité individuelle et la liberté, mais de la relativiser. L'être humain a bien son ordinateur personnel avec ses propres programmes, mais il est connecté en permanence avec la communauté qui lui fournit de nouvelles informations et parfois rectifie les anciennes. Un programme qui fonctionnerait sur l'ordinateur individuel (avec les paramétrages personnels) mais uniquement avec un logiciel accessible sur Internet illustre plutôt bien ce mécanisme. On comprend alors l'importance du programme collectif (partagé par tous) et l'intérêt d'œuvrer à son évolution.

L'hypothèse de SHELDRAKE, il n'a jamais soutenu le contraire, n'est pas une théorie. Elle repose sur des faits observables, mais ne peut pas être démontrée par une expérience réfutable. Elle souffrait aussi, à l'époque de sa présentation, de l'absence de support à un tel champ. Depuis, les données concernant le *champ du point zéro* ont bien fait avancer les choses.

Bien qu'étant la seule explication cohérente à des phénomènes inexpliqués, l'hypothèse de la *causalité formative* est aujourd'hui encore largement rejetée. Le fait que SHELDRAKE se soit intéressé à la transmission de pensée avec les animaux en recueillant les témoignages de la population hors d'un cadre universitaire et qu'il affiche de plus en plus ouvertement une inspiration spirituelle n'a pas amélioré ses rapports avec la communauté scientifique.

Ervin Laszlo et le champ akashique

D'origine hongroise, ERVIN LASZLO (né en 1932) est un pianiste renommé, qui est devenu, au fil des rencontres avec d'éminents scientifiques, un chercheur indépendant, philosophe des sciences, théoricien des systèmes et des modèles holistiques.

« *Science and the Akashic Field : an integral theory of everything* », paru en 2004 aux États-Unis est la première synthèse rigoureusement construite sur l'hypothèse du *champ universel d'information*. Il vient compléter l'ouvrage de LYNNE MC TAGGART : « *The Field* », paru en 2002 sous forme d'enquête journalistique auprès des chercheurs qui ont contribué à cette hypothèse.

La synthèse de LASZLO est le résultat d'une recherche personnelle de 40 ans, nourrie par les rencontres, les lectures et la réflexion. Elle repose sur une démarche à la fois ouverte et rigoureuse : prendre en compte tous les éléments scientifiques connus disponibles, considérer les mystères non résolus dans différents domaines et élaborer une hypothèse qui intègre les premiers et apporte une solution aux seconds.

La base de cette hypothèse est l'existence d'un champ universel d'information et de mémoire, construit sur le modèle du *champ du point zéro* et ayant, outre sa capacité à unifier les champs de force physique, toutes les propriétés des *champs morphiques* de SHELDRAKE sur le monde vivant. Il le nomme *champ akashique* ou *champ A,* en référence à la tradition védique qui nommait *akasha* un champ cosmique qui relie tout à tout, transmet l'information organisatrice du monde et conserve la mémoire de tout ce qui a existé.

Bien que l'existence de ce champ ne puisse être démontrée selon les critères de la science actuelle (il n'est pas observable directement et ses manifestations essentiellement qualitatives ne sont pas mesurables et modélisables en équations linéaires), il existe un grand nombre de faits observés et d'expériences qui ne peuvent trouver d'explications en dehors de cette hypothèse. À l'aide des données actuelles de la physique et des théories explicatives de physiciens indépendants, LASZLO donne des caractéristiques du fonctionnement de ce champ avec notamment des ondes de torsion dont le déplacement immensément plus rapide que la lumière permet les manifestations non locales, mais aussi un processus de mémoire holographique qui fait que tout le vécu de l'univers reste présent en tant qu'information et peut être réactivé dans certains contextes.

Le *champ akashique* est une hypothèse à la fois rigoureuse et ambitieuse capable de résoudre toutes les grandes énigmes de la science, aussi bien dans les domaines de l'astrophysique, de la physique particulaire, de la biologie que celui des manifestations de la conscience humaine. Plus que cela, il propose un modèle global de l'univers et de la vie intégrant l'origine du monde dans lequel nous vivons, les clés de l'incroyable précision de son équilibre, un schéma de l'évolution des espèces qui n'est pas cousu de fils blancs, un mode de fonctionnement du vivant intégrant l'hypercohérence des organismes et les incroyables pouvoirs de l'esprit humain.

Ce modèle donne du sens au mystère que les traditions ont appelé « Dieu » (et qui n'est autre qu'une mémoire évolutive et intelligente), explique comment un être humain peut être relié à un autre ayant déjà vécu (ce qu'une représentation imagée appelle couramment réincarnation) et laisse toute sa place à la liberté des individus qui contribuent à l'évolution de l'ensemble. Il donne enfin toute sa place à l'Amour comme force de cohésion qui attire ce qui est différent pour reconstituer une unité plus évoluée que celle qui a précédé la formation des parties.

C'est un cadre plus large que le *champ biotique* puisque le champ A englobe tous les champs qui influent sur l'univers. C'est aussi un cadre qui permet de placer le *champ biotique* dans un système cohérent avec un mode de fonctionnement dont les grandes lignes sont décrites.

X- Matière, énergie et information

« Les aspects émergés de la théorie de l'information, l'aspect
communicationnel et l'aspect statistique, sont comme la mince
surface d'un immense iceberg. »
EDGAR MORIN

« L'information n'est qu'une information, elle n'est ni masse, ni
énergie, mais elle a besoin de la masse et de l'énergie comme
support. Cependant elle ne peut être réduite à ces deux éléments. »
NORBERT WIENER

Matière, énergie et information sont les trois principes majeurs d'une triade capable d'éclairer une dynamique que l'on retrouve à tous les étages du monde manifesté, et en particulier au niveau de la vie individuelle.

Cette triade peut se décliner sur plusieurs plans, selon la définition que l'on donne à énergie et information. Des précisions sur ces trois termes clés sont donc essentielles avant de distinguer les différentes manières de les combiner.

1. La matière

La matière semble une évidence dans ce que nous vivons et expérimentons quotidiennement. Cependant, l'étude approfondie de sa vraie nature, effectuée par la mécanique quantique, décrit un monde de quarks et de leptons qui s'agitent dans un infiniment petit abyssal, lui-même inclus dans un infiniment grand vertigineux. Comment ne pas s'y perdre ?

♦ Du mystère insondable à la réalité perceptible

Et en allant au bout de l'exploration, on peut se demander si notre perception de la matière est bien réelle, ou si elle n'est pas une manifestation subjective d'une autre réalité, non physique. On entre là dans le domaine des incertitudes et d'un questionnement métaphysique qui est bien loin de ce qui nous est directement accessible.

Comme cela a été évoqué précédemment, rester dans l'incertitude de cette vérité absolue freine le développement d'une connaissance solide du monde dans lequel nous vivons. C'est aussi un handicap puissant à l'adoption d'attitudes affirmées et à la mise en œuvre d'applications pratiques permettant d'agir.

La conscience de cette réalité incertaine de la matière est cependant utile, pour intégrer le haut niveau de son potentiel et accepter des phénomènes que la logique établie au niveau perceptible ne peut pas toujours comprendre.

Le phénomène de *décohérence* déjà abordé permet de légitimer une réalité stable dans le monde phénoménal afin de pouvoir établir des lois éclairant les processus qui s'y déroulent. C'est pourquoi, sans oublier la nature profonde de la matière qui nous échappe, il est possible de construire une connaissance fiable des phénomènes qui se déroulent à notre échelle.

♦ **Matière inerte et matière vivante**

Le monde de la matière peut être distingué en deux composantes aux comportements différents.

La matière inerte répond aux lois de la physique. Elle peut donc entrer dans une mise en équation avec une logique linéaire et prédictive de résultats, permettant des applications technologiques parfaitement maîtrisées.

La matière vivante répond aussi à ces lois mais dans ce cas elles n'expliquent pas tout. Pour comprendre son fonctionnement, il faut y ajouter quelque chose. La science des systèmes complexes répond en partie à ce manque.

La matière vivante se compose de molécules organiques capables de s'auto-organiser en systèmes complexes. Ces systèmes forment des organismes, des communautés d'êtres vivants, et, en interaction avec l'environnement incluant aussi la matière inerte, des écosystèmes dont l'ensemble forme la biosphère, la totalité du monde vivant de la Terre.

♦ Matière, chimie et biologie

Qu'elle soit inerte ou organique, la matière répond à des caractéristiques propres : elle est constituée d'éléments stabilisés, les atomes, qui forment des structures organisées à différents niveaux : les molécules, les cellules, les organismes vivants. Les lois de la chimie décrivent les relations entre les atomes et les différentes interactions entre les molécules dans lesquelles ils sont associés. Lorsqu'il s'agit de matière vivante, on parle de biochimie.

La connaissance très avancée de la biologie dans le domaine de la biochimie est une réalité qui a toute sa valeur dans les limites du cadre de la matière. Il est donc important d'en tenir compte, afin d'intégrer cette connaissance dans un espace plus large où la matière n'est pas la seule réalité.

2. Information et in-formation

L'information est une réalité plus abstraite. Sa forme matérielle qui se manifeste par le code génétique ou les diverses technologies de communication est bien connue. Elle n'est cependant pas suffisante pour comprendre le processus vivant, il est donc nécessaire d'introduire un autre type d'information, immatérielle et génératrice de forme, qui sera nommée *in-formation*, comme l'a proposé DAVID BOHM qui a introduit ce concept

♦ La théorie de l'information

De l'information à la néguentropie

En 1948, CLAUDE SHANNON et WARREN WEAVER, après leurs travaux dans les services secrets américains pour débrouiller les signaux ennemis, proposent une *Théorie Mathématique de la Communication* qui modélise l'information et peut ainsi en étudier ses lois. Ils proposent notamment un schéma détaillé de communication entre deux appareils.

Intégré et complété par le mouvement cybernétique, ce schéma connaît un grand succès et participe largement à la création des sciences de l'information et de la communication. Associé aux travaux de TURING et VON NEUMANN, il contribue à la mise au point des premiers ordinateurs performants.

Au cours des conférences de Macy qui ont posé les fondements de la cybernétique, VON FOERSTER insiste bien sur la distinction nécessaire entre signal et information. Le signal a une dimension quantitative qui peut être mesurée. Il est de la matière ou de l'énergie. En revanche, l'information qui est portée par le signal est qualitative. On peut observer les conséquences de sa transmission, mais on ne peut pas la mesurer !

Le rôle organisateur de l'information est également établi, ce qui fait dire à WIENER : « *De même que l'entropie est une mesure de désorganisation, l'information fournie par une série de messages est une mesure d'organisation* ».

Plus tard, LEON BRILLOUIN confirme l'analogie entre *entropie* et information et définit le terme de *néguentropie*, l'inverse de l'*entropie*, qui est une information capable de diminuer le désordre.

Limites des applications en biologie

Ce bref historique ne montre qu'un aspect de l'information, celui dans lequel elle est convertible en signal transmissible. Il en révèle cependant une fonction essentielle : apporter de l'organisation.

Appliquée à la biologie, la théorie de l'information explique le mécanisme d'expression de l'ADN et l'influence de rayonnements électromagnétiques sur les cellules des organismes vivants.

Ces processus se révèlent cependant insuffisants pour expliquer certains aspects de la vie. Nous avons déjà évoqué la mémoire qui dépasse la simple capacité de stockage des systèmes nerveux. La genèse par auto-organisation de formes spécifiques capables de maintenir une stabilité de structure et de comportement est une autre énigme que la seule théorie de l'information ne résout pas.

♦ Information de forme et information de modulation

Dans son ouvrage *L'énergie, l'information et le vivant*, JEAN-SEBASTIEN BERGER distingue deux sortes d'informations qui s'appliquent à un être vivant : l'une qui crée la forme, l'autre qui la module.

L'*information de forme* est une information globale et structurelle de l'organisme, suffisamment stable pour maintenir la cohérence de l'individu tout au long de son existence. Son origine et la voie par laquelle elle est transportée ne sont pas d'ordre matériel.

L'information de modulation est une information de communication et d'interaction pour la communication interne entre les différentes parties d'un organisme et pour la communication externe avec l'environnement. Elle peut être transportée par de la matière (molécules à fonction médiatrice comme les hormones) ou de l'énergie (ondes électromagnétiques). La forme spatiale du médiateur porte l'information transmise, et détermine son comportement dans le temps, notamment via les rythmes.

L'information de modulation est donc transportée par des médiateurs matériels, mais on peut s'interroger sur l'origine de la forme ou du rythme de propagation de ces médiateurs, qui est la véritable source de l'information.

De manière simplifiée, illustrant bien cette distinction, chez un être vivant, l'identité et ses diverses caractéristiques constantes sont portées par une *information de forme*, alors que les variations liées à l'environnement et nécessaires à son fonctionnement sont induites par des *informations de modulation*.

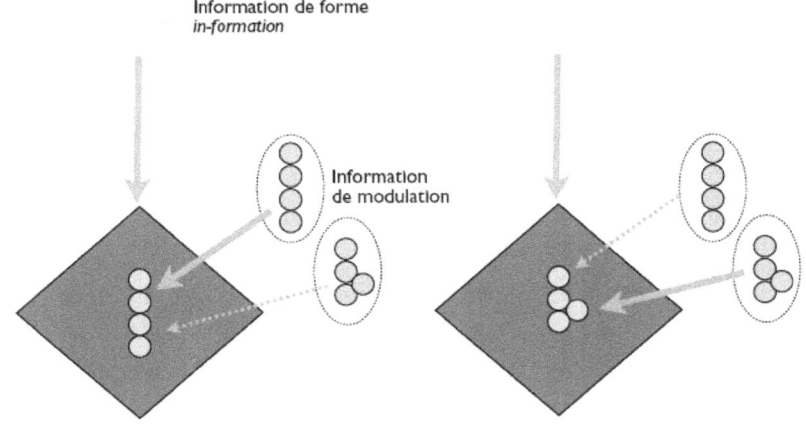

Fig. 12 : Information de forme et information de modulation

Le système a une organisation générale dont le modèle est fourni par une *information de forme* et certains aspects secondaires par une *information de modulation*. L'*information de modulation* peut changer, tandis que l'information de forme demeure. Il y a alors variation sans pour autant perdre l'organisation générale et l'identité.

Ce second schéma représente les deux types d'informations vues d'une manière différente :

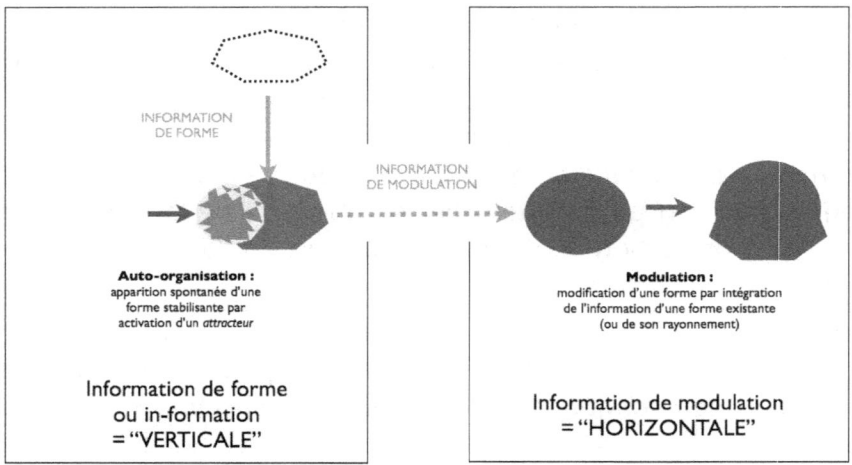

Information de forme
ou in-formation
= "VERTICALE"

Information de modulation
= "HORIZONTALE"

♦ Information linéaire et information holographique

Une autre approche distingue l'information linéaire et holographique.

L'information linéaire se transmet par des unités élémentaires qui ne sont pas informantes par elles-mêmes, mais dont la combinaison crée des ensembles structurés qui portent une information. C'est elle qui se transmet par les différents appareils de télécommunications et qui permet le fonctionnement des ordinateurs. Sa miniaturisation a permis le développement de la technologie numérique.

Le modèle holographique, révélé par DENNIS GABOR, est un procédé capable de restituer une image en trois dimensions : l'hologramme. C'est aussi une transmission d'information, avec un mécanisme très différent du précédent.

L'image holographique, outre le fait d'être projeté en trois dimensions et d'avoir une résolution étonnante, possède une autre propriété remarquable : l'information de la totalité de la scène est distribuée sur toute la surface de l'hologramme. Ainsi, chaque morceau de la source holographique peut reconstituer l'ensemble de l'image, avec toutefois une définition d'autant plus restreinte que le morceau est petit. Chaque morceau contient une partie de la globalité de l'objet et non pas une partie de l'objet. Nous sommes bien dans un système de correspondance non linéaire.

D'autre part, lorsque l'on retourne l'hologramme, l'image tourne avec lui, tout en gardant sa profondeur.

L'<u>information holographique</u> est donc une information non linéaire qui contient en un seul point la trame de la globalité de son contenu, l'association de plusieurs points permettant de préciser ce contenu.

Ce type d'information ne peut pas à ce jour être démontrée suivant les critères scientifiques habituels. Une information holographique est cependant le seul modèle connu capable d'expliquer les phénomènes pour lesquels l'information linéaire est insuffisante : la mémoire, la genèse de forme, les comportements.

♦ L'information de la vie

La vie est un processus informé. Sans information, un organisme se décomposerait vers un état de plus en plus stable, évoluant vers le chaos. C'est d'ailleurs ce qui se passe après la mort.

Un organisme vivant échappe au courant de l'*entropie*. Il est donc animé d'une *néguentropie*, c'est-à-dire une capacité d'organisation qui s'oppose à la déstructuration. Cela nécessite une information et une énergie qui maintient la transmission de cette information.

Dans la conception actuelle de la biologie, l'information est portée par l'ADN, et l'énergie fournie par le métabolisme. Ces supports sont très incomplets pour expliquer le processus vivant, tout comme la seule existence d'une information linéaire. C'est pourquoi nous devons introduire la notion de champ organisateur, capable de transmettre en permanence une information de type holographique, et d'un dynamisme vivant extérieur à l'organisme qui sera développé plus loin.

♦ La notion essentielle d'in-formation

La notion d'*in-formation* proposé par DAVID BOHM a été évoquée au chapitre VI : c'est une information directement capable de donner une forme au système qui la reçoit, et de nature *holographique*, c'est-à-dire capable de contenir en chaque point la trame de l'ensemble.

Elle correspond à l'*information de forme* et aussi aux *archétypes* et *attracteurs* décrits au chapitre précédent.

L'*in-formation* est primaire dans le processus informatif global, alors que l'information (au sens habituel du terme) est secondaire.

L'<u>information primaire</u> est une information de forme qui crée une organisation (forme manifestée).

L'<u>information secondaire</u> peut être une information de recopie (qui transmet une information de forme déjà manifestée), ou une information de modulation (qui modifie une forme déjà manifestée).

L'information primaire est complètement immatérielle. Elle est contenue dans un champ non énergétique. Elle s'exerce de manière non locale (donc instantanément et partout). Elle génère instantanément une forme aux systèmes capables de la recevoir.
De manière imagée, elle est verticale.

L'information secondaire est issue, plus ou moins directement, d'une information primaire et donc d'une source immatérielle, et portée par un support matériel (structure matérielle ou énergie). Elle n'est donc pas contenue dans un champ, mais circule dans les champs existants. Elle s'exerce de manière locale, donc limitée. Elle interagit avec des structures existantes, peut les recopier ou les modifier, pas les créer. De manière imagée, elle est horizontale.

La considération des seules informations détectables et évaluables dans le plan de la matière permet de construire un modèle de type machine, qui ne décrit qu'une partie du processus de fonctionnement des êtres vivants. Au-delà de ce fonctionnement qui explique de nombreux phénomènes locaux, c'est la notion d'*in-formation* qui permet de comprendre le fonctionnement global d'un organisme.

3. Énergie physique et énergie du vide (in-ergie)

L'énergie, troisième principe de cette triade indissociable est également sujet à confusion, et de manière encore plus importante.

D'une part, comme l'information, elle existe sous deux formes fondamentales différentes.

D'autre part, elle est régulièrement amalgamée avec l'information qu'elle véhicule.

D'une manière générale, l'énergie est une force de mouvement et de cohésion, de maintien et de transformation (d'où son ambiguïté conceptuelle). Elle peut être matérielle, et aussi de nature différente de la matière actuellement connue.

♦ L'énergie du point de vue de la physique

On a cru longtemps qu'il y avait d'une part la matière et de l'autre l'énergie. La matière étant inerte et stable, l'énergie étant ce qui peut l'animer (la mettre en mouvement, la transformer). Depuis les travaux révolutionnaires d'EINSTEIN sur la relativité, avec la célèbre équation $E=mc^2$, on sait aujourd'hui qu'il n'y a pas de rupture entre la matière et l'énergie : la matière peut libérer de l'énergie et l'énergie peut se condenser en matière.

La seule réalité serait donc la matière ou plus précisément la *matière-énergie*. Pour être plus proche de notre conception habituelle, nous pouvons distinguer une matière condensée, plus ou moins stabilisée (sous forme d'atomes), qui s'arrange de manière variable pour former des structures, et une autre matière plus subtile, l'énergie matérielle (la lumière par exemple), capable de modifier la première.

De manière simplifiée, notre monde matériel serait alors un ensemble de matière condensée, animée par l'énergie matérielle du soleil que nous recevons sous forme de lumière.

♦ Différents types d'énergie

En physique, plusieurs types d'énergie sont capables de modifier la structure de la matière en déstabilisant la forme existante pour permettre l'avènement d'une autre.

L'énergie était associée au départ à la capacité de travail, la première forme d'énergie définie a donc été le **travail mécanique**, mettant en jeu une force et se traduisant par un déplacement. On parle d'énergie potentielle pour un corps au repos qui a une capacité de travail en réserve (par exemple une masse surélevée capable de faire pression) et d'énergie cinétique pour un corps en mouvement.

La **chaleur** est la seconde forme d'énergie identifiée et étudiée par les sciences physiques. Sa transformation en travail a permis la mise au point des machines à vapeur et des moteurs thermiques. Il y a cependant, dans tout système, des pertes dues au frottement et à l'échauffement. La chaleur est la forme par laquelle l'énergie peut être perdue. On sait aujourd'hui que la chaleur est de l'énergie liée au désordre, donc à la perte d'information. Les autres formes d'énergie sont porteuses d'information.

Trois autres formes d'énergie sont directement **liées à la structure de la matière :**
– l'énergie chimique associée à la structure d'une molécule,
– l'énergie électromagnétique liée à l'attraction spontanée entre charges contraires,
– l'énergie nucléaire liée aux forces de cohésion du noyau.

♦ L'énergie en biologie

L'énergie métabolique

La biologie du XXe siècle a identifié un processus énergétique chimique capable d'animer les êtres vivants, lié au métabolisme. La structure de la matière organique faite de carbone réduit est porteuse d'énergie potentielle à l'intérieur même de ses liaisons chimiques. Cette énergie est libérable par oxydation. D'un côté, le carbone utilisé redevient minéral (CO_2) et retourne à l'environnement. De l'autre, l'énergie libérée est utilisée pour le déroulement du processus vivant, soit directement, soit après un temps de stockage sous forme d'ATP. L'ATP est une molécule capable de libérer facilement son énergie pour permettre certains processus et de stocker à nouveau celle qui est produite par les processus oxydatifs.

Cette énergie métabolique est quantifiée, en joule ou en calories. Elle est apportée par l'alimentation (substances organiques avec du carbone réduit) et la respiration (oxygène). Elle est régulée par le système nerveux et hormonal, plus particulièrement la thyroïde. Ce que l'on appelle le métabolisme basal est la quantité d'énergie minimale nécessaire au fonctionnement d'un organisme au repos. Lors d'une activité musculaire accrue, les besoins augmentent et s'ajoutent à ceux du métabolisme basal.

Insuffisance de l'énergie métabolique pour comprendre le processus vivant

Dans une conception matérialiste de la physiologie, la question de l'énergie s'arrête ici. Il y a cependant plusieurs problèmes posés par cette restriction :

– Le bilan énergétique global d'un organisme vivant, tel qu'il peut être établi avec nos connaissances actuelles, n'est pas équilibré. On peut mettre en évidence, dans certaines situations, une utilisation énergétique supérieure aux apports. Il y aurait donc une autre source d'énergie, ou un mode d'utilisation de l'énergie disponible différent de ce qui est connu en thermodynamique classique.

– Les soins dits « énergétiques » produisent des phénomènes que la seule énergie biochimique ne peut expliquer.

– Les phénomènes de transmutation des métaux à froid que sont capables d'effectuer les organismes vivants dans certaines conditions ne sont pas explicables avec la seule énergie du métabolisme.

Envisager d'autres formes d'énergie pour l'être vivant

L'existence de phénomènes électromagnétiques à l'intérieur des organismes vivants est aujourd'hui bien connue. C'est un domaine complexe, difficile à maîtriser, mais dont la réalité mériterait vraiment d'être prise en compte, ce que peine à faire la biologie classique. Elle permet de concevoir un être vivant capable d'utiliser l'énergie électromagnétique du milieu dans lequel il vit. Des expériences montrent que le phénomène est encore plus important que cela, puisque la vie ne semble pas possible pour un organisme isolé de certains rayonnements.

L'énergie électromagnétique ouvre déjà un monde biologique bien plus vaste que celui des biologistes du XXe siècle. Mais cela reste de l'énergie matérielle. Est-ce suffisant pour comprendre la globalité du processus vivant ?

Pour le fonctionnement basal d'un organisme, l'énergie métabolique associée à l'énergie électromagnétique expliquent bien la manière dont les choses se passent. Le fonctionnement décrit n'est pas très différent de celui d'une machine alimentée par de l'électricité ou par la combustion de matière organique (gaz, essence…). À moins de réduire l'organisme à une super machine, ce qui n'est pas la réalité, ce serait donc insuffisant pour expliquer la spécificité du monde vivant.

Dans les organismes vivants, quelque chose de fondamentalement différent permet la croissance et le maintien des structures, puis disparaît subitement à la mort. On observe aussi des capacités qui échappent au modèle matérialiste, telle la psychokinèse (actions à distance pouvant déplacer ou déformer des objets matériels) dont le médiateur énergétique reste mystérieux. Nous sortons là du domaine habituel du monde matériel. C'est ce qui conduit à envisager l'existence d'une autre énergie.

♦ Énergie matérielle et « *in-ergie* »

Énergie matérielle et support d'information structurante

Toutes les formes d'énergie précédemment évoquées sont liées à la matière.
– La chaleur est l'agitation spontanée des particules liées à l'accroissement du désordre.
– Les ondes électromagnétiques sont le déplacement d'une variation de champ se comportant comme une particule chargée d'énergie, le photon. Par diverses caractéristiques et les formes d'organisation qu'elles peuvent intégrer, ces ondes sont porteuses d'information.
– Les forces de liaison, qu'elles soient chimiques ou nucléaires, créent la cohésion entre plusieurs particules et portent une information qui se manifeste par la forme de la structure.

Ces énergies sont donc de nature matérielle. Elles sont capables de modifier la structure de la matière en interagissant avec elle. Selon la situation, elles peuvent apporter davantage d'organisation et consolider la structure, ou la déstabiliser. Parfois, elles la détruisent.

La chaleur, énergie non informée liée au désordre, est essentiellement une force de déstructuration. Les énergies chimique et nucléaire sont des forces de structuration qui se libèrent lorsque la structure est décomposée. L'énergie électromagnétique peut avoir, selon le contexte une action structurante ou déstructurante.

Matière, énergie et in-formation dans une structure matérielle

Dans une structure matérielle, on retrouve la matière stabilisée qui constitue les éléments de base, l'énergie qui maintient la cohésion, et l'*in-formation* qui l'organise et donne la forme. En se déstructurant, elle libère son énergie de cohésion et se sépare de son *in-formation*.

Un flux d'ondes électromagnétiques peut être considéré, comme une structure matérielle. Il possède ses éléments, les photons, qui sont à la fois matière et énergie (matière en mouvement) et qui par leurs diverses caractéristiques (longueur d'onde et fréquence) prennent une forme porteuse d'information. L'information portée par un flux d'ondes électromagnétiques peut être transmise à certaines structures. Tous nos appareils de télédiffusion et de télécommunication en sont des applications dans le monde inerte.

Avec une telle énergie, fondamentalement de même nature que la matière (souvenons-nous de l'équation d'EINSTEIN), nous restons dans un modèle dualiste entre l'*in-formation* de nature « spirituelle », et la matière.

In-ergie et champ du point zéro

Postuler l'existence d'une énergie non matérielle, que je nommerai désormais *in-ergie* (par analogie à l'*in-formation*) dans le processus vivant n'est bien sûr qu'une hypothèse pour combler un manque. Certains phénomènes ne peuvent en effet pas s'expliquer par la seule matière animée par les différentes énergies connues et stabilisée par une *in-formation* organisant sa forme.

Pour ne pas être une pure spéculation, cette *in-ergie* se réfère au *champ du point zéro*, qui contient une énergie encore mystérieuse, à la fois phénoménale et non matérielle, appelée couramment l'énergie du vide. Cette énergie encore très mal connue se manifeste dans divers processus mis en évidence par la physique moderne.

Il est évident que l'hypothèse de l'*in-ergie* comme facteur manquant du processus vivant est avant tout intuitive et doit être davantage explorée. Elle repose néanmoins sur quelques faits et interrogations. D'abord, cela a déjà été évoqué, la simple *matière-énergie*, même complétée par l'*in-formation*, peine à expliquer la globalité du fonctionnement biologique, notamment le développement et le maintien du processus vivant dans un organisme.

Où les organismes vivants puisent-ils cette énergie si particulière qui leur permet de garder une *in-formation* structurante pour se maintenir stable loin de l'équilibre, et d'avoir des comportements et des actes qui dépassent le cadre de la *matière-énergie* ? Une énergie qui disparaît brutalement à la mort !

La médecine traditionnelle chinoise, qui a montré son haut niveau de connaissance de l'organisme humain, parle d'une *énergie originelle*, de nature différente de l'énergie constamment renouvelée par la nutrition et la respiration. Cette énergie, de nature mystérieuse, est responsable du maintien en vie. Son épuisement conduit à la mort.

Les observations et les recherches de SCHAUBERGER sur l'eau offrent une piste intéressante pour mieux approcher cette *in-ergie*.

Schauberger et l'énergie cachée de l'eau

Le garde forestier autrichien VIKTOR SCHAUBERGER, appelé « magicien de l'eau » par son entourage, est un génie que son époque n'a pas su reconnaître, sans doute parce qu'il allait à l'encontre des intérêts dominants. Sa connaissance des lois de ce monde est celle d'un observateur attentif de la nature. Ses inventions allient bon sens, simplicité et efficacité. La conclusion de sa recherche personnelle voit dans la vie un processus capable de se déployer et produire du mouvement sans consommer de l'énergie dans le sens conçu par la thermodynamique. En observant comment les truites remontent les cascades ou comment l'écoulement de l'eau peut soulever les galets, il a compris qu'il y avait dans les tourbillons de l'eau une force qui dépasse ce que la mécanique peut concevoir.

Ses observations minutieuses et répétées ont conduit à déterminer les conditions optimales pour exploiter cette énergie à contresens de la technologie contemporaine. Le système de SCHAUBERGER, que l'on peut qualifier d'implosion, utilise une énergie inconnue qui émerge lorsque l'eau s'accélère dans un tourbillon de type vortex. Cette turbine qu'il a mise au point produit à la sortie plus d'énergie qu'elle n'en consomme à l'entrée. Contrairement aux systèmes dits à explosion, elle condense et organise la matière et fait décroître la température. Cette dynamique, comme celle qui conduit à la formation des organismes vivants, est *néguentropique*, c'est-à-dire qu'elle va à l'encontre de l'évolution spontanée vers le désordre. Comme tout système vivant, ce procédé fournit au final un surplus d'énergie gratuit.

Selon divers témoins, SCHAUBERGER a réussi, avec cette même technologie écologique, à faire voler des engins étonnants. Un contexte social défavorable ne lui a pas permis d'aller au bout de la réalisation. Son histoire personnelle est en effet assombrie par l'exploitation qu'ont voulu faire les Nazis, puis les Américains, de son génie créatif, qui s'est retrouvé finalement étouffé et oublié.

♦ Le mystère de l'énergie vitale

Entrer dans le mystère de l'énergie vitale conduit à considérer deux aspects actuellement très mal connus de la science : le rôle de l'eau dans le processus vivant et la nature de l'énergie individuelle qui maintient ce processus et disparaît à la mort.

Le rôle central de l'eau

L'eau, principal composant des organismes vivants, se trouve au cœur de tous les processus biologiques. Cela est bien connu d'un point de vue chimique, mais elle intervient à d'autres niveaux.

On sait notamment depuis les travaux de BENVENISTE et leurs diverses confirmations que l'eau peut recevoir, mémoriser et diffuser une information transmise par un rayonnement électromagnétique (qui est une information de modulation).

Il est probable qu'elle soit aussi le convertisseur de l'information de forme du champ biotique (relayée par le psychisme) et porterait ainsi la structure de l'organisme. On sait aujourd'hui que les structures vivantes sont liées à l'organisation des protéines qui semblent elles-mêmes orientées par l'eau à laquelle elles sont liées.

Enfin, à la lumière de ce qui a été décrit précédemment à propos des observations de SCHAUBERGER, il est tout à fait cohérent que l'eau soit le vecteur et le transformateur de l'*énergie du vide,* et que cette *in-ergie* captée par l'eau soit le chaînon manquant du processus vivant.

Ainsi, l'eau, élément indispensable à toute forme de vie, apparaît comme le centre du processus vivant où se rencontrent les différents pôles de la *Dynamique Triangulaire de la Vie.*

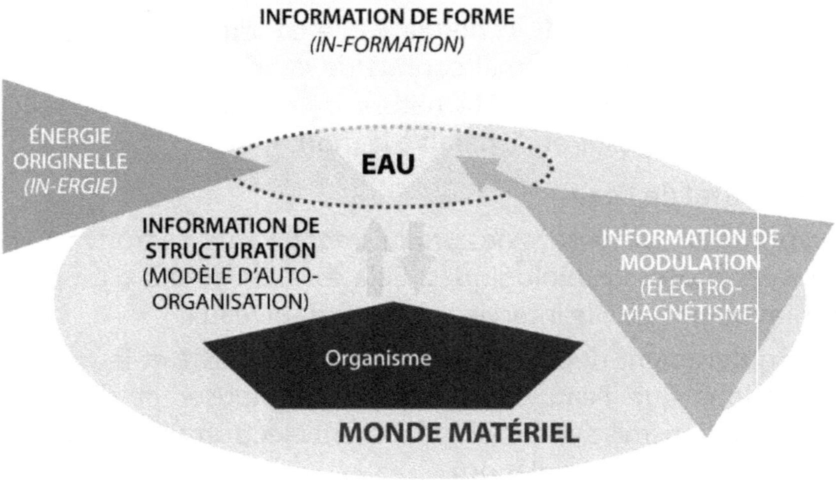

INFORMATION DE FORME
(IN-FORMATION)

ÉNERGIE ORIGINELLE *(IN-ERGIE)*

EAU

INFORMATION DE STRUCTURATION (MODÈLE D'AUTO-ORGANISATION)

INFORMATION DE MODULATION (ÉLECTRO-MAGNÉTISME)

Organisme

MONDE MATÉRIEL

Fig. 13 : L'eau au cœur du processus vivant

L'eau a une structure chimique qui la place dans le monde de la matière.
Ses propriétés remarquables montrent un potentiel impressionnant.
Elle est au cœur du processus vivant.
C'est la structure privilégiée dans laquelle peuvent se rencontrer
les trois pôles de la *Dynamique Triangulaire de la Vie*.

Le mystère de l'énergie originelle

Reste alors un mystère qui sera évoqué au chapitre XII avec la question de l'âme. L'énergie du vide est inépuisable et l'énergie de vie, si on se réfère à l'*énergie originelle* de la médecine chinoise, est limitée puisque son épuisement conduit à la mort. Si le processus vivant utilise l'*in-ergie* comme nous l'avons supposé, il y a bien une limite à cette utilisation, liée à la vie individuelle.

La médecine traditionnelle chinoise décrit une force primordiale (le Qi) qui sous-tend tout le processus vivant et qui est responsable de la vie, de la santé, de la maladie et de la mort.
Il y a deux composantes dans cette énergie :
– l'une innée, nommée *énergie originelle* (appelée parfois ancestrale), est captée dès la fécondation et donne un potentiel définitif à toute l'existence *(yuanki)*,
– l'autre acquise est entretenue par les diverses relations avec l'environnement (alimentation, respiration, radiations).

Énergie originelle et *in-ergie*

Les liens, à ma connaissance, n'ont jamais été clairement établis, mais il me semble que l'énergie acquise et entretenue s'explique de manière physico-chimique, et est donc de nature matérielle.

En revanche, l'énergie originelle et le potentiel qu'elle donne sont d'une autre nature, et correspondent plutôt bien à ce que j'ai nommé précédemment *in-ergie*.

L'élément manquant pour comprendre la vie ?

Ce mystère nous met face à deux dimensions différentes, celle de la vie dans sa globalité dont le potentiel est infini (elle repart toujours quand on la détruit) et la vie individuelle, finie et limitée. La vie individuelle apparaît donc comme une composante discontinue d'un ensemble continu, comme tout ce qui peut être observé en ce monde.

Suivant cette approche, il y aurait une source immatérielle d'énergie, mystérieuse et des relais matériels qui savent l'exploiter. Cette hypothèse ouvre un nouveau champ d'explication à de nombreux phénomènes observés et considérés comme énigmatiques.

La différence majeure entre un être vivant et une machine, en dehors du fait de recevoir une information de forme par le champ biotique, serait aussi la capacité à exploiter cette source d'énergie mystérieuse.

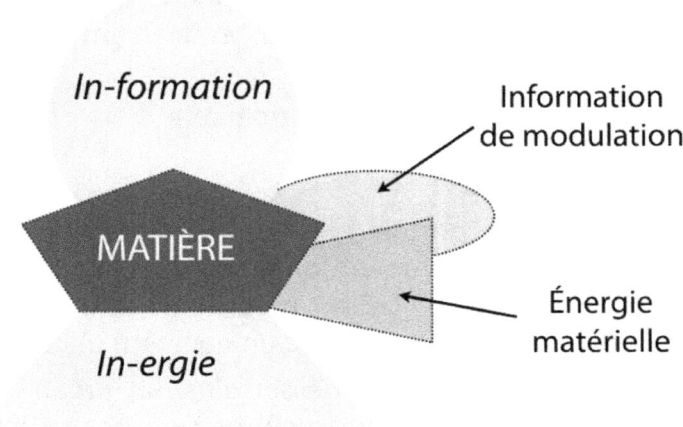

Fig. 14 : Matière, énergie, information
Commentaire page suivante

La matière exprime (cristallise) la forme finale.

L'*in-formation* donne le modèle de la forme.

L'*in-ergie* apporte l'impulsion dynamique qui permet au système de garder sa cohérence dans le temps et se maintenir stable loin de l'équilibre.

L'information portée par la matière ou par l'énergie matérielle (*information de modulation*) peut recopier la forme ou la modifier, mais elle ne peut ni créer de nouvelles formes, ni transformer en profondeur des formes existantes.

L'énergie matérielle maintient les formes quand elle se fixe dans la cohésion des structures (énergie chimique, nucléaire) et les déstabilise quand elle est se met en mouvement (chaleur, cinétique, électromagnétique).

----

4. Trois niveaux d'observation de la dynamique ternaire matière / information / énergie

Matière, information et énergie sont les trois éléments d'une triade qui permet de comprendre (et donc de modéliser) la dynamique du processus vivant.

Cette dynamique inclut la capacité à organiser la matière et maintenir une structure stable à distance de l'équilibre. Sans compromettre cette stabilité, elle inclut également la capacité à s'adapter et à évoluer dans une cohérence de l'ensemble de la biosphère. Enfin, ce processus manifesté au niveau individuel s'arrête brutalement dans certaines conditions et conduit à la mort.

Il y a trois visions métaphysiques de cette triade.

◆ Le monisme matérialiste

Le concept matérialiste postule que tout est matière ou émane de l'organisation de la matière. L'information est donc uniquement véhiculée par la matière (ADN, médiateurs chimiques, ondes électromagnétiques...), et l'énergie est uniquement matérielle.

Il est tout à fait possible de modéliser ainsi un organisme qui se comporte comme une machine, structurée suivant une information qui a permis l'assemblage de ses composants et qui évolue en consommant de l'énergie.

Cette approche matérialiste conduit inexorablement au concept d'organisme-machine, dont le fonctionnement est modélisé à partir de son information originelle (l'ADN), des propriétés de ses composants (biochimie) et des interactions physico-chimiques avec son environnement. Tout ce qui n'entre pas dans ces trois domaines de connaissance est exclu.

♦ Le dualisme esprit-matière

Hormis les traditions orientales non dualistes, l'approche spiritualiste repose généralement sur l'existence de deux mondes : celui de l'esprit et celui de la matière, avec une primauté de l'esprit.

L'*in-formation qui est* de nature immatérielle (donc spirituelle) est alors essentielle. Elle est l'origine de toute l'organisation de la matière et de l'énergie qui l'anime.

La notion d'énergie y est plus floue. Elle peut être soit uniquement matérielle et organisée par l'information spirituelle, soit avoir une composante immatérielle que l'on nomme parfois souffle divin.

Le monde de l'esprit est la réalité primordiale et le monde manifesté (celui de la matière) un reflet de cette réalité première.

Cette approche conduit naturellement à une vision déterministe, avec un mystère sur le but vers lequel le monde avance inexorablement.

♦ La vision ternaire holosystémique

L'approche *holosystémique* reconnaît l'unité indissociable des trois principes : matière, énergie, information. Elle choisit cependant, pour comprendre mentalement le fonctionnement et établir un modèle, de les distinguer avec pour chacun une identité bien définie et une source propre.

Séparer les trois pôles pour modéliser et comprendre le processus, sans oublier qu'ils sont indissociables dans la réalité, est la clef d'une philosophie pragmatique. Il est essentiel de ne pas confondre le modèle avec le réel, le modèle n'étant qu'une représentation capable d'anticiper les évènements et d'organiser des actions.

Une vision résolument ternaire de la vie implique les deux notions d'*in-formation* (capable d'organiser la matière), et d'*in-ergie* (capable d'initier et de maintenir la dynamique du processus vivant).

Elle n'exclut pas, au niveau de la matière, une organisation secondaire en triade avec la matière inerte, l'énergie matérielle, et l'information transportée par un support, comme dans un système fractal qui exprime à différents niveaux la même organisation.

Distinguer trois sources autonomes permet la modélisation d'une dynamique évolutive dans laquelle chacune de ces sources exerce un rôle dont la racine est indépendante de celle des autres. Cela permet de sortir de la dualité *esprit-matière* pour entrer dans un processus global où ces deux aspects ne sont plus en contradiction, ni en recherche d'équilibre, ils sont simplement deux pôles majeurs d'une dynamique en triangle. Le troisième pôle : l'énergie propre aux êtres vivants, par son autonomie, crée la dynamique et joue le rôle de moteur évolutif de l'ensemble.

♦ Une source unique et trois principes fondamentaux

Le *champ du point zéro* contient à la fois l'énergie fondamentale, la source de la matière qui est issue de cette énergie et l'information capable de l'organiser. Il permet donc de concevoir l'unité du tout dans son origine.

En revanche, dans un monde manifesté, comme celui que nous connaissons après le « Big Bang », ces trois principes se sont séparés et peuvent alors interagir pour créer une dynamique triangulaire.

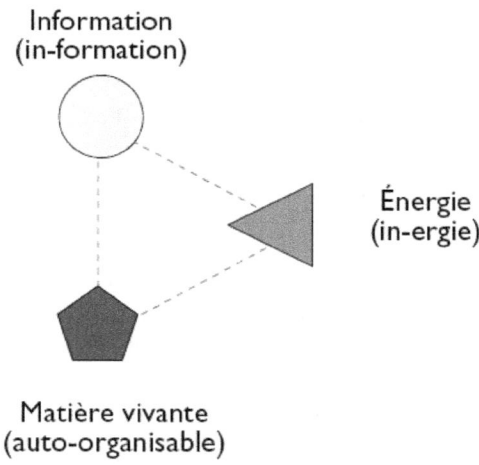

Information
(in-formation)

Énergie
(in-ergie)

Matière vivante
(auto-organisable)

Fig. 15 : Les trois pôles de la Dynamique Triangulaire de la Vie

X- Matière, énergie et information (en résumé)

1. La matière est l'aspect le mieux connu de cette triade. Elle est directement observable. Elle est le socle de la connaissance scientifique et par conséquent, de notre culture. Elle peut se définir par la physique (pour laquelle elle est un mystère aux comportements dévoilés) ou plus simplement par la chimie qui considère les diverses organisations d'atomes formant le monde qui nous entoure. Cette description est satisfaisante et performante pour le monde inerte du minéral et des machines. Elle l'est moins pour le monde vivant. La matière vivante possède toutes les propriétés de la matière inerte, et aussi quelque chose de plus qui lui donne la capacité de s'auto-organiser et d'évoluer dans le temps. La physique et la chimie expliquent parfaitement la matière inerte. Pour comprendre la matière vivante, l'approche systémique et le processus d'auto-organisation ouvrent un espace plus vaste.

2. L'information est moins accessible. L'aspect matériel qu'on lui donne généralement en biologie (ADN) ou en communication (signal codé) n'est qu'une partie de sa réalité bien plus vaste.

On peut, en fait, distinguer deux types d'information.

– L'une est symboliquement verticale, immatérielle, et capable de donner une forme à un système auto-organisable. C'est l'*information de forme* ou *information*, correspondant aux *archétypes* et *attracteurs* décrits au chapitre précédent.

– L'autre est symboliquement horizontale, portée par un support matériel, insuffisante pour donner une forme à un processus auto-organisé mais capable de modifier une forme existante. C'est l'*information de modulation*, correspondant à de nombreux phénomènes connus de la physique et de la biologie. Ces deux types d'informations sont nécessaires au processus vivant.

.../...

...

.../...

3. L'énergie est un domaine particulièrement mystérieux et confus. D'une part, la physique moderne a montré qu'il y a continuité entre matière et énergie, qui sont finalement deux aspects de la même chose. D'autre part, dans les approches traditionnelles ou ésotériques de la biologie, l'énergie est souvent confondue avec l'information qu'elle transporte. Enfin, dans la considération du processus vivant dans son ensemble, il y a une énergie mystérieuse, correspondant à l'*énergie originelle* de la tradition chinoise, qui maintient la vie et disparaît à la mort, entraînant alors perte d'information et décomposition.

Pour discerner tous ces aspects, nous pouvons distinguer dans un premier temps l'énergie matérielle, assimilable à de la matière en mouvement (ou au potentiel capable d'en créer). Elle peut être mécanique, chimique, nucléaire, électromagnétique. Dans toutes ces formes, elle porte une information de modulation. Elle peut être aussi de la chaleur, elle est alors dépourvue d'information, résultant d'une désorganisation conduisant au désordre.

Dans un second temps, le manque que nous constatons en ne considérant que ces aspects dans le processus vivant nous conduit à envisager une autre forme d'énergie, immatérielle, appelée *in-ergie*. Ce type d'énergie est décrit dans le *champ du point zéro* et répond au concept d'*énergie originelle*. Elle correspond également à l'énergie mystérieuse mise en évidence par VIKTOR SCHAUBERGER dans les tourbillons de l'eau. Cela nous interroge d'ailleurs sur le rôle réel de l'eau dans le processus vivant (capteur d'*in-ergie* ?). Nous pouvons aussi nous questionner sur le rapport entre la quantité infinie de cette énergie et la quantité limitée dont dispose un être vivant qui tôt ou tard meurt. En cela, l'*in-ergie* est au cœur du processus vivant.

La triade matière énergie information est présente dans tous les systèmes de pensée, avec des articulations diverses. L'approche *holosystémique* repose sur l'indépendance relative (interdépendance) de ces trois facettes de la réalité. Pour cela, le concept d'*in-formation* (déjà présent implicitement dans le spiritualisme) et celui d'*in-ergie* sont nécessaires. L'*in-ergie* est l'innovation de cette approche. En donnant un potentiel autonome aux êtres vivants, elle permet la *Dynamique Triangulaire de la Vie*.

XI - La dynamique triangulaire de la vie

Toutes les bases sont désormais posées pour aborder la *Dynamique Triangulaire de la Vie* :
– la **matière** et la capacité d'auto-organisation qui se manifeste dans les formes adoptées par les organismes vivants,
– l'***in-formation*** et le *champ biotique* qui la porte suivant un mode holographique,
– l'***in-ergie*** ou l'énergie du vide, l'énergie originelle du mouvement de la vie, mystérieuse, impossible à cerner, dont la présence est détectable à l'observation des faits. Elle est nécessaire pour que l'ensemble puisse apparaître et évoluer.

Ce chapitre récapitule les éléments essentiels de ces trois principes avant d'esquisser un modèle montrant comment ils se combinent dans une dynamique ternaire, symbolisée en triangle, celle de la vie.

1. Matière vivante et auto-organisation

La matière est constituée des particules présentes dans l'univers, capables de s'organiser pour former les structures constitutives du monde observable. Nous oublierons désormais l'incertitude qui se cache derrière ces particules, puisque le processus de *décohérence* légitime le fait que les structures et les comportements que nous observons existent bien dans la réalité relative qui nous est accessible.

♦ Matière inerte et matière vivante

La matière est constituée de *quarks* et de *leptons,* associés en atomes. Leurs diverses combinaisons sont à l'origine d'une centaine d'éléments différents. Ces éléments sont le plus souvent combinés entre eux pour former des molécules. Les molécules sont les structures de base stables retrouvées dans l'univers matériel. Elles s'assemblent pour former des structures plus complexes. Au final, à partir de quelques éléments unitaires, il est apparu une très grande diversité, au niveau des molécules existantes, puis des diverses formes organisées qu'elles constituent.

Ces structures sont de deux types, inerte ou vivante. Dans ce contexte, inerte ne signifie pas dénué de mouvement, mais dépourvu d'un dynamisme interne propre.

Matière inerte

La matière inerte est soumise aux lois des champs qui sont actifs dans l'espace où elle se trouve.

On distingue d'une part un champ d'*in-formation* qui donne une forme générale à la structure et d'autre part des champs de forces qui donnent la cohésion et une stabilité. Par exemple, les cristaux de neige ont une forme qui a toujours la même trame (forme issue d'une *in-formation*), alors que leur cohésion, liée aux champs de forces, est sensible aux conditions extérieures, ce qui conduit à la désagrégation si la température augmente. Ces forces de cohésion, indispensables pour la stabilité d'une structure, ne sont pas suffisantes pour expliquer la forme que prend cette structure.

La matière inerte est sensible aux interactions avec le milieu extérieur. La neige s'étale spontanément sur le sol, elle peut aussi se modeler en diverses formes comme un bonhomme de neige. En revanche, son comportement ne provient jamais d'une dynamique intrinsèque, c'est-à-dire issue d'elle-même. Ce sont les forces de son milieu environnant qui la modulent. Son potentiel est restreint à la capacité de prendre une structure et de se laisser déplacer ou déformer sous l'unique influence de facteurs extérieurs.

Matière vivante

La matière vivante répond aux lois de la matière inerte, sans se limiter à cela. Elle peut s'auto-organiser en structures complexes autonomes, échanger de la matière et de l'énergie avec l'environnement, afin de maintenir sa structure. Elle peut aussi croître et se transformer. Elle est donc animée par une dynamique interne.

Un être vivant est constitué de matière organisée en structure, ce qui ne suffit pas à dynamiser cette structure, renouveler ses éléments constituants et générer des comportements. Ces comportements ont une origine à la fois externe et interne, c'est-à-dire qu'ils sont animés par l'extérieur et l'intérieur.

Le potentiel dynamique qui vient de l'intérieur est la différence majeure entre une structure inerte et un être vivant.

Il y a bien quelque chose dans l'être vivant qui n'est pas de la matière proprement dit, tout en se manifestant à travers elle.

♦ La révolution systémique restée aux portes de la biologie

Applications limitées du paradigme systémique en biologie

Le *paradigme systémique*, qui décrit les propriétés des systèmes complexes, est aujourd'hui reconnu en physique et dans les sciences humaines comme l'économie et la sociologie. Il est utilisé pour établir des modèles explicatifs de l'économie de marché ou mettre en œuvre des stratégies d'entreprise efficaces.

Il est connu en biologie. Il a permis, grâce aux travaux de STUART KAUFFMAN, d'élaborer le seul modèle capable de comprendre comment 30 000 gènes humains peuvent fonctionner de manière coordonnée et donner naissance à environ 250 types de cellules spécialisées différentes. Il a permis également de concevoir un fonctionnement en réseau du système nerveux qui, à ce jour, correspond le mieux aux diverses observations expérimentales des phénomènes cérébraux.

Bien qu'il paraisse intuitivement bien mieux adapté à cette discipline, il reste marginal dans les modèles actuels de la biologie académique. Il n'est utilisé que dans des secteurs restreints, en aucun cas pour considérer l'ensemble de l'organisme dans son environnement. L'introduire dans la globalité du fonctionnement de la vie accroît considérablement le champ de compréhension des phénomènes observés.

Une vision mécanique archaïque mais tenace !

La communauté scientifique biologique, psychologique et médicale (en somme, tout ce qui touche à la santé humaine !) est la dernière poche conservatrice accrochée au paradigme atomiste.

Nous sommes dans la situation ubuesque de disciplines qui, un siècle après la naissance de la mécanique quantique, raisonnent encore avec la physique du XIXᵉ siècle, enterrée depuis longtemps par les physiciens. Ceux-ci l'ont abandonnée, non pas parce qu'elle est fausse, mais parce qu'elle est une approximation réductrice, qui ne voit qu'une partie des choses et se trompe lorsqu'elle extrapole sur ce qu'elle ne voit pas.

Pourquoi ne pas faire de même en biologie, en psychologie et en médecine ? Leur approche mécaniste connaît très bien une partie des phénomènes et en a tiré des applications qui fonctionnent très bien. La chirurgie, la réanimation, les traitements antibiotiques en sont quelques exemples. Cela se comprend facilement : ces techniques réparent le corps comme une machine et elles obtiennent de réels succès lorsqu'il y a une lésion organique marquée. Cependant, il y a une autre dimension de la biologie et de la santé que cette approche ne peut pas voir, parce que son paradigme ne le permet pas.

Pour appréhender cette dimension que le paradigme actuel ne voit pas et qui est à l'origine de nombreux phénomènes inexpliqués, les sciences de la vie font des extrapolations dans lesquelles elles se trompent souvent, sans même imaginer qu'elles puissent se tromper. Leur système de pensée, enfermé dans les limites du paradigme, ne peut pas l'envisager. Face aux énigmes, il est d'usage de s'étonner, et parler de bizarreries que la science expliquera probablement un jour !

♦ La science des systèmes complexes appliquée aux êtres vivants

Sortir d'une vision réductrice et de sa logique linéaire limitante ouvre la porte à l'approche systémique, avec un espace plus grand et plus conforme à la réalité de la vie que chacun peut observer.

Systèmes complexes et organismes vivants

Un système complexe n'est pas forcément un être vivant. La flamme d'une bougie ou le tourbillon qui permet l'écoulement de l'eau à travers un orifice sont aussi des systèmes complexes avec les caractéristiques générales déjà évoquées : stabilité loin de l'équilibre et maintien d'une forme en renouvelant sans cesse sa matière par une dynamique d'échange avec l'environnement.

Les organismes vivants ont une dimension supplémentaire liée à leur identité durable et leur potentiel intérieur.

Oublier la machine à causalité linéaire pour envisager un système complexe animé par une dynamique non linéaire est déterminant pour comprendre le fonctionnement global du processus vivant.

Sortir du mode de pensée linéaire

Nous avons été éduqués suivant un mode de pensée linéaire dans lequel les causes donnent des effets et forment des enchaînements qui permettent de prédire le résultat. Cela conduit à concevoir les êtres vivants comme des machines, résultant de la somme de tous leurs composants et répondant aux lois générales universelles.

Cet axe de connaissance, dans lequel la recherche déploie toute son énergie, prévoit de tout maîtriser et de résoudre l'ensemble des problèmes actuels dès lors que tous les éléments seront connus et la synthèse de leurs processus de fonctionnement reconstituée par un modèle conforme à la réalité. L'exemple du séquençage du génome humain montre très concrètement la limite de cette démarche. Tous les gènes sont identifiés, mais la connaissance du fonctionnement global de l'Homme n'a cependant pas beaucoup avancé !

Cela confirme ce que nous observons régulièrement : le monde vivant ne fonctionne pas selon cette linéarité mécanique et la connaissance des parties ne permet pas de comprendre la globalité du tout ! De nombreux phénomènes observables n'entrent pas dans ce moule. Intuitivement, nous savons que c'est différent, et pourtant, du fait de notre culture et de notre pensée conditionnée, nous étouffons ce ressenti derrière un modèle froid, mécanique, linéaire, qui est devenu la norme.

Pour sortir de cet étouffement et compenser le manque qu'il induit, nous acceptons dans certains domaines de nous laisser aller à la plus grande irrationalité.

D'un côté la science, par nature rationnelle, garde la tête froide et s'accroche à son paradigme réductionniste, s'arrachant de plus en plus les cheveux à tenter de comprendre les observations avec cette logique dans laquelle tout apparaît de plus en plus compliqué.

De l'autre les croyances les plus irrationnelles s'installent partout où s'ouvre un espace pour elles, conduisant au mieux à des incohérences auxquelles on s'accommode, au pire à des sectes extrémistes.

Nous pouvons faire l'effort de sortir résolument du modèle machiniste et de sa logique linéaire, sans pour autant glisser dans un idéalisme qui s'affranchit des lois de ce monde ! Nous pouvons cesser de séparer la manière dont nous ressentons la vie et la manière dont nous la modélisons dans notre pensée, sans pour cela tomber dans le délire irrationnel !

L'organisme vivant suivant le paradigme systémique

Le paradigme systémique invite à sortir radicalement de la logique mécaniste. Les êtres vivants ne sont pas des machines, ce sont des systèmes complexes qui se développent et évoluent de manière non linéaire. Leurs constituants s'auto-organisent en prenant spontanément la structure optimale qui les stabilise dans leur environnement. Dans cette structure, les relations locales entre les constituants sont aussi importantes que les constituants eux-mêmes.

Cette auto-organisation adopte un modèle appelé *attracteur* : les éléments constitutifs sont spontanément attirés par un modèle d'organisation qui les stabilise.

Pour maintenir leur stabilité dans un mouvement perpétuel, les êtres vivants adoptent la structure et l'organisation optimale permise par leurs constituants, dans la limite que ceux-ci autorisent. Un chat sera toujours un chat, ou ne sera plus ! Cette limite de possibilité crée la cohérence et la continuité, une stabilité ontologique.

Cependant, la stabilité réelle dans le présent est toujours fragile. Lorsque l'organisation en place n'est plus adaptée aux conditions de l'environnement, la structure devient instable et la survie de l'organisme peut être menacée. Elle doit alors trouver un nouveau modèle, un nouvel *attracteur* qui respecte sa nature ontologique et correspond mieux à sa nouvelle situation.

Ainsi évoluent les êtres vivants, par sauts, petits ou grands, qui modifient leurs modèles organisateurs et pour lesquels il n'y a pas de retour direct en arrière.

Systèmes, sous-systèmes et méta-systèmes du monde vivant

Une cellule constitue un système autonome, un organisme vivant également, tout comme un groupe d'êtres vivants et à l'autre extrême l'ensemble de la biosphère. Tous ces systèmes s'interpénètrent et constituent un ensemble cohérent dans lequel tous les éléments sont interdépendants.

Nous appellerons système l'être vivant individualisé (par exemple un humain), sous-systèmes les éléments organisés qui le composent (cellules, organes) et méta-systèmes les ensembles organisés plus grands auxquels il appartient (famille, clan, communauté, peuple, humanité et biosphère).

Cette conception, appuyée sur des observations et des modélisations mathématiques qui ont fait leurs preuves, ouvre un nouvel espace de description et de compréhension des phénomènes observés, notamment en matière de santé, de maladie et de guérison.

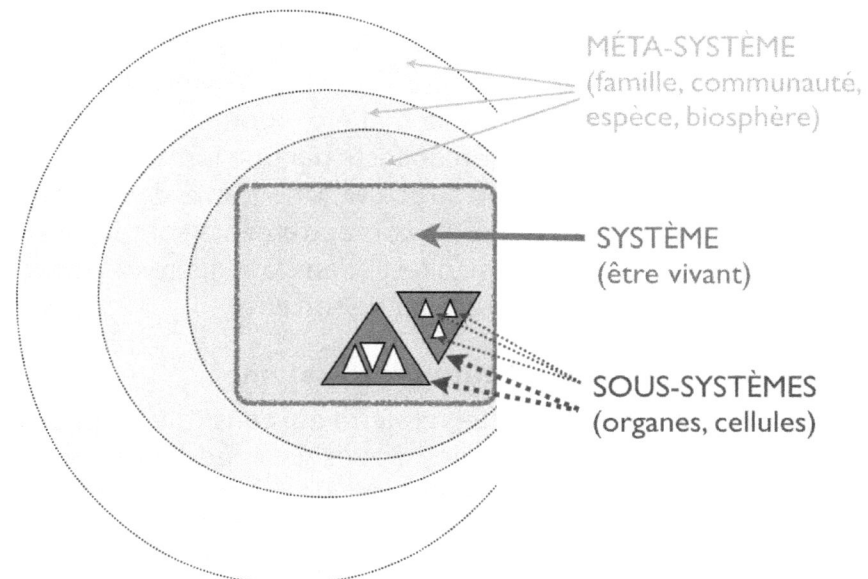

Fig. 16 : Organisation systémique du monde vivant

Le système qui définit un niveau auquel on observe (ici l'être vivant) est lui-même composé de systèmes organisés (sous-systèmes) et appartient à des systèmes plus grands dans lesquels il est un élément ou sous-élément constitutif (méta-systèmes).
C'est l'ensemble de cette organisation à plusieurs niveaux qui obéit au mode de fonctionnement systémique.

2. Champ biotique, in-formation et mémoire

Abordée par le *champ du point zéro* ou le *champ biotique* qui en est la composante associée au processus vivant, l'*in-formation* organisatrice de formes est une réalité non matérielle qui est la seule réponse satisfaisante au mystère de la morphogenèse, c'est-à-dire l'origine véritable des formes. Sa nature et ses modalités d'actions peuvent être discutées, mais il est difficile aujourd'hui, en dehors d'un enfermement dogmatique, de contester son existence.

L'approche *holosystémique* considère l'*in-formation* comme une réalité abstraite capable d'organiser le monde dans un ensemble cohérent.

Elle rejoint ce que le spiritualisme nomme « esprit », sans y associer le souffle dynamiseur et l'intention divine.

L'*in-formation* est abstraite et qualitative. On ne peut ni la voir directement, ni la mesurer. Il est simplement possible d'observer ses manifestations dans le monde de la matière, là où elle s'exprime en donnant une organisation qui se manifeste par une forme observable. Une forme dans l'espace est une structure. Une forme dans le temps est un comportement. Structures et comportements sont les formes par lesquelles l'*in-formation* se manifeste dans la matière et peut être observée, indirectement, par le résultat de son effet.

♦ Chaos, matière informée et auto-organisation

Imaginons un ensemble de briques en terre qui constitue un mur. Si le mur s'effondre, il y aura un tas de briques. Et si un bulldozer vient broyer les briques, il ne restera qu'un tas de terre. Il y a donc deux niveaux d'information qui structurent cette terre : celui qui lui donne la forme de brique, et celui qui donne aux briques la forme de mur. Le stade terre est le plus stable, car il ne peut spontanément évoluer vers un autre état. À son niveau, il n'y a plus aucune organisation propre des éléments : c'est l'état chaotique.

La matière non informée est chaotique, elle tend vers le maximum de stabilité qui est aussi un maximum de désordre (*entropie*). Dans l'exemple du mur de briques en terre, l'activité humaine a apporté l'information, et la structure résultante reste stable tant que les forces engagées pour la soutenir le permettent. Laissé à lui-même, il évolue plus ou moins rapidement selon les conditions extérieures vers la déstructuration et le chaos. C'est le principe d'*entropie* qui affirme que toute structure non régénérée par une intervention extérieure évolue irrémédiablement vers la déstructuration et le chaos.

La matière vivante, au contraire de la matière inerte, s'auto-organise grâce à une *in-formation* disponible directement et en permanence : son *attracteur*. Ainsi, elle se régénère d'elle-même en puisant dans l'environnement ce dont elle a besoin pour maintenir son organisation et sa fonction. Dans certaines limites, elle peut maintenir sa structure dans un environnement hostile et même se réparer par un processus autonome si elle est endommagée. Un être vivant est donc animé par un processus autonome par lequel il échappe à l'*entropie*.

L'*attracteur* est un élément essentiel du fonctionnement des êtres vivants, il apporte l'information permanente et renouvelable dont ils ont besoin (qui est en fait une *in-formation*). Son énergie propre en est un autre, qui sera abordé plus loin.

♦ L'attracteur : la clé du lien entre in-formation et matière auto-organisée

La notion d'*attracteur* a été largement développée dans les chapitres précédents. Elle doit être claire pour comprendre la suite. Dans l'approche *holosystémique*, elle est la clef de voûte du processus en faisant le pont entre les diverses formes auto-organisées (structures et comportements) et l'*in-formation* qui en fournit le modèle.

Nous avons appelé *archétypes* les modèles fondamentaux capables de donner une forme organisée aux systèmes complexes et *attracteur* l'*archétype* actif sur un système stabilisé dans un contexte particulier.

Le modèle est puisé dans un ensemble d'*archétypes* disponibles, faisant partie des lois qui s'appliquent spontanément à tout système soumis à leur influence.

Lorsqu'un système entre en résonance avec un *archétype* capable d'organiser ses éléments en une forme stable, une relation s'active entre les deux et il se crée un *attracteur,* qui devient le modèle organisateur du système.

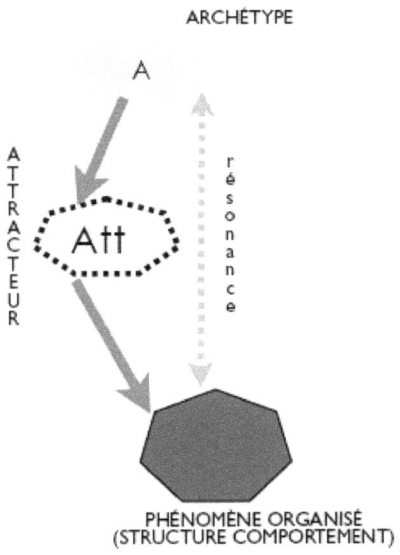

Fig. 17 : Archétype et attracteur

Attracteur général individuel et attracteurs spécifiques

De la même manière que les systèmes s'emboîtent les uns dans les autres pour former un ensemble plus complexe et toujours cohérent, les *attracteurs* se combinent entre eux.

Un organisme vivant est un système global unifié, composé de nombreux sous-systèmes. On y distingue un *attracteur général individuel* et *des attracteurs spécifiques*.

L'*attracteur général individuel* combine les bases fondamentales d'identité de l'individu et de nombreux *attracteurs spécifiques*.

Les *attracteurs spécifiques* organisent les diverses fonctions de l'ensemble et les adaptations aux situations changeantes.

Une fonction ou une structure donnée peut entrer en résonance avec plusieurs *archétypes*, chacun d'eux lui donnant une forme différente. Selon le contexte, celui qui est le plus apte à maintenir la stabilité sera choisi et activera un *attracteur spécifique*. L'*attracteur* est toujours la manifestation présente du modèle organisateur de forme.

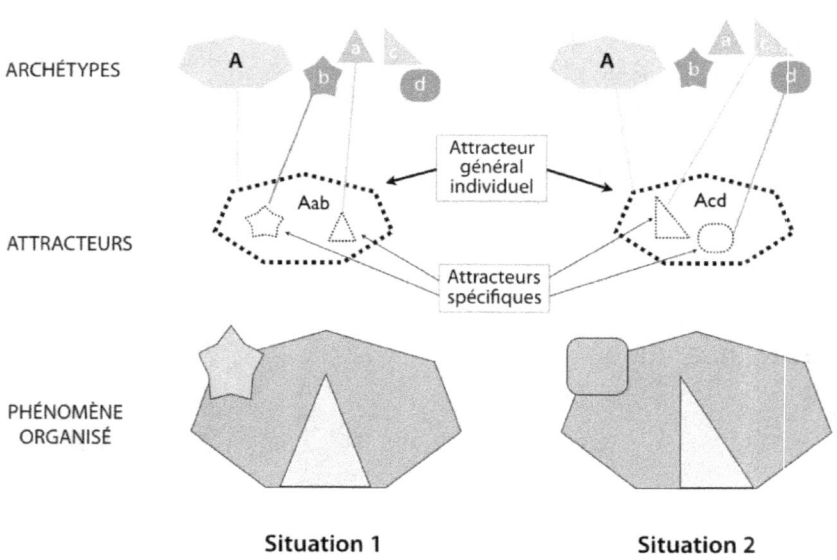

Fig. 18 : Attracteur général individuel et attracteurs spécifiques

Commentaire page suivante

Le phénomène organisé schématisé par un heptagone a un *attracteur général individuel* relié sur l'*archétype* A, qui lui donne sa forme générale heptaèdre.

Suivant le contexte, il s'adapte et prend des modèles différents de manière à avoir l'organisation optimale.
– Dans la situation 1, les modèles a et b sont les plus adaptés. Ils s'intègrent donc, en tant qu'*attracteurs spécifiques* dans l'*attracteur général*.
– Dans la situation 2, les modèles c et d sont mieux adaptés. Ils se substituent donc à a et b, sans que cela change la forme générale et sans perte de l'identité de l'ensemble.

Perte de stabilité et changement d'attracteur

Un phénomène organisé (structure, fonction ou comportement) peut être suffisamment déformé par un changement de contexte pour perdre sa stabilité et ne plus pouvoir la retrouver à l'identique dans ce contexte. De façon imagée, il perd le contact avec son *attracteur*.

En retrouvant le contexte habituel (par exemple en fuyant la zone qui a généré l'instabilité), il peut renouer ce contact et avec lui, retrouver son état de stabilité antérieur.

Au-delà d'un certain seuil de déformation, lorsque le fondement de la structure a été touché, le retour en arrière est impossible, même en changeant de contexte. L'*attracteur* est définitivement perdu. Pour se maintenir, la structure doit alors entrer en résonance avec un autre *archétype,* mieux adapté à sa nouvelle situation.
Cette nouvelle résonance active un nouvel *attracteur*.

Dans certains cas, après une forte déstabilisation, un état proche de l'état initial peut-être retrouvé. Ce n'est cependant pas un retour linéaire en arrière, le chemin emprunté serait plutôt un circuit hélicoïdal qui ramène à un niveau proche, pas tout à fait identique. Ce phénomène illustre bien le comportement systémique qui n'entre jamais dans la logique carrée des machines. Même lorsque cela y ressemble, ce n'est que l'illusion d'une première vue qui l'interprète ainsi en traçant des lignes droites dans la pensée.

Ce mécanisme explique l'obligation évolutive du monde vivant. Même en revenant à ce qui semble être son point de départ, un être vivant n'est jamais exactement ce qu'il était auparavant.

Dans un processus évolutif, déclenché par une déstabilisation, le nouvel *archétype* choisi est celui qui permet le plus facilement de retrouver la stabilité. Ce sera donc en priorité un *attracteur* déjà adopté dans des circonstances analogues ou proches. C'est ainsi que les boucles de répétition font repasser par des états similaires et que s'installent des habitudes qui se renforcent à chaque manifestation.

En l'absence de solution connue, l'instabilité persiste et crée un état particulier que l'on appelle stress. Le nouvel *attracteur* capable de stabiliser le système sera issu en priorité d'un *archétype* couramment utilisé par d'autres systèmes identiques, et qui a donc gagné de la puissance attractive par *résonance morphique*. Cela explique les comportements contagieux dans un groupe humain qui ne semblent pas se réduire à du mimétisme.

Quand un système est déstabilisé, il doit trouver un nouvel *attracteur*, et celui-ci s'impose de lui-même, par habitude individuelle ou collective. Nous approchons ici la notion de mémoire avec ses deux niveaux : celui de l'individu et celui de sa communauté.

Répétitions sans retour en arrière

Cet aparté est une parenthèse dans le cheminement, nécessaire pour éclaircir un point à la fois essentiel et impossible à comprendre par un raisonnement linéaire. Un point clef du fonctionnement systémique.

L'absence de retour en arrière et le fait qu'un système retrouve préférentiellement les solutions qu'il a déjà adoptées, semblent a priori contradictoires.

C'est toute la subtilité de la dynamique qui anime les systèmes complexes. Celle-ci fait sans cesse des boucles sans jamais repasser au même endroit, parce que le système est toujours enrichi de son expérience qui s'accumule et qu'il ne peut se comporter exactement de la même manière.

Un système linéaire qui fait des boucles donne un cercle. Un système complexe qui fait des boucles donne une spirale.

Le processus vivant ne cesse de répéter les mêmes mécanismes en réactivant les mêmes *attracteurs spécifiques*, et ceci d'autant plus qu'il les a déjà utilisés et sans jamais repasser exactement au même endroit. Cela se comprend par le fait que ce sont des *attracteurs spécifiques* qui se répètent, alors que l'*attracteur général individuel* se maintient dans une cohérence tout en accumulant toutes les expériences effectuées qui le modulent sans cesse.

L'*attracteur général individuel* se comporte comme un système, et les *attracteurs spécifiques* comme des sous-systèmes, qui peuvent se modifier sans désorganiser l'ensemble.

Ce mode de fonctionnement éclaire de nombreuses manifestations de la vie, notamment l'immense diversité qu'elle est capable de produire, sans perdre pour autant son unité et sa continuité.

Il explique également comment au cours d'une vie, nous répétons les mêmes choses qui se manifestent malgré nous (par attraction) de manière très proche mais jamais tout à fait identique, car nous ne sommes plus les mêmes, nous avons évolué.

L'importance des conditions environnementales

Revenons maintenant au processus de résonance qui conduit à l'évolution de l'organisation par modification de l'*attracteur*.

Un système est un ensemble de composants (des molécules pour un être vivant). Sa résonance avec l'*archétype* qui apporte l'*in-formation* de son organisation est liée à la relation entre les composants du système, et le milieu dans lequel ils se situent.

Les conditions du milieu sont un facteur essentiel à la stabilité de l'ensemble. C'est pourquoi une structure ou une fonction n'ayant changé aucun de ses constituants peut changer d'organisation, quand les conditions environnementales sont modifiées. Un autre *archétype*, plus apte que l'ancien dans ce contexte différent, active alors un nouvel *attracteur*.

L'attracteur dominant, archétype actif par défaut pour des systèmes identiques

Voyons maintenant ce qui se passe dans un ensemble de systèmes identiques (ou plutôt très proches, car dans le monde vivant, le parfaitement identique ne peut exister). Considérons par exemple le comportement des antilopes face au danger, comme la rencontre d'un prédateur dans une prairie. L'animal, se sentant menacé, perd sa stabilité. Son organisation suivant le modèle de l'état paisible le condamne à très court terme et un jeu complexe d'interactions lui fait ressentir cela. Il doit alors s'organiser autrement, donc trouver un nouvel *attracteur*. Si la situation est nouvelle pour lui, il adoptera préférentiellement le modèle de comportement déjà adopté par d'autres antilopes dans un contexte identique. Le pouvoir d'attraction de cet *archétype* dans cette situation particulière pour l'espèce antilope est activé immédiatement, parce que ce modèle de comportement est devenu le plus puissant par la fréquence de son usage (*résonance morphique*). De ce fait, il s'impose spontanément.

Ainsi, pour une espèce donnée et une situation donnée, deux facteurs vont influer la solution adoptée : la mémoire individuelle et la mémoire collective dans laquelle il y a, pour chaque contexte, un *archétype* dominant qui agit par défaut. Lorsque la mémoire individuelle est dépourvue de solution, la mémoire collective prend le relais en « proposant » par attraction la solution la plus commune de la communauté ou de l'espèce dans un contexte similaire.

On comprend ainsi la communauté de comportements entre les membres d'une même communauté, et la grande stabilité des modèles adoptés du fait qu'ils sont renforcés par la *résonance morphique*.

L'expérience personnelle, pour sortir du collectif

La notion d'*attracteur* dominant montre que dans une communauté, l'individu qui ne s'est pas développé par ses propres expériences reproduit automatiquement les comportements dominants du groupe.

Par des expériences personnelles, il rencontre de nouvelles situations, dans lesquelles il adopte des solutions adéquates. Si elles sont efficaces pour lui, il les mémorise et donne plus de puissance à l'*attracteur* concerné, pour lui-même et à un second niveau pour sa communauté.

Évolution de comportement : émergence de nouveaux attracteurs

Un être vivant évolue en adoptant de nouveaux comportements, donc en créant de l'affinité attractive pour un nouvel *archétype*.
Il peut ainsi sortir de l'inertie de l'habitude qui fait que le même *attracteur* agit toujours dans les mêmes circonstances.

Il faut pour cela qu'il soit déstabilisé lors d'une situation nouvelle, imprévue, pour laquelle les solutions habituelles ne sont pas adéquates. Sinon, la force de la mémoire conduit à la répétition de ce qui est déjà connu.

Dans une situation qui n'a pas de référence au connu, l'être vivant peut entrer en résonance avec un *archétype* ou une combinaison d'*archétypes* inconnus jusqu'alors et activer un *attracteur* organisant un comportement nouveau, qui répond efficacement à sa situation. C'est une évolution individuelle. L'innovation comportementale acquise par un individu à l'intérieur de l'espèce va ensuite faciliter l'évolution des autres individus. Un *archétype* déjà activé devient plus facilement accessible aux autres individus de la même espèce.

Ces phénomènes sont généralement expliqués par le mimétisme direct, qui permet aux individus de se copier. Ce mécanisme, bien sûr, existe, en faisant intervenir notamment les neurones miroirs. Le fait qu'il n'explique pas tout ce qui est observé valide l'existence d'un autre mécanisme, et ce qui se passe au final est probablement la combinaison des deux.

Pour un animal, c'est toujours la situation environnementale nouvelle qui crée une déstabilisation sans solution connue et conduit à l'innovation. Pour un être humain, à la situation environnementale s'ajoute la part importante de sa représentation mentale intérieure, d'où des opportunités d'innovation bien plus fréquentes.

Dans tous les cas, un nouveau modèle expérimenté avec succès devient plus accessible et le sera d'autant plus qu'il est fréquemment répété et adopté par le plus grand nombre *(résonance morphique)*. Ainsi, il peut devenir dominant et s'imposer spontanément à d'autres individus.

L'évolution d'une communauté ou d'une espèce commence toujours par l'évolution de ses individus, alors que les fonctionnements automatiques qui maintiennent la stabilité et la continuité sont issus d'une mémoire essentiellement collective.

Pour l'évolution organique des espèces, le mécanisme est bien évidemment plus complexe, l'inertie des structures étant bien grande que celle des comportements. Il serait trop long de considérer ici toutes les composantes. Nous pouvons cependant envisager qu'un mécanisme du même ordre soit en jeu.

♦ Mémoire individuelle et mémoire collective

La mise en œuvre de comportements et le contexte favorable à l'innovation décrits ci-dessus éclairent la nature de la mémoire.

Ce mécanisme illustre les deux niveaux de mémoire. Il montre également comment la mémoire peut se situer à l'extérieur et non pas à l'intérieur des systèmes (y compris les êtres vivants).

La mémoire située à l'extérieur des systèmes qui l'activent

La mémoire interne d'un être vivant est liée à sa structure, par intégration dans son organisation d'une *in-formation* génératrice de forme. Cette structure ainsi organisée est un socle récepteur ayant une affinité particulière pour un ou plusieurs *archétypes* (selon le contexte). De manière imagée, cette structure est un ensemble antenne-récepteur dont l'architecture est capable de capter certaines ondes et pas d'autres.

Chaque fois que l'*in-formation* apportée par un *archétype* particulier répond à une situation, l'attraction s'active et une forme s'organise (cela peut-être un comportement, et aussi un souvenir). Le lien de mémoire qui se crée est alors d'autant plus fort que la solution apportée a répondu efficacement à la situation, conduisant à une stabilisation forte et durable. Face à une situation identique, l'effet mémoire favorise le recours à l'*archétype* avec lequel le lien de mémoire est le plus fort, par une affinité attractive.

> Le contenu informatif de la mémoire étant situé hors de l'organisme, dans le champ d'*in-formation*, elle est accessible à toutes les structures capables d'entrer en attraction avec elle. La mémoire est donc collective, et c'est l'appropriation de certains aspects, par une structure personnelle qui les capte plus facilement, qui en fait une mémoire individuelle, sans pour cela faire cesser sa disponibilité aux autres.

Organismes vivants et attracteurs : mémoire ontologique et expérientielle

Un organisme est caractérisé par son ADN et les protéines que celui-ci peut produire. Ces protéines et les autres substances présentes s'assemblent dans une structure suivant un modèle organisateur précis, qui prend en compte la nature spécifique des composants issus de l'ADN.

Cette auto-organisation de base est suffisamment stable pour maintenir la continuité et la cohérence de l'organisme. Elle est sous l'influence de l'*attracteur général individuel,* véritable modèle organisateur de l'individu capable de maintenir sa stabilité fondamentale d'être vivant.

On pourrait ainsi parler de sa *mémoire ontologique*, grâce à laquelle il sera toujours lui-même, malgré tous les changements de son parcours de vie. Cette mémoire se manifeste par les fondements de la structure qu'il a adoptée, suivant le modèle organisateur de son *attracteur général individuel*. Le lien entre le modèle organisateur de l'individu et sa structure de base est tellement fort qu'il sera maintenu tout au long de son existence. Sa rupture sera significative de mort.

À côté de cela, il y a le vécu et les solutions adoptées face aux situations déstabilisantes, qui ont fait intervenir des *attracteurs spécifiques*. C'est une autre mémoire personnelle, que l'on pourrait appeler *expérientielle*. Elle est plus fluctuante. Certains aspects sont renforcés lorsque des comportements se sont souvent répétés. Son lien est cependant moins puissant que la *mémoire ontologique*, ce qui laisse une porte ouverte à l'adoption de solutions différentes.

Plus un comportement est cristallisé par un lien de mémoire puissant, plus il faut une situation fortement déstabilisante (stress ou crise) pour lui donner une chance d'évoluer positivement, en échappant à la répétition du déjà connu.

Donc, au-delà de caractéristiques fondamentales d'identité très stables, l'*attracteur général individuel (mémoire ontologique)* inclut de nombreux *attracteurs spécifiques* de structures et de fonctions, liées aux contextes rencontrés *(mémoire expérientielle)*. Ceux-ci peuvent évoluer de manière autonome, tant que la cohérence de l'ensemble est conservée. Ils sont responsables notamment des comportements face aux diverses situations déstabilisantes.

Si l'*attracteur général individuel*, comme son nom l'indique, ne concerne que l'individu qu'il organise, les *attracteurs spécifiques* peuvent agir sur tous les systèmes d'une même communauté.

Ils concernent donc les êtres vivants d'une même espèce. Pour les humains, il y a différents niveaux de proximité qui peuvent entrer en jeu. En deçà de l'espèce, les cercles de communauté les plus marqués sont la civilisation, la nation, le clan et la famille.

La *mémoire expérientielle* liée aux *attracteurs spécifiques* est une composition individuelle dont les éléments sont collectifs. Ainsi, la mémoire du savoir-faire et des comportements acquis par expérience est collective. Elle appartient au patrimoine de l'espèce ou de la communauté. Elle est consolidée par une transmission directe, mais il y a aussi une part attractive, qui se manifeste inconsciemment, expliquant notamment les phénomènes mis en avant par la psychogénéalogie.

Mémoire collective

Nous avons décrit précédemment que le modèle dominant qui s'impose spontanément à un individu, dans une situation donnée nouvelle pour lui, est préférentiellement celui qui a été le plus abondamment utilisé avec succès à l'intérieur de son espèce ou de son clan, dans une situation adéquate.

Lorsqu'un nombre suffisant d'individus de la communauté a adopté un nouveau comportement, la mémoire collective évolue et cela peut se manifester spontanément sur des comportements individuels.

Plusieurs exemples illustrent cela.

– En Angleterre, il y a quelques dizaines d'années, des mésanges ont appris à décapsuler les bouteilles de lait déposées tôt le matin devant les maisons. D'autres ont rapidement appris ce comportement dans le même secteur, avec une possibilité de mimétisme. Il a cependant été observé des mésanges capables de décapsuler les bouteilles à une distance dépassant largement les possibilités de contact avec les oiseaux ayant appris ce savoir-faire directement ou par mimétisme. Le nouveau comportement, entré dans la mémoire collective de l'espèce, est apparu spontanément lorsque des mésanges se sont trouvées dans la situation propice à sa manifestation.

– Dans une communauté humaine, on observe parfois des basculements de croyances d'une majorité de la population alors que les chemins individuels ne peuvent expliquer pour chacun cette transformation.

– Dans l'histoire de l'humanité, il a été observé plusieurs fois qu'une découverte effectuée dans un endroit du globe l'était peu de temps après dans un autre endroit, sans qu'il y ait eu de communication entre les chercheurs.

– Dans le processus évolutif, il arrive que des espèces appartenant à des lignées différentes ou ayant vécu dans des zones géographiques lointaines ont acquis les mêmes caractères dans une même période, alors que dans les deux cas, il n'y a pas de lien d'hérédité expliquant une transmission.

– En psychogénéalogie, il a été mis en évidence qu'un individu confronté à une situation adopte parfois le comportement de l'un de ses ancêtres pour gérer une situation immédiate, même si ce n'est pas avantageux à plus long terme [18].

Mémoire collective et individuelle : deux mécanismes imbriqués

La mémoire est le résultat de l'entrée en résonance d'une structure appartenant à l'individu avec un modèle collectif qui la stabilise, dans une situation où son déséquilibre était trop grand.

L'activation d'une mémoire est toujours liée à une situation qui a provoqué une instabilité.

La mémoire individuelle a deux composantes : l'une ontologique et l'autre expérientielle. La première est innée, elle maintient son identité tout au long de l'existence. La seconde est acquise, elle est liée à ce qui a été vécu par l'individu, et concerne donc tous les *attracteurs spécifiques* qui sont déjà intervenus pour apporter une solution à une situation d'instabilité.

La mémoire collective contient le vécu de tous les individus de l'espèce ou de la communauté.

La *mémoire expérientielle* individuelle est prioritaire parce que le pouvoir attractif de l'*in-formation* qu'elle met en jeu est plus fort, mais dès qu'elle ne peut répondre de manière satisfaisante à une situation (ou dans le cas humain, lorsque le libre arbitre s'y oppose), la mémoire collective prend le relais. Il ne peut y avoir de vide sans solution face à une situation d'instabilité.

Mémoire et souvenirs

La mémoire de situations vécues est un peu différente de celle précédemment détaillée sur les structures et les comportements, puisque sa manifestation est uniquement mentale. Cependant, il est tout à fait possible de la comprendre avec le même mécanisme.

---

[18] *Il est important de bien distinguer le retour à la stabilité immédiate de l'ensemble et un avantage à moyen ou long terme. La névrose ou la maladie sont certes un mauvais choix du point de vue que nous pouvons avoir avec le recul, mais elles sont adoptées parce qu'elles répondent efficacement à court terme à une instabilité menaçante pour l'ensemble de l'être.*

♦ *In-formation*, mémoire et inertie

On ne peut pas dissocier l'*in-formation* capable d'organiser la matière pour lui donner une forme et la mémoire. Chaque fois qu'un système s'auto-organise suivant un *archétype*, par activation d'un *attracteur*, ce lien est mémorisé, avec une intensité proportionnelle à l'efficacité de cette organisation pour stabiliser le système. En fait, l'intensité de la mémoire est proportionnelle à la durée et à la force de la résonance entre la forme et son modèle. En plus, elle s'accroît avec le nombre d'individus qui activent le même *attracteur*.

Le champ contenant les *archétypes* est un champ d'*in-formation*. C'est aussi un champ de mémoire, comme cela est décrit de manière globale pour le *champ du point zéro*. Cette mémoire est cumulative et intégrative. Tout y est présent, mais tout n'y est pas accessible. L'intégration de tout ce qui est nouveau se fait toujours de manière à conserver la cohérence de l'ensemble déjà en place.

La hiérarchie d'influence est très présente dans le pouvoir attractif de la mémoire. Un nouvel *attracteur* qui répond fréquemment à une situation particulière va progressivement masquer l'ancien modèle qui devient plus difficilement accessible. C'est un peu comme un nouveau programme qui « écrase » l'ancien sur un ordinateur, en gardant tous les paramétrages effectués, à la différence que l'effacement n'est pas aussi radical.

La mémoire vue comme une *in-formation* explique la stabilité des organismes vivants associée à la continuité et à la cohérence des espèces. Dans cette hypothèse, la grande inertie liée à la mémoire n'est pas un déterminisme, puisqu'il reste toujours une porte ouverte à l'évolution, favorisée par les situations déstabilisantes.

Cela conduit enfin à revoir une croyance habituelle : est-ce la matière qui est inerte ou est-ce la force de la mémoire qui l'organise et maintient sa stabilité acquise qui crée l'inertie ?

Tout ce qui a été dit dans ce paragraphe, en décrivant les phénomènes depuis les *archétypes* et les *attracteurs* ne vise pas à se substituer à tout ce qui a été établi au niveau de la matière elle-même pour expliquer ces mêmes phénomènes (mimétisme, encodage cérébral, etc.). Dans le processus global, chaque dimension exprime ses propres mécanismes et l'ensemble est unifié dans une même dynamique.

3. L'énergie de la vie

Après la matière capable de s'auto-organiser en formes structurées et l'*in-formation* qui fournit les modèles organisateurs, voyons le troisième pôle qui permet de sortir de la dualité et de dynamiser l'ensemble.

Dans les conceptions dualistes, l'énergie mystérieuse qui sous-tend le processus vivant se trouve dans la matière pour les matérialistes (même si tout n'est pas encore expliqué) et dans l'esprit pour les spiritualistes (avec une terminologie généralement confuse).

L'approche *holosystémique* est fondée sur l'existence d'une source autonome de cette énergie. Cette démarche peut être vue comme un pur artifice conceptuel. C'est un choix qui permet de mieux distinguer la réalité de cette énergie fondamentalement distincte de la matière et de l'esprit (ou *in-formation*), tels qu'ils ont été décrits.

♦ Systèmes inertes et systèmes vivants

La vie se manifeste dans la matière en organisant des systèmes (cellules, organismes, groupes sociaux, biosphère) sous l'influence d'*attracteurs* qui les organisent. Ce phénomène de résonance entre forme stabilisante et *in-formation* organisatrice de forme existe aussi, à un degré plus simple, pour la matière inerte. Il permet notamment la formation, dans certaines conditions, de flocons de neige dont l'organisation spécifique se fait suivant des modèles bien définis.

La différence entre un système organisé inerte et un système vivant n'est pas uniquement dans la complexité, elle est d'abord dans la capacité du second à maintenir une identité cohérente avec la continuité de sa structure dans une dynamique évolutive.

Un flocon de neige n'a d'autre destin que se maintenir avec les atomes qui le constituent, ou devenir de l'eau liquide ou de la glace, suivant une logique linéaire prévisible, dépendante des conditions externes. La destinée d'un être vivant est tout autre. Son autonomie lui permet de renouveler sa matière et de se transformer de manière non linéaire, alors que son identité se maintient dans un processus continu.

D'où vient cette différence ?

Cette question conduit tout droit au mystère de la vie, en approchant le fond de son mécanisme.

Une dynamique duelle entre matière et *in-formation* décrit plutôt bien le comportement d'un système inerte, mais pas celui d'un être vivant. Comprendre le comportement du processus vivant, nécessite un troisième facteur pour créer une dynamique dans la relation entre la forme et l'information qui la génère (*in-formation*).

Sans ce troisième facteur, le processus vivant s'équilibrerait tôt ou tard et ne pourrait évoluer que passivement, sous l'impulsion d'un souffle transformateur externe qui en définirait les règles, comme c'est le cas pour la matière inerte.

Ce troisième facteur qui crée la dynamique existe dans tous les systèmes de connaissance.
– Dans le matérialisme : il est l'instabilité de la matière (et notamment de l'ADN) qui mute spontanément.
– Dans le spiritualisme : il est l'énergie divine qui souffle sur le monde pour l'orienter vers son accomplissement.
– Dans l'approche *holosystémique*, il est une énergie dissociable de la matière et de l'esprit qui se manifeste dans la spécificité de la vie. Elle donne aux êtres vivants une part active dans la dynamique évolutive, aussi bien la leur que celle de l'ensemble auquel ils appartiennent.

♦ Énergie de la vie et processus vivant

Les trois bases métaphysiques (matérialiste, spiritualiste, *holosystémique*) se différencient clairement en positionnant différemment l'origine de la vie. Quelle qu'en soit l'origine, elle reste mystérieuse, à la fois présente dans tout ce qui nous entoure, y compris à l'intérieur de nous-mêmes, et pourtant si difficile à cerner ! Dès lors que nous cherchons à la conceptualiser, elle ne cesse de filer entre les mots, approchée, mais jamais vraiment appréhendée.

Elle est le mystère qui souffle sans cesse sur les braises, maintenant le feu tout le long de l'existence pour un organisme, sur plusieurs millénaires pour une espèce, en permanence pour le système global vivant.

Pour l'aborder, nous disposons de deux domaines d'observation : la physiologie des organismes et l'évolution des espèces.

Les organismes vivants : des systèmes cohérents, individualisés et dynamiques

L'hypothèse de l'organisme-machine, imaginé par DESCARTES et formalisé plus tard par DE LA METTERIE au XVIIIe siècle, a largement montré ses limites.

Organisme et machine sont tous les deux capables d'exercer une fonction. Le premier est une organisation dynamique capable de construire elle-même sa structure pour exercer cette fonction et dans laquelle la matière circule et s'échange. La machine est une structure matérielle figée, conditionnée de manière déterminée et fixe par un savoir-faire extérieur.

L'organisme-machine répond au concept matérialiste réductionniste dans lequel c'est l'organisation de la matière qui crée la fonction. Hors de ce point de vue, il apparaît facilement que la fonction est à la source d'une organisation de la matière capable d'y répondre.

Structure et fonction semblent donc indissociables et la structure ne précède pas la fonction. Dans ce sens, on comprend mieux que la fonction d'un être vivant est facilement adaptable à l'imprévu, alors que celle d'une machine ne peut s'exercer que dans les contextes pour lesquels elle a été prévue. Cette dernière n'évoluera pas d'elle-même, seulement si une intervention extérieure modifie sa structure.

Le fonctionnement global d'un organisme vivant, capable de renouveler sa matière pour maintenir sa structure, de s'adapter aux conditions changeantes et de se reproduire, entre facilement dans le modèle d'un système complexe. Qu'est-ce qui le différencie alors d'un autre système complexe, non vivant ? Les principales différences sont le haut perfectionnement de son organisation, sa capacité à évoluer et se transformer, et, de plus en plus au cours de cette évolution : une certaine liberté de comportement et d'action sur son environnement.

Un être vivant se situe dans un processus continu et évolutif où il n'est que le maillon d'un grand ensemble, tout en prenant une part active au fonctionnement de cet ensemble. En dehors de la matière qui le constitue et de l'*in-formation* qui organise sa structure et son comportement, quelque chose d'autre a permis sa création et le maintien de son identité dans un processus dynamique. La tradition chinoise parle de *yuanki*, l'*énergie originelle*. C'est elle qui apporte la réponse la plus claire à cette énigme.

L'évolution des espèces : une dynamique qui reste énigmatique

Souvent, on ne soupçonne pas à quel point la science de l'évolution est essentielle à toute étude de la vie. Elle a permis l'éclosion véritable du matérialisme et de la science moderne. Elle peut aussi nous permettre de franchir une marche déterminante vers un nouveau paradigme et une nouvelle métaphysique.

L'idée maîtresse sur laquelle tout le monde s'accorde est que la vie est un processus évolutif continu qui a conduit, par filiation et différenciation, à l'émergence de multiples espèces. Depuis que la vie est apparue avec les micro-organismes qui possédaient un ADN, celui-ci n'a jamais cessé de se transmettre et de se diversifier, sans jamais avoir eu besoin de se recréer. Dans cette grande famille, tous les êtres vivants ont le même ancêtre auquel ils sont reliés par une filiation continue.

La plus grande énigme de l'évolution est la manière dont la vie est apparue, mettant en œuvre en un temps court (1 milliard d'années, comparée aux 4,5 milliards d'années actuelles de la terre) une organisation qui a créé, avec les premiers êtres vivants autonomes, des organismes qui possédaient déjà les grandes fonctions que l'évolution ne fera ensuite que perfectionner.

Ce sujet est souvent occulté, ou va chercher l'explication dans une origine extraterrestre. L'émergence par hasard de la vie grâce à un éclair dans une soupe primitive ne tient pas la route pour de multiples raisons. Cette émergence est irréaliste sans une *in-formation* préexistante et une énergie primordiale initiatrice de dynamique.
La triade matière, *in-formation* et énergie propre à la vie offre un cadre dans lequel il est plus facile de concevoir cette émergence.

La suite a été davantage étudiée. C'est elle qui a donné naissance aux diverses théories qui divergent sur le facteur déterminant de l'orientation que prend l'évolution. Pour les néodarwinistes, dont la base est matérialiste, c'est le hasard et la sélection naturelle dans la capacité à survivre dans l'environnement qui est le moteur de l'évolution. Pour les néocréationnistes, dont la base est spiritualiste, c'est une force d'ordre divin qui trace le chemin. Pour le courant téléologique (orthogenèse), dont la base est plutôt spiritualiste, le chemin est déjà en partie tracé et les êtres vivants le trouvent par l'expérience. Pour le courant systémique classique, la complexification répond aux lois d'auto-organisation qui supposent des *archétypes* préexistants. On rejoint donc une base spiritualiste, puisque les formes préexistantes attirent la matière dans les structures qu'elle permet.

Toutes ces approches sont des hypothèses qui tentent d'expliquer un mystère inexplicable. Elles deviennent dogmatiques lorsqu'elles cherchent à s'imposer. Elles puisent dans les fondements de leur croyance pour faire des extrapolations face aux faits qui s'expliquent mal dans leur théorie. Les deux approches actuellement dominantes et qui s'affrontent (néodarwinistes et néocréationnistes) sont toutes les deux mises à défaut par une analyse indépendante les confrontant aux faits observés.

Le mystère reste entier sur ce qu'est la vie, et surtout, il y a une grande confusion sur son origine, son lien avec la matière, son lien avec le monde de l'esprit.

L'hypothèse holosystémique : la synthèse EAC

Cette synthèse personnelle a été présentée au chapitre VII.

Elle émerge à la fois de la base métaphysique *holosystémique*, des propriétés générales des systèmes complexes, de la notion de champs d'*in-formation* contenant des *archétypes* soumis à la *résonance morphique,* et d'une énergie propre intégrée par les êtres vivants *(in-ergie)* qui leur permet de prendre une part active à la dynamique de l'ensemble.

Cette part active des êtres vivants est décrite et appuyée sur des faits et des expériences par l'hypothèse constructiviste de Piaget.

L'introduction du *champ biotique* comme réservoir d'informations organisatrices et le phénomène de résonance avec les structures auto-organisées créées apportent des éléments complémentaires pour envisager un modèle de plus grande envergure.

Cette part active des êtres vivants est le troisième principe qui permet une dynamique réellement évolutive. Elle suppose que ces êtres soient animés d'une énergie suffisamment distincte de la matière et de l'*in-formation* organisatrice pour bousculer l'équilibre linéaire qui tôt ou tard s'établirait dans une interaction duelle.

Elle suppose donc une énergie propre aux êtres vivants.

♦ Débat autour du vitalisme

L'énergie vitale dans les traditions

Le concept d'énergie vitale est très ancien. De nombreuses cultures anciennes ont adopté le concept d'une énergie mystérieuse qui anime les êtres vivants.

La tradition ayurvédique (indienne) parle de *prana*.

La tradition chinoise, avec le *QI*, est la plus connue. Elle est allée le plus loin dans le concept. Elle décrit une énergie vitale qui circule dans le corps à travers des circuits appelés méridiens. La vitalité, la santé et la maladie sont liées à la circulation plus ou moins harmonieuse de cette énergie. Parmi les composantes du *QI, yuanki*, l'*énergie originelle*, est indépendante des échanges avec l'environnement. C'est un potentiel donné dès l'apparition de l'être vivant, c'est-à-dire pour un être humain dès sa conception.

Le vitalisme en Occident

Le concept de vitalisme est ancien et universel. Il a été théorisé en Occident au XVIIᵉ siècle. Il postule l'existence d'une force vitale qui est la différence essentielle entre la matière inerte et la matière vivante. La force vitale est le fil qui maintient la vie et dont la rupture entraîne la mort. En France, HENRI BERGSON (1859-1941) a abondamment défendu ce courant de pensée.

Le développement de la biochimie et l'explication métabolique de la production d'énergie par la combustion de matière organique dans les cellules ont relégué le vitalisme au rang des vieilles croyances animistes. La biologie matérialiste ne reconnaît aujourd'hui que l'énergie métabolique.

Au-delà de l'énergie métabolique, l'énergie électromagnétique et l'énergie originelle

Cette énergie métabolique est une réalité incontestable, cela ne signifie pas pour autant qu'elle soit la seule. Deux autres formes d'énergie sont envisageables en réponse à diverses observations : l'énergie électromagnétique et l'*énergie originelle*.

– L'énergie électromagnétique n'est pas biochimique, mais elle reste du domaine de la matière et peut être mesurée, bien que cela soit techniquement beaucoup plus difficile. Pour les végétaux, elle est parfaitement reconnue puisque ce sont bien les rayons du soleil qui permettent la photosynthèse et la production de matière organique constituant l'ensemble du monde vivant. Ces organismes qui ne dépendent pas des autres pour se nourrir sont appelés autotrophes. Les autres (champignons, animaux), sont dépendants de la matière organique des végétaux et sont dits hétérotrophes. Ont-ils pour autant perdu toute capacité à utiliser l'énergie électromagnétique ? Ce n'est pas le cas. Le besoin de soleil pour produire la vitamine D chez l'humain est un exemple de cette utilisation.

Des exploitations plus subtiles de cette énergie ont-elles échappé à l'investigation jusqu'à ce jour ? La question reste ouverte. Reconnaître cette énergie ouvre un nouveau niveau d'interactions, sans changer la vision d'un être vivant qui ne dépendrait que de son environnement matériel pour constituer son capital énergétique.

Le point qui différencie nettement l'énergie électromagnétique de l'énergie métabolique est sa capacité à transporter de l'information. Il ne s'agit pas d'une *information de forme*, mais d'une *information de modulation*. À travers l'électromagnétisme, il y a donc une énergie qui peut agir sur la matière, et une information qui intervient dans la communication de l'être vivant avec son environnement.

– L'*énergie originelle* est un bien plus énigmatique. Il n'y a en ce domaine aucune preuve, ni de son existence, ni de son absence.

Pour cela aussi, la question reste ouverte.

Pour explorer cette piste, il nous faut d'abord admettre qu'il puisse exister une énergie au-delà de ce qui est mesurable.

Une telle énergie change fondamentalement le regard sur l'être vivant, dont le dynamisme ne dépend plus seulement de ses échanges de matière.

Elle ouvre une porte sur le potentiel propre de l'individu.

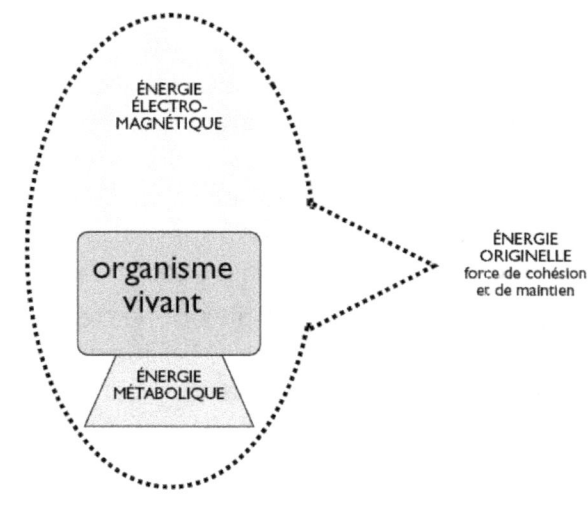

Fig. 19 : Les trois types d'énergie qui animent un être vivant :

1. **L'énergie métabolique**, matérielle, bien connue des biochimistes.

2. **L'énergie électromagnétique**, de plus en plus reconnue, qui porte certaines informations de communication

ÉNERGIE ÉLECTRO-MAGNÉTIQUE

organisme vivant

ÉNERGIE MÉTABOLIQUE

ÉNERGIE ORIGINELLE
force de cohésion et de maintien

3. **L'énergie propre de la vie** (*énergie originelle*), de type *in-ergie*, de nature immatérielle et capable de donner la cohésion des individus et un potentiel propre qui dynamise l'ensemble.

Des faits qui restent à ce jour énigmatiques

Certaines observations restent énigmatiques en considérant l'énergie métabolique comme le seul moteur des êtres vivants.

Qu'est ce qui agit dans les soins énergétiques lors desquels il est possible d'objectiver, au minimum, qu'il se passe quelque chose ?

Quelle est cette mystérieuse énergie appelée *orgone*, mise en mouvement lors de la sexualité et isolée par Wilhem Reich ?

Quelle énergie permet aux organismes vivants d'effectuer les transmutations de métaux sans échauffement, révélées et démontrées par Louis Kervran ?

L'énergie électromagnétique apporte de nombreuses explications, et pour certains chercheurs, la clef est là. Est-elle suffisante pour comprendre ce qui fait naître un organisme vivant et le maintient en cohérence pendant toute sa vie ?

La biologie actuelle, très réductionniste, ne s'intéresse pas à l'énergie électromagnétique. Elle se cramponne à ce qu'elle maîtrise : la biochimie. Elle n'est donc pas d'une grande aide.

Des approches alternatives sont en revanche allées très loin dans l'étude des phénomènes électromagnétiques liés au vivant, avec notamment des appareils très performants pour les mesurer (biorésonance, GDV, etc.). Cela a permis le développement de méthodes de diagnostic et de soins de plus en plus utilisés.

Il me semble cependant que ce type d'énergie qui reste de la matière n'est pas suffisant pour expliquer la vie dans son ensemble, c'est pourquoi je formule une autre hypothèse.

Une hypothèse innovante et ambitieuse

L'hypothèse d'une énergie non matérielle à la source de la création d'un être vivant et capable de maintenir sa dynamique de stabilité jusqu'à sa mort est la clef de la *Dynamique Triangulaire de la Vie*.

Cette première source d'énergie se complète à deux autres niveaux.

– La capacité des organismes à utiliser l'énergie électromagnétique pour alimenter certaines fonctions. C'est un phénomène reconnu, clairement montré par certaines expériences.

– L'énergie métabolique, d'origine chimique, bien connue des biologistes, qui intervient au niveau le plus dense de la matière.

Quelle est la légitimité d'une hypothèse aussi ambitieuse ?

Toute hypothèse est légitime tant que son invalidité n'est pas clairement démontrée. Pour invalider l'existence d'une énergie propre à la vie, il faudrait être capable de créer un être vivant uniquement en assemblant de la matière inerte. Cette légitimité est d'autant plus grande que les théories actuelles sont incapables d'expliquer les phénomènes énigmatiques du vivant.

On peut lui reprocher de ne pas être réfutable, ce qui conduit au problème déjà évoqué d'un dogme scientifique limitant, qui ferme la porte à tout avènement d'un paradigme qui introduirait des phénomènes immatériels non mesurables. Or, sans cette dimension immatérielle, aucun nouveau paradigme ambitieux n'est possible !

On peut dire aussi que c'est un retour du vitalisme alors que celui-ci a été invalidé et enterré. En effet, le vitalisme dans sa version initiale doit être revu en intégrant la capacité métabolique à produire de l'énergie, qui n'était pas connue à l'époque du développement de ce courant. Cela n'est pas une raison suffisante pour l'abandonner complètement.

♦ La vie, force mystérieuse créatrice de cohésion et mouvement

Nul ne peut dire ce qu'est la vie. On ne peut que la décrire. On observe alors qu'elle maintient une structure, qu'elle anime les organismes durant tout le temps de leur existence, et qu'elle perpétue un mouvement dans lequel s'organise l'ensemble des êtres vivants (la biosphère). C'est donc une force de cohésion de l'être vivant et de l'ensemble de biosphère. C'est aussi une force de mouvement de l'ensemble du monde vivant.

La vie est son propre moteur.

Trois manifestations de l'énergie propre des êtres vivants

Les trois manifestations suivantes sont envisageables comme des conséquences directes ou indirectes de l'énergie propre des êtres vivants évoquée précédemment.

La force de cohésion individuelle maintient et anime les organismes. Elle nous rappelle ce que les traditions ont appelé *âme*, une notion dans laquelle la connotation religieuse est encore forte. Au-delà d'une éventuelle origine divine, âme signifie « ce qui anime ». Elle se décrit comme la partie immatérielle de l'être, indissociable de son corps tout au long de son existence. J'aborderai au chapitre suivant cette notion confuse avec une hypothèse qui fusionne deux principes dont l'un, *le souffle vital*, est bien cette force mystérieuse qui maintient la cohésion de l'être vivant en dynamisant tout ce qui le constitue.

La force de cohésion collective relie les êtres vivants (qui sont tous, fondamentalement de même nature) dans un ensemble cohérent. Cette cohérence collective est mystérieuse. Il semble exister une trame invisible de relation entre tout ce qui vit correspondant à ce que les traditions spirituelles appellent *amour* (un mot bien galvaudé depuis). Il s'agit du lien abstrait qui relie les éléments individualisés d'un même système organisé.

Le point commun entre l'*amour* considéré ainsi et l'énergie fondamentale capable d'insuffler la vie à un organisme est davantage une intuition qu'un fait explicable. Cette supposition n'a d'autre prétention qu'ouvrir un espace de réflexion.

La force de mouvement en revanche, est un phénomène bien réel et facilement observable. Elle est comme un courant ou un souffle qui crée constamment de l'instabilité. Les êtres vivants doivent sans cesse trouver des solutions pour maintenir leur stabilité (et donc leur existence) dans cette agitation. Ce mouvement perpétuel leur demande en permanence de s'adapter et d'évoluer, deux comportements inhérents au processus vivant.

D'où vient ce mouvement ? Pourquoi l'ensemble du monde vivant ne s'apaise-t-il pas dans une stabilité durable ? La clef de cette agitation perpétuelle se trouve, au moins en partie, dans la liberté comportementale des êtres vivants, plus ou moins importante selon leur degré d'évolution. Il est évident que des individus qui ont un potentiel propre développent des comportements imprévisibles. De tels comportements sont un facteur permanent d'instabilité.

Ces différents points de vue sont avant tout des pistes de réflexion.

Une source de cohésion et de mouvement

Nous retiendrons principalement de cette hypothèse que l'énergie propre de la vie crée à la fois la cohésion des individus et le mouvement permanent de l'ensemble.

La vie apparaît donc comme un processus dynamique qui maintient une cohésion et une stabilité loin de l'équilibre, et ceci n'est possible que dans un perpétuel mouvement que le processus vivant entretient lui-même. Ce mouvement mystérieux prend sa source dans une énergie qui est au-delà de la réalité matérielle.

On pourrait dire que « la vie est énergie », si ce mot ne prêtait pas à confusion. Il ne faudrait pas confondre l'énergie propre de la vie et l'énergie matérielle que le processus vivant s'approprie.
L'énergie matérielle est mesurable, car fondamentalement, elle est de la matière. L'énergie propre de la vie est tout autre chose.
Elle n'est pas mesurable dans la dimension de notre monde.
Elle est en revanche capable de dynamiser un système qui va pouvoir adopter une organisation durable afin de puiser lui-même dans son environnement de l'énergie matérielle.

4. Une dynamique en triangle

La *Dynamique Triangulaire de la Vie* est une hypothèse qui relie dans un même processus :
– la **matière** capable de s'auto-organiser ;
– l'***in-formation*** qui contient les modèles de cette organisation ;
– l'**énergie propre de la vie** *(in-ergie)* dont le mouvement bouscule les structures, ce qui les éloigne de leur stabilité et les obligent à trouver de nouveaux modèles organisateurs pour se stabiliser à nouveau et se maintenir.

Une dynamique perpétuelle qui maintient la stabilité dans le mouvement

Pour visualiser la *Dynamique Triangulaire de la Vie*, il est plus facile de l'observer sous l'angle le plus accessible : celui des organismes, qui est le côté matériel du triangle.

– Un organisme ne peut exister que dans une dynamique perpétuelle, dont la constante est le maintien de sa stabilité, compatible avec la stabilité de l'ensemble auquel il appartient.

– La capacité spontanée d'auto-organisation de sa matière constitutive permet cette stabilité.

– Pour s'auto-organiser, il *attire* le modèle organisateur le plus adapté, capable de lui donner une structure stable dans l'environnement présent, de manière à mettre en œuvre et maintenir ses fonctions.

– L'énergie propre qui l'anime, en relation avec celle de tous les autres êtres vivants, crée une instabilité permanente qui ne cesse de bousculer sa structure auto-organisée. Celle-ci doit s'adapter et parfois se modifier, en entrant changeant d'*attracteurs*.

– La relation d'affinité entre l'organisme et ses *attracteurs* effectifs crée une mémoire qui renforce le pouvoir attractif du modèle activé par cette relation.

– La force de la mémoire donne une forte inertie, en favorisant la répétition de tout ce qui a déjà fonctionné pour maintenir la stabilité des organismes individuels et de l'ensemble.

– Le mouvement perpétuel lié à l'énergie propre des êtres vivants crée sans cesse des situations nouvelles pour lesquelles il n'y a pas de solution immédiate en mémoire, ce qui oblige à en activer de nouvelles.

– Toute nouvelle solution, qui se manifeste par l'apparition concrète d'une forme, enrichit la mémoire. Toute répétition ou maintien dans le temps de cette forme renforce l'attraction de cette mémoire.

– Celle-ci intègre toutes les expériences de manière cumulative et cohérente en se réorganisant elle-même en permanence. Ainsi, aucun retour vers le passé n'est possible, parce qu'il est impossible d'effacer une mémoire. Les choses ne peuvent plus être les mêmes dès lors que la mémoire qui informe les structures a évolué.

– La force mystérieuse de cette dynamique crée un courant dont le mouvement maintient en permanence la stabilité de l'ensemble. C'est pourquoi le mode vivant se perpétue, collectivement, sans jamais pouvoir se figer. Aucun équilibre définitif n'est possible.

Quatre clefs essentielles de la DTV

Quelques grands mécanismes sont indissociables de cette dynamique :

1. La relation attractive entre la matière et l'*in-formation*

Les phénomènes de résonance, de mémoire et d'activation de solutions nouvelles expliquent à la fois la grande stabilité de l'ensemble et la possibilité d'évolution qui passe par les individus.

2. L'absence d'équilibre

L'équilibre est une caractéristique des systèmes dualistes. Tôt ou tard, il fige la dynamique dans une structure définitive ou dans un cycle répétitif. Et tout ce qui est figé entre dans le courant de l'*entropie,* qui glisse progressivement vers le chaos.

C'est le mouvement perpétuel insufflé par l'énergie spécifique de la vie qui empêche cet équilibre. Il impose une pression évolutive à laquelle sont soumis tous les êtres vivants.

3. Le sens unique des transformations

Contrairement à la matière particulaire libre qui évolue dans un monde quantique avec des états différents superposés et un temps réversible, la matière organisée est à la fois stabilisée dans un seul état par les multiples interactions avec son environnement (phénomène de *décohérence*) et soumise à la flèche du temps. L'accumulation de mémoire empêche tout retour en arrière, ce qui renforce le cadre d'obligation évolutive.

Cette propriété des organismes rend impropre leur assimilation à des systèmes quantiques.

4. La part de liberté des êtres vivants

La liberté est la conséquence de l'énergie propre des êtres vivants qui n'est pas soumise aux lois de la matière. Même si cela est le plus souvent inconscient, lorsqu'ils se trouvent face à des choix, les individus autonomes apportent une modification de l'environnement imprévisible. Ces actes qui n'entrent pas dans la linéarité des lois matérielles sont un facteur de mouvement et d'instabilité pour les autres, et donc pour l'ensemble. Le futur et l'évolution ne peuvent pas être déterminés. Ils ne sont prévisibles qu'en termes de probabilités, celles-ci étant fondées uniquement sur une connaissance de la mémoire de ce qui s'est déjà produit.

Une dynamique universelle

La *Dynamique Triangulaire de la Vie* peut se décliner à différents niveaux qui s'imbriquent et s'interpénètrent, comme les systèmes complexes. Elle s'applique à la vie dans sa globalité, et à chaque vie individuelle (cf. chapitre XIV).

De nombreuses situations d'existence qui semblent souvent stériles ou bloquées dans un conflit de dualité se dynamisent et s'éclairent dès lors qu'elles entrent dans une vision élargie à trois pôles.

On retrouve cette dynamique ternaire, à un degré plus relatif, dans de nombreux systèmes de connaissance, en particulier :
– La science matérialiste a créé la triade matière, énergie, information. L'information est portée par l'ADN pour le monde vivant et par les lois universelles pour la matière en général.
– La religion chrétienne a établi la Sainte Trinité avec le Père, le Fils et le Saint-Esprit. Il y a aussi une trinité dans la tradition hindoue avec Brama, Vishnu et Shiva.

Une énigme qui reste entière : le pouvoir créateur des êtres vivants

Une question particulière a été volontairement occultée jusqu'à présent. Elle est essentielle du point de vue métaphysique, mais ne change rien au fonctionnement général de la dynamique. Évoquée plus tôt, elle aurait probablement embrouillé l'explication de l'hypothèse qui est en aval du mystère qu'elle approche.

Cette question est la suivante :

Les archétypes qui permettent à la matière de s'auto-organiser sont-ils tous préexistants, ou l'expérience des êtres vivants peut-elle en créer de nouveaux ? En d'autres termes, toutes les formes (structures et comportements) que peuvent adopter les êtres vivants sont-elles déjà créées, ou est-ce l'expérience vécue et la capacité d'adaptation qui crée de nouvelles formes ?

Dans le premier cas, on rejoint le concept spiritualiste et seul Dieu (ou son équivalent) a le véritable pouvoir créateur des formes.

Dans le second cas, on s'en sépare en attribuant aux êtres vivants une partie de cette capacité réellement créative.

Le plus important est que la réponse à cette question, qui est une affaire de croyance individuelle, ne change rien au mécanisme qui se déroule en aval. Il concerne le plus profond du domaine causal où il ne peut y avoir de certitude sans poser un dogme arbitraire.

Les **principaux courants de pensée existants** ont fait ce choix de manière arbitraire :

– Soit les *archétypes* existent par avance, et la création est une simple activation d'un potentiel préexistant mais latent. C'est une vision spiritualiste, platonicienne. Les êtres vivants soumis à un choix, selon leurs expériences, vont adopter certaines formes plutôt que d'autres. Il serait d'ailleurs plus approprié de dire que ce sont les formes qui les choisissent ! Chaque individu suit donc une voie évolutive dont les contours sont déjà tracés. Il y a un prédéterminisme en amont qui limite les possibilités et conduit vers un but fixé à l'avance.

– Soit ils n'existent pas et se créent véritablement par l'expérience, on rejoint alors une vision matérialiste. Le seul véritable conditionnement n'est plus devant mais derrière, lié au maintien de la cohérence par la seule puissance de la mémoire.

Dans le **tantrisme** (non dualiste) ou dans les traditions animistes (amérindienne, aborigène, chamanique), ce choix n'est a priori pas posé. S'il l'est, il ne s'impose pas dans la connaissance qui met en œuvre les actions quotidiennes.

La *Dynamique Triangulaire de la Vie*, également, ne fait pas ce choix, car elle est compatible avec l'un comme avec l'autre. Elle laisse à chacun la liberté d'opter ou non, selon son besoin, pour un point d'ancrage choisi à la source causale.

Dans la logique de tout ce qui a été évoqué précédemment, il semble toutefois peu probable que l'expérience de la vie ait créé tous les *archétypes* qui organisent le processus vivant. Cela concorde mal avec le fait qu'elle soit apparue aussi vite, comparativement à la lenteur de son évolution ultérieure. L'existence d'une mémoire originelle (créée ou venant d'un univers antérieur) est beaucoup plus probable. Elle n'empêche pas qu'il puisse y avoir, sur une trame existante, un enrichissement par la création.

Revenu à notre échelle, créer en produisant une forme qui n'existait pas ou en actualisant une forme latente qui n'a jamais été activée, ne change rien au processus créatif tel qu'il se manifeste.

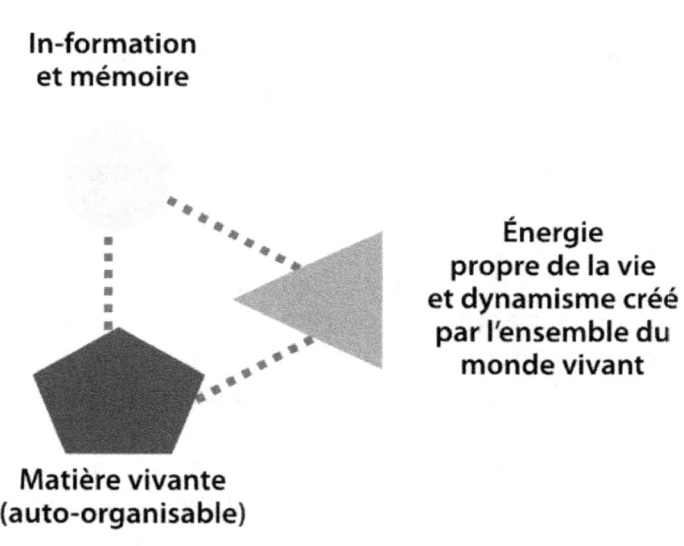

Fig. 20 : La Dynamique Triangulaire de la Vie

XI - La Dynamique Triangulaire de la Vie (en résumé)

La *Dynamique Triangulaire de la Vie* est une hypothèse qui relie les trois pôles interdépendants du monde vivant : la structure matérielle (organisme), l'information et l'énergie.

La structure matérielle répond aux lois de la biochimie, qui ne permettent de comprendre qu'un aspect des choses et suivant un modèle mécanique adapté aux machines. Considérer les êtres vivants comme des systèmes complexes, ouvre tout un pan de propriétés nouvelles permettant d'établir une représentation plus proche de ce que nous pouvons ressentir de la réalité de la vie.

L'auto-organisation de cette structure matérielle implique des *attracteurs* et donc, un champ d'*in-formation* contenant les *archétypes* servant de modèle à tous les phénomènes organisés. Les diverses propriétés déjà évoquées décrivant le lien entre *archétype*, *attracteur* et structure, ainsi que la *résonance morphique* et le phénomène de mémoire, prennent ici tout leur intérêt. Elles expliquent notamment comment le monde vivant peut répéter inlassablement les mêmes schémas tout en étant dans un processus évolutif qui ne fait jamais marche arrière.

Le phénomène de mémoire est déterminant. L'*in-formation* ne peut être dissociée de la mémoire, car elle ne cesse de s'actualiser en cumulant tout ce qui est expérimenté. Cette mémoire est générée par des comportements individuels, qui sont facteurs d'évolution, mais elle s'exerce de manière collective, maintenant ainsi une grande stabilité du processus vivant à l'intérieur des espèces et plus globalement dans toute la biosphère.

Matière et *in-formation* ne suffisent pas à créer un processus dynamique. La vie porte en elle-même une énergie qui ne peut se réduire ni à la matière, ni à l'information. Au-delà de l'énergie métabolique qui explique les aspects biochimiques, deux autres types d'énergie sont nécessaires pour comprendre les phénomènes observés : l'énergie électromagnétique (qui est encore une énergie matérielle) et une autre forme, plus mystérieuse, non matérielle, assimilable à l'*énergie originelle* de la médecine traditionnelle chinoise.

Cette énergie propre à la vie, difficile à concevoir dans le modèle scientifique actuel, ouvre la possibilité d'un potentiel autonome des êtres vivants, au-delà de l'équilibre thermodynamique de la physique et de la chimie. Elle permet aussi de comprendre la cohésion d'un individu qui se maintient tout au long de l'existence et disparaît brutalement à la mort.

C'est en associant la matière vivante auto-organisable à l'information structurante douée d'une mémoire cumulative et à cette énergie mystérieuse qui porte le véritable souffle de la vie que naît une dynamique triangulaire qui éclaire tout le processus vivant.

Au-delà de la *Dynamique Triangulaire de la Vie*, se pose la question de la part de création réelle des êtres vivants. Est-ce seulement une adaptation par le choix de possibilités préexistantes ou par création véritable de nouveaux possibles qui n'existaient pas auparavant ? En d'autres termes, les êtres vivants ne font-ils qu'actualiser des solutions déjà incluses dans les lois universelles ou créent-ils à partir de ces lois de nouvelles solutions ?

À chacun sa réponse... La DTV qui décrit la manifestation du processus vivant en amont de cette source causale ne dépend pas de ce choix.

XII - Le corps et l'âme des êtres vivants

« On ne devient pas un homme véritable avec un cerveau de 800 grammes. Mais dans le même temps – et c'est le contrepoids à ce que je viens de dire –, un homme aphasique, totalement paralysé, qui a perdu plus du quart de son cerveau, qui n'est plus que l'ombre de lui-même en quelque sorte, demeure un homme. Il y a donc dans cette transformation de l'homme, bien sûr, un produit de nos gènes, un produit de l'évolution, mais il y a aussi quelque chose qui est de l'ordre du mystère et qui se passe au niveau de la psyché (je suis l'un des rares neurobiologistes à utiliser ce mot). Je dis « psyché » parce que plus personne n'entend le grec, si je disais « âme » on me retirerait probablement mon brevet de neurobiologiste. »
JEAN-DIDIER VINCENT[19]

« Comment espérer qu'un jour l'Homme que nous portons tous en nous puisse se dégager de l'animal que nous portons également si jamais on ne lui dit comment fonctionne cette admirable mécanique que représente son système nerveux ? »
HENRI LABORIT

Aborder la question de l'âme d'un point de vue scientifique est impossible selon les critères actuels de la science. Il n'y a pas d'éléments mesurables pouvant faire l'objet d'une expérimentation objective. La conclusion est alors simple : l'âme n'existe pas et cette dénomination d'un autre âge regroupe des épiphénomènes liés à l'activité du système nerveux et métabolisme de l'organisme.

Cependant, il y a bien quelque chose qui nous échappe en ce domaine. Des expériences de NDE (ce que racontent ceux qui ont vécu une mort transitoire) aux nombreux mystères du psychisme que les neurosciences peinent à expliquer, des phénomènes observables révèlent un type de processus qui dépasse tout ce que la science peut approcher. Dans une démarche ouverte, il s'agit donc de trouver, avec tous les éléments dont nous disposons, la représentation qui correspond le mieux aux faits observés, afin de mieux comprendre ce qu'est un être vivant et comment il fonctionne.

---

[19] Qu'est-ce que l'humain ? Le Pommier, Cité des Sciences et de l'Industrie, 2003

Un être vivant ne peut pas être seulement un corps de matière, car la simple présence de cette matière constitutive ne suffit pas à le maintenir en vie. Un organisme qui vient de mourir a exactement la même composition que l'organisme vivant qu'il était quelques minutes auparavant. Ensuite, n'ayant plus sa force de cohésion interne, il est soumis à la loi de l'*entropie* et se décompose. Il tend alors vers un état de désordre plus stable, évoluant directement vers l'équilibre en dissolvant sa matière dans le tout.

La tradition religieuse nous dit qu'après la mort, l'âme quitte le corps. Ce qui nous intéresse en premier n'est pas ce qui se passe après la mort, c'est le constat d'une rupture, brutale, après laquelle le corps n'est plus animé et perd sa cohésion.

J'ai choisi de dépasser le tabou et d'aborder la notion d'âme, à la lumière de ce qui a été évoqué auparavant, en conservant le mot qui décrit très bien cette réalité mystérieuse, tout en le détachant de sa connotation religieuse.

1. Historique de la notion d'âme

La racine du mot âme, *anima*, porte l'idée d'un souffle : ce qui anime. Souffle est d'ailleurs le sens de la racine grecque *psyche* qui a donné naissance au psychisme, et il y a beaucoup de confusion entre ces deux termes et ce qu'ils signifient aujourd'hui.

Il existe une multitude d'approches de l'âme. Nous retiendrons ici, en dehors de celle PLATON, celles qui présentent des aspects compatibles avec une vision non spiritualiste de la vie, avant de considérer les différentes critiques formulées autour de ce concept.

♦ Diverses approches de l'âme

Selon la philosophie grecque

PLATON présentait l'âme comme une entité spirituelle déchue par sa descente dans un corps, perdant par la même occasion sa pureté d'origine divine. Cette idée a fait son chemin dans les religions monothéistes.

À la même époque, ARISTOTE proposait une autre approche, dans laquelle âme et corps sont indissociables : le corps *(soma)* est la matière organisée, tandis que l'âme *(psyche)* est la forme abstraite suivant laquelle se met en place cette organisation. Il différenciait cette âme en trois niveaux : végétatif, sensitif et intellectif, mais ne savait où la situer : « *on ne saurait dire si l'âme est dans le corps comme le navigateur dans son navire* ». Ces notions de navigateur et de navire sont très éclairantes vis-à-vis du concept qui sera développé plus loin.

Considérations plus récentes

Plus tard, on retrouve avec KANT une affirmation plus précise de sa localisation : « *Le principe organisant du corps organique doit être en dehors de l'espace* ».

Au cours du XXe siècle, certains courants de la gnose moderne (notamment celui développé par JAN VAN RIJCKENBORGH) distinguent deux parties : l'une qui est liée à l'esprit, et l'autre qui est un souffle maintenant la vie et entretenant la cohésion des différents principes de l'homme. Cette distinction permet de sortir de la confusion qui amalgame le plus souvent ces deux aspects.

En parallèle, les neurosciences et leur approche matérialiste ont banni l'âme pour faire du psychisme la résultante des phénomènes physico-chimiques qui se déroulent au niveau du cerveau. Cette approche ne fait pas l'unanimité. Elle est contestée, à l'appui d'expériences rigoureuses, par des publications de psychiatres mondialement reconnus comme JOHN ECCLES et BENJAMIN LIBET.

♦ Quelques éléments critiques

Le fait de considérer la tradition comme source de vérité est une position spiritualiste qui n'a pas sa place ici. Il me semble important de bien distinguer : d'une part les observations très fines que les Anciens ont pu faire des choses essentielles (ils n'étaient pas comme nous englués dans les détails qui masquent la globalité), et d'autre part les interprétations religieuses élaborées pour trouver du sens et faire reculer la peur de l'inconnu face au mystère.

La plus grande faiblesse à mon sens de la conception religieuse de l'âme est d'en faire une spécificité humaine. Il n'y a aucun doute aujourd'hui sur le fait que tous les êtres vivants appartiennent à une grande famille et se sont développés dans la continuité les uns des autres. Si les humains ont une différence au niveau de l'âme, il semble plus cohérent d'envisager quelque chose qui a évolué plutôt qu'un phénomène entièrement nouveau apparu brutalement avec l'espèce humaine.

La conception moniste de la science qui ne reconnaît qu'une seule réalité, le corps physique incluant aussi le psychisme, entre dans ce cadre évolutif dans lequel il y a une continuité et une cohérence entre toutes les espèces issues d'une même filiation. Elle trouve sa limite à un autre niveau, avec les neurosciences. Celles-ci ont clairement montré que certains processus sont visibles (et mesurables) dans le cerveau, qui est donc un support indispensable à l'activité psychique. En revanche, elles n'ont jamais pu démontrer que le cerveau est capable de générer par lui-même toutes ses activités, comme pourrait le faire une machine. La physico-chimie du système nerveux décrit partiellement les phénomènes liés à la conscience, aux émotions, aux sentiments, aux intuitions… en ignorant leur véritable source.

D'un point de vue général, la science qui raisonne à partir de la matière explique en partie comment un organisme fonctionne, pas comment il se construit, ni comment il se répare.

Seule une représentation systémique peut décrire le fonctionnement spécifique d'un être vivant par l'auto-organisation d'un système complexe, ce qui implique des modèles : les *attracteurs*. Cela nous conduit à la nécessité d'une information structurante qui n'est pas du domaine de la matière.

2. La nature de l'âme

L'âme, telle qu'elle est considérée ici, n'est pas uniquement l'aspect psychique de l'être vivant qui repose sur une structure nerveuse, elle est tout ce qui n'est pas matériel dans cet être vivant.

♦ L'âme dans l'organisation générale des êtres vivants

Nous avons identifié trois principes qui participent conjointement à la dynamique générale du processus vivant :
– La matière capable de se structurer, plus précisément de s'auto-organiser suivant des modèles.
– Une information structurante, et plus précisément des modèles d'organisation (*attracteurs*) qui ont une présence non localisée dans un champ d'*in-formation*.
– Une énergie spécifique, non matérielle, *l'énergie originelle*, qui anime l'ensemble et maintient sa cohésion dans un mouvement permanent.

Le corps est la matière organisée. L'énergie du corps est aussi de la matière, plus subtile, mais de la matière quand même. L'âme est ce qui n'est pas matériel, ce qui n'est pas mesurable. Elle a donc deux composantes : l'*énergie originelle* qui porte la vie et l'*in-formation* qui organise la structure et les comportements de l'organisme.

En d'autres termes, les êtres vivants ont un corps de matière et une âme immatérielle contenant l'ensemble des informations qui fournissent les modèles d'auto-organisation, et une *énergie originelle*, porteuse de vie, qui maintient ces informations cohérentes dans une « bulle énergétique » indissociable du corps.

Suivant ce concept, l'âme se présente donc métaphoriquement comme une bulle énergétique individuelle, qui conjugue différents *attracteurs spécifiques* en un *attracteur général individuel*. Ce dernier est un système complexe d'*in-formation* capable de constituer et maintenir le modèle d'auto-organisation de l'être vivant avec une cohérence identitaire.

Tant que le système d'*attracteurs* est compatible avec la vie et en cohérence avec la structure corporelle, la bulle énergétique garde son intégrité et l'organisme sa cohésion. Si les *attracteurs* perdent leur cohérence d'ensemble, notamment parce que certains ne sont plus en résonance avec une structure adéquate (après une lésion importante du corps physique par exemple), alors la bulle se désagrège et l'énergie qui la maintenait retourne dans le vide originel.

Dès lors que l'énergie de vie ne peut plus maintenir la cohésion de l'âme et de l'organisme qu'elle soutient : c'est la mort.

Le devenir de l'*in-formation* de l'âme, c'est-à-dire le système d'*attracteurs* qui constituait le psychisme, est différent. Il ne peut pas disparaître subitement. C'est pourquoi les traditions parlent de l'immortalité de l'âme.

L'âme d'un mort n'est cependant pas la même que celle d'un vivant. Elle n'a plus l'énergie qui permet de constituer un organisme. Elle ne peut plus agir directement dans le monde. Elle peut, en revanche influencer ou hanter en interférant avec un psychisme vivant.

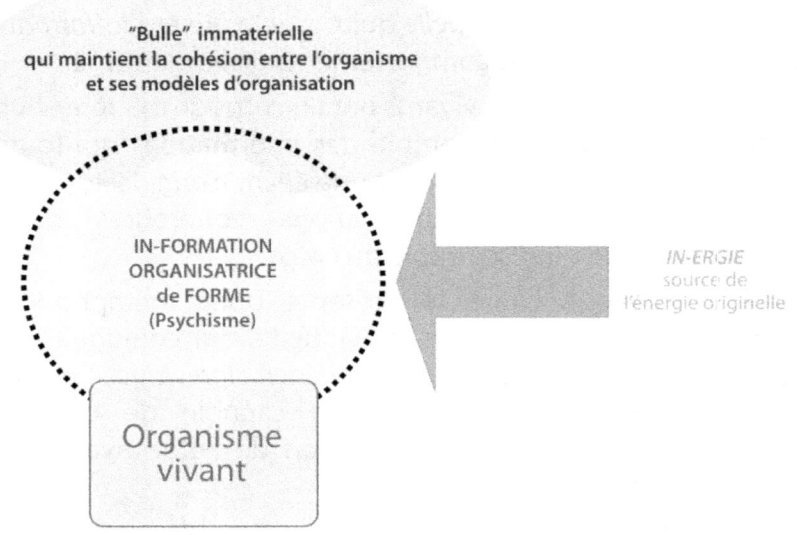

Fig. 21 : L'âme (1)
Une bulle énergétique incluant l'*in-formation* organisatrice
et l'énergie capable de maintenir la cohésion

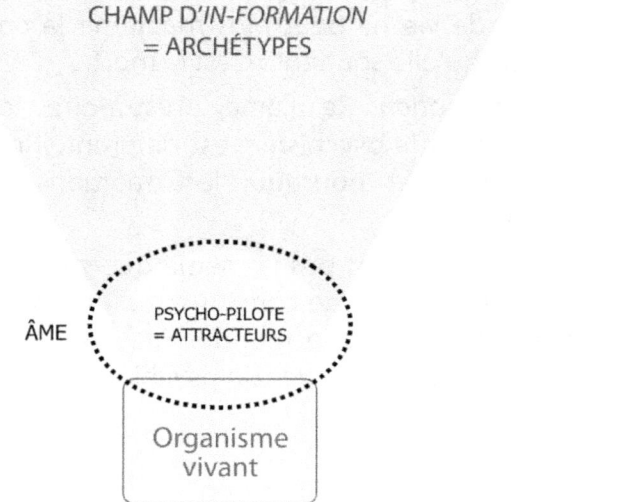

Fig. 22 : L'âme (2)
Système cohérent des *attracteurs* d'un être vivant
individualisés dans un ensemble cohérent

♦ Les deux aspects de l'âme

Considéré artificiellement de manière isolée (en excluant son environnement), un être vivant est au carrefour de trois principes :
– Le champ d'*in-formation* où se trouvent tous les *archétypes* qui vont activer les *attracteurs* capables d'auto-organiser la structure à son organisme.
– L'organisme et ses diverses formes (structures, comportements) pilotées par ces *attracteurs*.
– L'*énergie originelle* qui maintient la cohésion et donne le potentiel autonome nécessaire pour générer un processus dynamique.

> L'organisme appartient au monde de la matière. Le modèle structurant (*attracteurs*) et la force de vie (*énergie originelle*), qui constituent l'âme, ne sont pas matériels. Cette fusion de l'esprit et de la source de vie définit la métaphysique spiritualiste. L'âme est donc bien un terme spiritualiste. Pour sortir de cette confusion, je propose de séparer et de bien identifier ses deux composantes :
> – L'**énergie originelle** qui dynamise et maintient la cohérence de l'ensemble dans une dynamique permanente.
> – Le **pilote** ou plus précisément le **psycho-pilote** (terme inspiré par l'analogie du navigateur d'ARISTOTE) qui est le modèle structurant constitué d'un ensemble cohérent d'*attracteurs*. Il s'agit d'un pilote interactif. La notion d'interactivité y est essentielle, puisque le *psycho-pilote* évolue en interaction permanente avec la structure qu'il organise, comme les formes organisées sont en *résonance morphique* avec l'*in-formation* qui les structure.

♦ Âme, identité et cohérence

L'*in-formation* d'organisation de l'ensemble de l'être vivant est un centre d'identité de l'être. L'ADN, qui contient l'information des composants matériels de l'organisme en est un autre.

Dans un être vivant, tout se renouvelle : la matière de son corps, la mémoire qui s'enrichit sans cesse des expériences des individus, les *attracteurs spécifiques* qui commandent l'adaptation des fonctions et probablement l'*énergie originelle* capable de puiser à la source d'énergie universelle *(in-ergie)*.

Qu'est-ce qui fait l'unité de ce creuset de mouvement perpétuel ?

Ce mystère de la vie rejoint le mystère de l'âme. Cette identité qui crée l'unité dans l'espace et le temps, si difficile à expliquer, est pourtant bien une réalité. Au cours de notre existence, nous évoluons sans cesse et pourtant nous sommes toujours dans la continuité de ce que nous sommes.

L'âme, dans laquelle matière, *in-formation* et *énergie originelle* interagissent, est la représentation la plus globale de cette identité.

♦ Les animaux ont-ils une âme ?

L'âme, telle qu'elle vient d'être définie, est inhérente à tout être vivant. Dès lors qu'il y a un être vivant, il y a un modèle organisateur pour lui donner sa structure et une *énergie originelle* pour maintenir la dynamique nécessaire à sa cohésion. Il y a donc une âme qui porte son modèle. L'*énergie originelle* est de même nature pour tous les êtres vivants, et elle crée un lien puissant entre tout ce qui vit (le fondement ultime de ce que nous appelons *Amour* ?).

L'évolution vue du côté de l'âme

Ce qui change en fonction des êtres vivants et de leur évolution, ce sont les modèles organisateurs qui permettent des formes de plus en plus complexes et l'incarnation progressive du *psycho-pilote* de l'âme dans la structure corporelle, par l'intermédiaire du système nerveux.

Les trois niveaux d'ARISTOTE sont ici intéressants, puisque les végétaux intègrent uniquement le niveau végétatif, les animaux y ajoutent progressivement le niveau sensitif (comportemental), et les humains le niveau intellectif (cognitif).

Cette interpénétration atteint donc son apogée avec le cerveau humain. Plus l'organisme vivant est apte, par sa structure, à incorporer une partie plus importante du *psycho-pilote* de son âme, plus il acquiert d'autonomie, de conscience et donc de liberté.

> Tous les êtres vivants ont une âme telle qu'elle vient d'être définie, c'est-à-dire associant *énergie originelle* et *psycho-pilote*. Celle-ci organise leur structure, leurs comportements et maintient la dynamique nécessaire à la cohésion de l'ensemble de leur être.
>
> Plus leur organisme développe des structures capables d'intégrer une part importante de leur *psycho-pilote* (ce qui accroît leur capacité de conscience), plus ils s'approprient et individualisent certains de leurs comportements.

Évolution des comportements

Un animal n'a pas, ou faiblement cette capacité de liberté. Il est pourtant capable de déployer des comportements d'une complexité et d'une performance incroyables pour atteindre ses objectifs vitaux. Cela est difficilement explicable par son simple système nerveux et un potentiel génétique. Une âme portant des informations structurantes de forme (le comportement est une forme dans le temps) est alors l'hypothèse la plus simple, avec l'humilité nécessaire face à un processus mystérieux dont le mécanisme précis nous échappe.

Le comportement animal révèle deux niveaux d'information : celles qui sont spontanées (les instincts) et celles qui sont acquises et mémorisées. Les secondes prennent de plus en plus d'importance au fil de l'évolution. L'accroissement du degré de liberté se fait au détriment de la force automatique de l'instinct. Le développement d'un système nerveux permet cela, en devenant capable de s'approprier une part plus grande du *psycho-pilote* organisateur.

Le comportement reste automatique pour les fonctions les plus vitales, et il s'ouvre à l'apprentissage et à l'individualisation.

Émergence de la liberté

Le cerveau humain, et sa capacité encore plus grande d'intégration des fonctions du *psycho-pilote* poussent plus loin le rapport entre l'instinctif et l'acquis. La part d'apprentissage devient très importante, et avec elle, la différenciation individuelle. Elle ouvre la capacité d'agir hors du contrôle collectif et donc, à l'encontre de la stabilité de l'ensemble. Cette nouvelle faculté est associée à l'acquisition d'un régulateur, la pensée, qui interfère sur les modèles organisateurs avec un libre arbitre.

Cette notion de libre arbitre, dont l'évidence immédiate est intuitive, est contestée par les neurosciences matérialistes pour lesquelles tout est mécanique dans le cerveau. Elle a pourtant été mise en évidence expérimentalement, en montrant que toute action est précédée d'un potentiel de préparation motrice, suivi d'un choix après lequel l'action sera entreprise ou non.

Nous voyons ici assez clairement le mécanisme suivant lequel l'automatisme agit (*psycho-pilote*) et le libre arbitre contrôle, sans pouvoir créer l'action par lui-même. Cet état de fait est essentiel pour la compréhension du psychisme.

Donc, plus l'évolution avance avec le développement du système nerveux, plus les automatismes et la soumission spontanée à l'influence de l'ensemble diminue.

Le summum est atteint chez l'être humain, qui a perdu la plupart de ses instincts et qui peut agir de manière destructrice vis-à-vis de la biosphère, ce qu'aucune autre espèce ne peut faire. Son libre arbitre permet de réguler cela, mais l'histoire de l'humanité montre à quel point sa liberté de l'utiliser est grande !

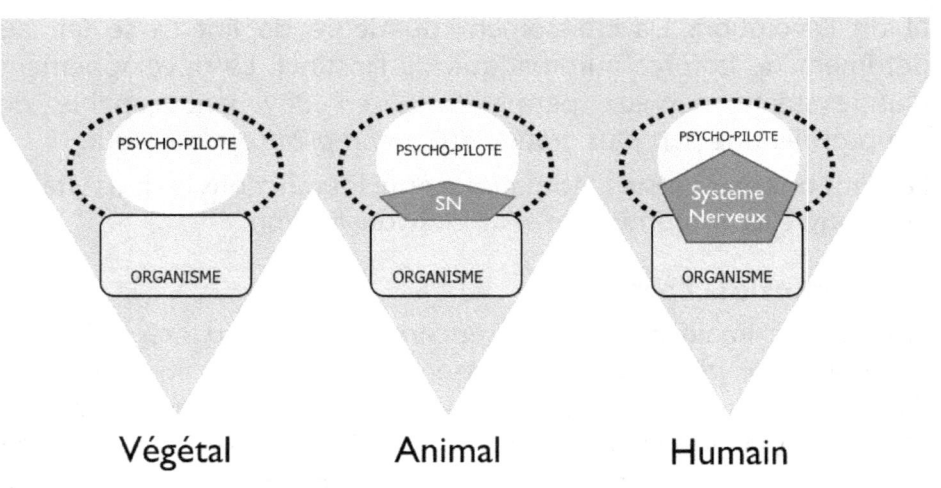

Végétal   Animal   Humain

Fig. 23 : L'âme des êtres vivants et l'évolution

L'émergence d'un système nerveux permet à l'être vivant de s'approprier une partie de son « âme » et de personnaliser certains comportements. Puis, de s'individualiser plus complètement en intervenant directement sur ses comportements.

On y retrouve les trois niveaux d'ARISTOTE
Végétal : végétatif
Animal : végétatif + sensitif
Humain : végétatif + sensitif + intellectif

3. Âme et psychisme

Ces deux mots ont un lien étymologique, il convient cependant de bien les différencier. L'âme contient tout ce qui dynamise et qui organise. Le psychisme n'est qu'une partie de cela, celle qui est intégrée dans l'organisme par le système nerveux. Il est donc la part d'information structurante qui perd son automatisme total et immédiat en transitant par le système nerveux et donc, en étant liée à sa structure et à son organisation.

Le système nerveux est un élément essentiel du psychisme, limitant par la nature de sa structure. Il n'est pas la totalité de celui-ci.

♦ Conscient et inconscient

Depuis la contribution essentielle de Freud, le psychisme humain est classiquement différencié en conscient et inconscient.

Le psychisme conscient inclut ce qui peut être perçu, analysé et évalué pour faire un choix et entreprendre ou non une action. Il influence ainsi le sens des comportements.

Le psychisme inconscient est bien plus confus. À ce niveau, le système nerveux a un fonctionnement organisé automatique (comme celui qui règle la biologie en général) qui passe à travers lui et qu'il exécute sans pouvoir intervenir.

Le système conscient à un accès toujours indirect aux automatismes inconscients.

Dans le sens perceptif, dont les rêves sont l'exemple le plus parlant, il reçoit de manière imagée des informations sur ce qui s'y passe.

Dans le sens actif, il ne peut jamais maîtriser, parfois contrôler, et dans le meilleur des cas influer.

Il est clair que le conscient n'a pas d'emprise directe sur l'inconscient. Nous ne pouvons changer la genèse d'une émotion ou d'une réaction, chacun d'entre nous peut vérifier cela.

Les psychothérapies qui connaissent bien ce fait utilisent cet accès à double sens avec des procédés qui permettent d'agir indirectement sur l'inconscient.

♦ Psycho-pilote, attracteur et champ d'in-formation

Suivant la métaphore déjà employée, l'âme est comparable à une bulle énergétique contenant les modèles organisateurs de structure et de comportements. Ce modèle individuel, que nous avons nommé *psycho-pilote*, est l'équivalent des *attracteurs* déjà décrits pour les systèmes complexes. Leur particularité est d'être associés dans un ensemble cohérent, indissociable de l'organisme qu'il pilote. Comme tous les *attracteurs*, ils sont issus de l'activation d'*archétypes*, portés par le champ d'*in-formation*, et appartenant au patrimoine collectif.

Tous les *psycho-pilotes* d'organismes semblables (notamment de la même espèce) intègrent une *in-formation* venant d'un même *archétype*. Plus la part adaptable est faible, plus les comportements se ressemblent. Plus l'évolution du système nerveux permet un apprentissage et une individualisation, plus les comportements se différencient. Pour une espèce peu évoluée, il est facile de prédire le comportement des individus en les observant régulièrement, ils utilisent tous le même programme !

♦ L'inconscient collectif

Ce grand champ d'information qui alimente les *psycho-pilotes* de tous les êtres humains contient l'inconscient collectif dont parlait JUNG. On y trouve, sous forme d'*archétypes*, à la fois les grands modèles qui structurent la nature humaine et, par effet mémoire, tous les comportements déjà adoptés par l'humanité.

Les modèles de ces comportements ont un pouvoir d'attraction d'autant plus fort qu'ils ont été fréquemment mis en œuvre et qu'ils ont été efficaces pour rétablir une stabilité. Ils sont attirés dans les contextes où ils se sont déjà manifestés.

Dans notre inconscient humain, il y a une part personnelle liée à tout ce que nous avons vécu. Il y a aussi, pour toutes les situations où une solution personnelle n'a pas été mémorisée, l'influence directe de la mémoire collective, avec prioritairement celle de notre famille ou de notre clan, à laquelle nous sommes liés par une affinité attractive plus grande. Cela explique la répétition de comportements mise en évidence par la psychogénéalogie.

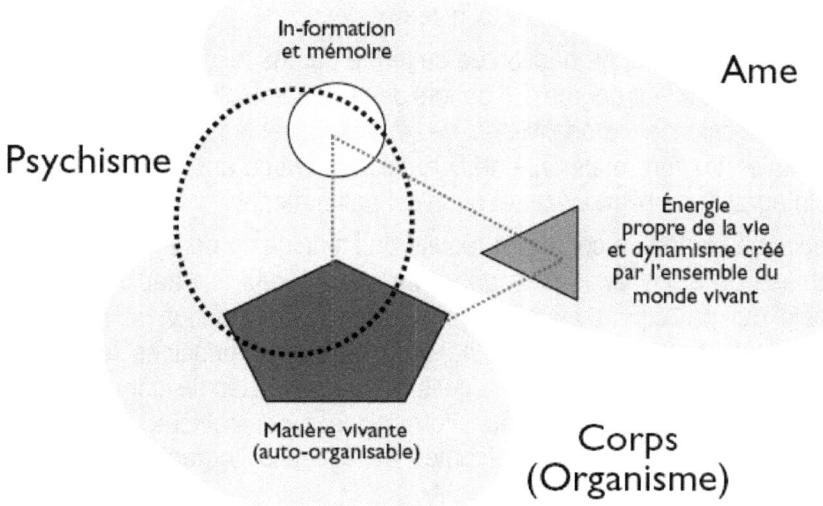

Fig. 24 : Corps, âme et psychisme

Les représentations de l'âme (*in-formation* et *énergie originelle*)
et du psychisme (part de l'in-formation appropriée par le système nerveux)
superposées au schéma général de la DTV

XII - Le corps et l'âme des êtres vivants (en résumé)

La notion d'âme est confuse à deux niveaux.

Le premier est lié à l'appropriation de ce terme par les religions qui lui ont donné des attributs liés à leur dogme. En dehors de cet aspect, elle répond à un manque évident de la science matérialiste qui ne peut expliquer le fonctionnement humain par la seule structure matérielle de l'organisme. L'âme est donc tout ce qui fait partie intégrante de l'être vivant et qui n'est pas matériel.

Le deuxième niveau de confusion résulte de l'amalgame de son contenu. Selon l'hypothèse de la *Dynamique Triangulaire de la Vie*, il y a deux principes non matériels qui participent au processus vivant : l'information structurante (*in-formation*) et l'*énergie originelle (in-ergie)*. Ces deux principes font partie de l'âme. De manière métaphorique, celle-ci peut être décrite comme une bulle énergétique contenant toutes les informations organisatrices de l'être vivant (*psycho-pilotes*) maintenues cohérentes et reliées à l'organisme matériel par l'*énergie originelle*.

Suivant cette conception, tous les êtres vivants ont une âme, qui est un véritable centre d'identité. Ce qui les différencie suivant leur stade d'évolution, c'est la part du *psycho-pilote* intégrée dans le système nerveux et que l'organisme s'approprie en partie. Ainsi, au-delà de l'automatisme complet de l'instinct dans lequel l'appropriation est minimale, apparaissent les comportements acquis automatiques personnalisés, puis la pensée et le libre arbitre qui poussent plus loin le processus d'individualisation.

Le psychisme est la part de l'âme que le système nerveux s'est appropriée par le développement de sa structure. Plus cette part est grande, plus l'automatisme diminue et plus l'autonomie et l'individualisation grandissent. Chez l'être humain, le développement maximal de cette autonomie peut mettre en péril l'intérêt collectif. Le libre arbitre est la faculté associée à cette évolution pour contrôler cela, avec toute l'incertitude qu'apporte la liberté des individus.

La mort est la rupture de la bulle énergétique qui maintenait la cohérence et le pouvoir organisateur des *attracteurs*. Son énergie retourne dans le vide originel, tandis que son *in-formation*, en tant que mémoire, demeure. C'est cela qui conduit au concept d'immortalité de l'âme. Mais l'âme d'un mort n'est pas celle d'un vivant, elle n'a aucun moyen d'action directe en ce monde. Elle peut seulement, en tant que mémoire informante, influencer ou hanter l'esprit des vivants.

XIII - L'être vivant dans son environnement : stabilité, adaptation et évolution

« L'environnement, c'est tout ce qui n'est pas moi. »
ALBERT EINSTEIN

*« La vie est l'adaptation continue de relations internes
à des relations externes. »*
HERBERT SPENCER

*« Les influences du milieu acquièrent une importance
plus grande à partir de la naissance, du point de vue
organique aussi bien que mental. »*
JEAN PIAGET

*« Les processus irréversibles sont aussi réels que les
processus réversibles décrits par les lois traditionnelles
de la physique. »*
ILYA PRIGOGINE

L'environnement est un facteur essentiel du processus vivant, quel que soit l'angle sous lequel il est abordé.

Dans le néodarwinisme, il crée les conditions de la sélection naturelle. En systémique, il est un contexte déterminant sur l'organisation adoptée par un système pour se stabiliser.

Pour un organisme vivant en interaction avec son milieu, il est la réserve de matière et d'énergie indispensable aux échanges qui conditionnent son existence.

La relation de l'être vivant avec son environnement est complexe.

– D'un côté, l'individu fait partie de l'ensemble et doit se soumettre aux diverses conséquences de l'organisation et des comportements de cet ensemble. Si par exemple la communauté humaine déclenche une catastrophe naturelle par accroissement de l'effet de serre, tous les êtres vivants en subiront la conséquence.

– De l'autre, il a une relation personnelle avec cet environnement. Cela a des conséquences sur lui-même et sur le milieu pour lequel il est un facteur actif de changement.

C'est dans leur relation avec l'environnement que s'exprime la caractéristique majeure des êtres vivants : la capacité à s'adapter et à évoluer.

1. Trois approches éclairantes

Trois axes de recherche développés par trois chercheurs au cours du XXe siècle me semblent particulièrement éclairants pour mieux comprendre le rapport de l'être vivant à son environnement :
– ILYA PRIGOGINE (1917-2003) : les *structures dissipatives*,
– JEAN PIAGET (1896-1980) : le *cycle assimilateur* et l'*accommodation*
– HENRI LABORIT (1914-1995) : les comportements face à l'agression.

♦ Les structures dissipatives (Prigogine)

La nature même d'une *structure dissipative*, définie par PRIGOGINE, implique un flux d'échange continu avec l'extérieur, parce que sa structure fondamentalement déséquilibrée ne peut se maintenir stable sans cette dynamique d'échange.

Organisation et stabilité

L'organisation adoptée par cette structure est celle qui permet la meilleure stabilité, en fonction des éléments qui la constituent et des conditions du milieu dans lequel elle est plongée. C'est une propriété générale des systèmes complexes abordés précédemment.

Tout organisme vivant se comporte comme une *structure dissipative*. Son ADN code des protéines et l'auto-organisation de ces protéines forme son organisme. Ce processus nécessite un échange permanent avec le milieu extérieur qui fournit la matière et l'énergie, que l'être vivant s'approprie, transforme et élimine sous une autre forme.

L'organisation est spatiale et temporelle. À un moment donné, l'organisme peut être décrit avec une structure qui associe tous ses éléments. Il se définit à la fois par la nature de ses composants et les multiples relations qui s'établissent entre eux. Cette structure a une forme figée par l'observation ponctuelle, ce qui est un artifice virtuel, puisqu'elle est en éternel mouvement.

De manière continue, une *structure dissipative* perd certains de ses éléments et en intègre d'autres. Pour cela, elle doit sans cesse se réorganiser de manière à maintenir l'ensemble stable.

Ces mouvements entrent dans des cycles qui se referment et se répètent. Dans cette répétition, une part stable est nécessaire pour conserver la cohérence et l'unité de l'ensemble, et une part variable intègre les modifications du milieu.

La part stable est la *structure centrale constitutive*. La part variable est constituée de *sous-structures périphériques* adaptables aux situations. L'adaptation de ces sous-structures permet de conserver la stabilité quand le milieu externe change, jusqu'à un seuil critique.

Déstabilisation et réorganisation

Lorsque les conditions externes s'écartent au-delà du seuil critique, l'adaptation spontanée des sous-structures périphériques ne permet plus de maintenir la stabilité. Le système dans son ensemble entre dans un état d'instabilité qui menace la *structure centrale constitutive*. Cette situation est couramment appelée « état de stress » ou « crise » pour un être humain.

Il y a alors deux possibilités :
– Soit le système ne trouve pas de solution et perd sa cohérence. Pour un être vivant : c'est la mort.
– Soit il trouve une solution et peut réorganiser sa *structure centrale constitutive* de manière à retrouver une nouvelle stabilité qui intègre les nouvelles conditions externes. La nouvelle organisation a déplacé le seuil critique. Il y a eu transformation et donc évolution. Le retour en arrière est alors impossible.
Lorsque le seuil critique est dépassé, l'évolution (transformation ou mort) est toujours irréversible.

PRIGOGINE a décrit comment les *structures centrales constitutives* se transforment et ce mécanisme se superpose parfaitement à celui des systèmes complexes. La modification n'agit pas comme une rustine qui contiendrait localement le problème, c'est une réorganisation générale qui peut être mineure ou majeure, de façon imprévisible.

En fait, pour faire le lien avec ce qui a été développé précédemment, il y a un changement d'*attracteur*. Parfois, la réorganisation est tout à fait disproportionnée par rapport à la modification de milieu qui l'a déclenchée, ce qui est couramment appelé « effet papillon » : un simple battement d'ailes pouvant déclencher un ouragan ! Une telle transformation qui bouleverse l'ordre antérieur est immédiate, imprévisible et irréversible.

Non-linéarité, irréversibilité, mémoire

L'étude des *structures dissipatives* a révélé les propriétés essentielles de leur comportement évolutif.

> Propriétés des *structures dissipatives*
>
> 1. Leur évolution est non linéaire, discontinue. Elle se fait par sauts, parfois brutaux, et ne pouvant jamais être prédits avec certitude.
>
> 2. Une fois effectuée, une transformation est irréversible. Cela ne veut pas dire que la structure ne reviendra pas à un état semblable, mais ce sera jamais vraiment la même. Une évolution non linéaire ne permet pas les retours par le chemin inverse, elle ne connaît que les parcours circulaires et les cycles. Une structure qui revient à un état semblable après une phase de changement utilise un parcours différent de celui qui a préalablement conduit au changement.
>
> 3. L'irréversibilité de la transformation est favorisée par la mémoire de cette transformation. Plus un *attracteur* est utilisé comme solution pour stabiliser une situation, plus son pouvoir d'attraction sera renforcé pour résoudre des situations identiques.[20]

L'être vivant et son environnement

Les *structures dissipatives*, étudiées dans le cadre rigoureux de la thermodynamique, confirment par une approche physico-chimique les propriétés des systèmes complexes.

Leur fonctionnement montre le lien étroit entre un organisme et son environnement. Connaissant cela, il devient impossible de considérer un être vivant sans le milieu dans lequel il vit. Celui-ci est aussi responsable que lui-même de ce qui lui arrive.

♦ Le schème assimilateur et l'accommodation (PIAGET)

JEAN PIAGET est surtout connu dans le domaine de la psychologie de l'enfant. Son œuvre, plus globale, s'intéresse avant tout au processus général qui se manifeste aussi bien dans l'évolution des espèces que dans la construction du psychisme et de la connaissance.

Pour cela, il considère la manière dont un système (psychisme, individu, espèce) construit son organisation, par les interactions qu'il établit avec son environnement. Dans ce mécanisme, il a tenté de discerner les invariants du processus, qui permettent de décrire un mode de fonctionnement général des organismes vivants.

---

[20] *Le lien entre absence de retour en arrière et effet mémoire a été abordé au chapitre XI*

Structure, schème et environnement

Un système vivant se caractérise par une structure auto-organisée stable et des comportements qui gèrent ses diverses interactions avec l'environnement, afin de préserver cette stabilité dans le temps.

Un *schème* est une unité comportementale et l'ensemble de *schèmes* constitue l'organisation globale de la relation avec l'environnement.

L'ensemble de *schèmes* est une imbrication de phénomènes cycliques qui s'interpénètrent et se stabilisent dans un processus global. Il se boucle sur lui-même en se perpétuant, par le simple fait qu'il s'exécute.

Ce fonctionnement est très bien décrit par la théorie des systèmes, dans laquelle des sous-systèmes plus ou moins indépendants se conjuguent, pour former finalement un système plus global qui se stabilise.

La stabilité résultante est un état éloigné de l'équilibre, qui ne peut se maintenir que dans le mouvement et l'interaction avec le milieu. Le processus est donc indissociable du milieu dans lequel il se déroule.

Cycle assimilateur

Le processus stabilisant de la structure se perpétue en intégrant en permanence des éléments du milieu dans lequel il se trouve. Il est alimenté par l'environnement. Les éléments qu'il intègre sont les aliments du cycle. Ces aliments sont nécessaires au déroulement du processus. S'ils ne répondent pas aux besoins de la structure, le cycle ne peut pas se refermer et l'ensemble perd sa stabilité.

La relation entre une structure vivante et son environnement n'est pas un simple échange comme le ferait une machine. Une machine transforme les éléments du milieu extérieur et ce qui ressort est différent de ce qui est entré, sans que la structure de la machine ait été modifiée. Une structure vivante parvient au même résultat extérieur, avec un tout autre chemin qui conduit de l'élément entrant à l'élément sortant, puisque la structure traversée a été modifiée. Celle-ci est capable d'échanger ses propres éléments avec ceux du milieu, c'est-à-dire de les assimiler.

L'*assimilation* dépend de l'organisation de la structure qui assimile et cette organisation ne peut se maintenir qu'en assimilant les aliments nécessaires à son entretien.

L'exemple de la nutrition illustre bien cette dynamique : elle maintient la structure et le fonctionnement de l'organisme, ce qui lui permet notamment de s'alimenter (fermeture d'une boucle).

Il en est de même dans de nombreuses interactions des systèmes vivants avec leur environnement, à différents niveaux (de la cellule aux communautés d'individus).

Ce processus général complexe que PIAGET nomme *cycle assimilateur* est la base de la dynamique vivante.

Perturbations du cycle assimilateur

Tant que l'environnement fournit les « aliments » nécessaires au processus, tout est simple. Cependant, l'environnement est variable. L'organisation en place n'étant pas rigide, elle a des solutions adaptatives qui lui permettent de se maintenir face aux conditions changeantes. La stabilité peut donc être maintenue dans un paysage adaptatif, dès lors que les conditions du milieu restent dans les frontières de ce paysage. Ces frontières correspondent au seuil critique évoqué précédemment pour les *structures dissipatives*.

Lorsque les conditions sortent de ces frontières, l'adaptation spontanée n'est plus possible. Les changements perturbent le cycle à un niveau qui empêche le *cycle assimilateur* de refermer sa boucle. Il ne peut donc plus maintenir la stabilité. L'organisation existante se trouve alors sous pression. Cet état de crise, de stress particulièrement instable, ne peut être que transitoire. Chez un individu conscient, il est particulièrement inconfortable, cause de souffrance aiguë.

Le rôle de l'environnement est primordial. Dans la situation de sortie des frontières (dépassement du seuil critique), on pourrait dire que le milieu résiste au processus d'*assimilation* et cette résistance crée une tension qui déstabilise le système.

Il y a alors deux possibilités :
– Aucune adaptation n'est trouvée et la structure se désorganise, perdant sa cohérence.
– Une adaptation est trouvée, avec un nouveau *cycle assimilateur* qui, par une organisation différente, réussit à se refermer et se perpétuer, créant ainsi une nouvelle stabilité.

Lorsque la solution trouvée est au-delà de la capacité adaptative habituelle, PIAGET parle d'*accommodation*.

L'*accommodation* est un comportement adaptatif stimulé par la résistance du milieu au déroulement du *cycle assimilateur*. Elle se traduit alors par une modification du cycle lui-même et parfois de la structure qui le porte. On peut donc parler de transformation (changement de forme) et d'évolution.

Dans ce processus, le système conserve son intégrité et continue à fonctionner avec son nouveau *cycle assimilateur* qui remplit la même fonction que le précédent.

L'évolution est toujours une réorganisation du cycle assimilateur avec ou sans réorganisation de la structure.

Par exemple, un stress agissant sur un organisme humain conduit celui-ci à s'adapter pour sortir de l'instabilité immédiate.
Il peut modifier simplement son *cycle assimilateur* créant un trouble fonctionnel (palpitations par exemple), ou modifier sa structure et créer un trouble organique (un ulcère par exemple).
Ces réactions généralement considérées comme pathologiques sont avant tout des adaptations à court terme à une déstabilisation qui menaçait le *cycle assimilateur*.

Dans tous les cas, il y a continuité d'identité et discontinuité de l'organisation. Cette double faculté est une caractéristique essentielle des êtres vivants.

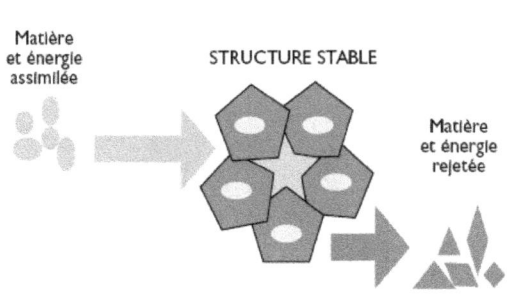

Matière
et énergie
assimilée

STRUCTURE STABLE

Matière
et énergie
rejetée

Considérée comme
une *structure dissipative*
ou un organisme assimilateur,
la structure est stable,
loin de l'équilibre,
dans un mouvement perpétuel
d'intégration et de rejet de matière et
d'énergie qui maintient sa structure.

Le *cycle assimilateur* se déroule dans
les conditions devenues
« normales », il est stabilisé.

[... suite du schéma page suivante]

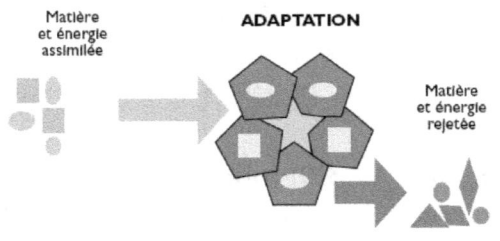

ADAPTATION

Une modification mineure de l'environnement modifie le cycle assimilateur qui s'adapte facilement. La stabilité de la structure n'est pas affectée.
C'est une adaptation simple.
Le même processus peut provoquer le retour à l'état initial si l'environnement retrouve ses données de départ.

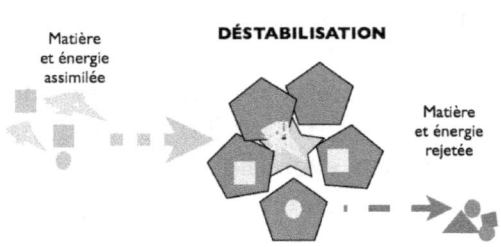

DÉSTABILISATION

Une modification majeure de l'environnement perturbe le cycle assimilateur qui ne peut plus refermer sa boucle.
L'adaptation simple ne suffit pas à rétablir la stabilité.
La structure est déstabilisée. Elle est en danger !

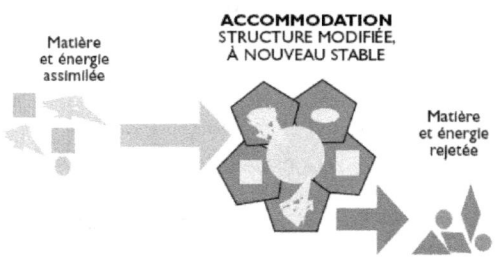

ACCOMMODATION
STRUCTURE MODIFIÉE, À NOUVEAU STABLE

Une réorganisation de la structure permet de rétablir un cycle assimilateur qui se referme.
L'ensemble est à nouveau stabilisé, mais avec une organisation différente de celle qu'elle avait auparavant.
C'est l'accommodation, une transformation non réversible.

Fig. 25 : Cycle assimilateur, adaptation et accommodation

Adaptation, assimilation, accommodation spontanée et accommodation adaptative

Pour différencier ces notions, PIAGET prend l'exemple du liquide qui s'adapte à la forme du récipient. Il peut prendre des formes très variées, avec une adaptation ponctuelle qui ne modifie pas ses propriétés. Le liquide n'a rien assimilé. Il ne s'est pas transformé.

Dans l'*accommodation*, l'organisation intègre des éléments nouveaux dans sa structure ou dans ses *schèmes* et pour cela, elle doit se réorganiser. Elle se trouve donc modifiée, transformée.

En fait, même lors de l'assimilation basale, il y a une *accommodation* qui s'effectue de manière spontanée. Dans le processus décrit précédemment face à la résistance du milieu, il serait donc plus correct de parler d'*accommodation* adaptative. Celle-ci ne pouvant se faire spontanément, elle déclenche une transformation. Dans ce cas, le processus d'*assimilation* (entrée d'éléments nouveaux dans le système) implique l'*accommodation* (réorganisation pour intégrer ces éléments), à défaut de quoi la stabilité n'est pas pleinement retrouvée.

Lorsque le milieu se trouve dans le paysage adaptatif habituel, l'*accommodation* est spontanée. Lorsqu'il sort de ce paysage, l'*accommodation* devient adaptative.

Transformation et évolution

Un être vivant dont la stabilité est sans cesse entretenue par un *cycle assimilateur* est donc en transformation permanente. Son processus est continuellement évolutif.

On voit aisément les différents niveaux de transformation, du simple échange entre certains éléments constitutifs à la modification radicale de la structure de base. Entre ces deux extrêmes, la modification de la manière d'interagir avec l'environnement se fait par un simple changement de comportement. Ces paliers sont discontinus et progressifs, comme l'évolution des espèces qui est, selon PIAGET, la manifestation à plus grande échelle de ce processus.

ASSIMILATION BASALE	ACCOMMODATION SPONTANEE
Changement de comportement	Accommodation adaptative simple utilisant un cycle mémorisé dans un registre connu
Évolution du cycle d'assimilation	Accommodation adaptative importante avec acquisition d'un nouveau modèle de cycle d'assimilation sans besoin de changer la structure
Évolution de la structure	Accommodation adaptative majeure nécessitant un changement de structure pour mettre en place un nouveau modèle de cycle d'assimilation

♦ Agression et adaptation (Laborit)

HENRI LABORIT, à travers le comportement animal et ses éclairages sur le comportement humain, s'est intéressé au point de vue biologique des mécanismes d'adaptation.

Du maintien de la structure à la gratification

La motivation primordiale des comportements des êtres vivants est la conservation de leur structure organique qui permet le maintien de la vie. Chez les êtres primitifs, elle se manifeste dans son degré le plus simple. Chez les mammifères, l'apparition du système limbique donne une composante affective à l'activité nerveuse et ajoute la recherche de gratification, l'action gratifiante étant source de plaisir.

Cette nécessité de conservation de la structure, prolongée par la recherche d'action gratifiante est, selon LABORIT, la seule composante du comportement dont on peut être sûr qu'elle soit innée.

Au fur et à mesure que les espèces évoluent, avec un apogée au stade humain, la recherche de gratification prend une importance considérable, allant jusqu'à rendre secondaire et parfois même faire oublier la nécessité de conservation de la structure organique.

Il existe, au niveau des zones cérébrales, des circuits spécifiques qui aboutissent à la gratification (sensation de plaisir) ou à la punition (souffrance).

De la gratification à la dominance et à la possession

La notion de territoire et de dominance dans les groupes sociaux est une recherche de gratification avant de devenir un comportement. La gratification des uns étant en conflit avec celles des autres, la solution est trouvée en définissant un territoire.

Si ce territoire doit être partagé, il y a mise en place d'une dominance au service d'un individu du groupe. C'est finalement le plus fort qui résout ainsi son besoin de gratification.

Cette dominance conduit les congénères à adopter une autre attitude, la soumission, plus favorable que la punition immédiate. Elle les oblige aussi à trouver d'autres sources de gratification.

Dans l'espèce humaine, l'héritage de ce comportement conduit à la recherche de pouvoir et de possession, qui sont d'ailleurs souvent associés.

Action et inhibition de l'action

Selon LABORIT le principal but du système nerveux est d'agir. Dans sa forme la plus primitive, l'action est automatique et instinctive. Lorsque le système limbique intervient, c'est la mémoire d'une gratification ou d'une punition qui va orienter le comportement, vers l'action ou l'évitement, qui peut prendre notamment la forme de fuite. Un évitement réussi devient au final une gratification.

Il y a cependant un contexte spécifique qui ne permet ni l'action gratifiante, ni l'évitement qui conduit à cette même gratification. Parfois, l'individu se trouve face à une situation qui active sa mémoire de punition, sans solution d'action pour y échapper. Or, son système nerveux est fait pour agir et s'il agit, il sera puni ! Pour sortir de cette tension insupportable, il met en œuvre une autre voie, l'*inhibition de l'action*, pour laquelle il existe un circuit nerveux spécifique. Il s'agit d'une solution sous-optimale, qui permet de gérer l'instabilité immédiate, au prix de conséquences néfastes sur le fonctionnement biologique. Chez l'être humain, elle s'accompagne d'angoisse.

L'agression

LABORIT définit l'agression comme une énergie capable d'accroître l'entropie d'un système organisé, c'est-à-dire, menacer sa structure.

Il y a deux niveaux d'agression communs à tout le monde vivant :
– physique ou chimique, par action directe du milieu ambiant,
– biologique, liée notamment aux prédateurs ou aux microbes.

Ces deux formes d'agressions mettent directement en jeu la survie et activent des comportements réflexes venant des structures les plus primitives du cerveau. Face à un prédateur par exemple, les deux solutions d'action immédiates sont la fuite et le combat.

L'*inhibition de l'action* se produit lors de circonstances spécifiques, quand il n'a pas de solution de fuite, ni de combat. Dans ce contexte, la réactivité est innée, automatique, et la mémoire personnelle n'est pas nécessaire.

Un troisième type d'agression, qui concerne les animaux vivant en communauté et particulièrement les humains, est qualifié par LABORIT de psychosociale. Elle passe obligatoirement par la mémoire et l'apprentissage. Il y a dans ce cas une opposition entre un désir ou une pulsion et un interdit social, mémorisé comme une menace de punition.

Dans un tel contexte, il n'y a que trois solutions :
– L'agressivité défensive, à l'extrême contre soi-même avec le suicide.
– La fuite dans l'imaginaire, les drogues, la maladie mentale ou plus avantageusement dans la créativité.
– L'inhibition de l'action, avec ses conséquences néfastes sur la biologie de l'organisme.

Inhibition de l'action et maladies psychosomatiques

Dans une expérience devenue célèbre, relatée notamment par le film *Mon Oncle d'Amérique*, LABORIT crée trois situations expérimentales pour des rats, dans une cage à deux compartiments séparés par une porte et dont la base de l'un ou de l'autre peut recevoir un courant électrique agressif pour l'animal. Les décharges sont toujours précédées d'un signal sonore qui sera ainsi mémorisé, associé à la décharge électrique à venir.

1. Dans la première situation, la porte est ouverte. Lorsque le signal sonore est activé, le rat passe de l'autre côté et échappe ainsi à la décharge. L'expérience est répétée un grand nombre de fois et l'animal ne subit aucun dommage. Il agit et trouve dans son action une gratification.

2. Dans la deuxième situation, la porte est fermée et le rat est seul. Il reçoit la décharge sans pouvoir fuir, alors qu'il était préalablement informé par le signal sonore qu'elle allait arriver. Il ne peut pas agir et subit la punition. Rapidement, le signal sonore induit chez lui un état d'*inhibition de l'action*. Si on répète l'expérience plusieurs jours, on pourra ensuite constater des troubles somatiques, notamment une hypertension, des ulcères.

3. Dans la troisième situation, la porte est fermée, et on ajoute un deuxième animal. Quand arrivent le signal sonore et la décharge, les deux rats luttent. C'est une action totalement inefficace vis-à-vis de l'agression, mais c'est une action ! Au bout de plusieurs jours, les troubles somatiques qui avaient été constatés lors de la situation précédente sont absents.

Cette expérience montre que l'*état d'inhibition de l'action* génère des troubles somatiques et que l'agressivité permet de s'en protéger. Les conséquences sont importantes sur les situations et les attitudes qui favorisent la genèse de maladies. La source des comportements agressifs peut de ce point de vue être mieux comprise.

L'être vivant, son système nerveux et l'environnement

LABORIT a toujours insisté sur ce fait : le système nerveux est fait pour agir. Pour un être humain, la première fonction de la pensée est donc de servir l'action. Dans son rapport à l'environnement, l'être vivant est donc amené à agir, et ceci, de manière de plus en plus complexe quand son cerveau se développe. La manière dont il agit ou n'agit pas et trouve ou non une gratification en réponse à ses actions a des conséquences importantes sur sa biologie et sur sa propre structure.

2. Le rôle de l'environnement dans le processus vivant

Les trois mécanismes présentés précédemment (*structures dissipatives* de PRIGOGINE, *cycle assimilateur* et *accommodation* de PIAGET, gestion de conflit selon LABORIT) soulignent le rôle majeur de l'environnement dans le parcours d'existence d'un être vivant. Celui-ci ne peut exister que dans un milieu qui lui apporte ce dont il a besoin et les variations de ce milieu vont conditionner son devenir.

La relation établie par un organisme vivant avec le milieu environnant est aussi importante que sa propre structure, puisque celle-ci ne peut se maintenir que dans une dynamique d'échange avec ce milieu. L'organisme et son environnement constituent un système complexe que l'on pourrait nommer écosystème personnel.

La relation entre l'être vivant et son milieu est bilatérale et interactive, avec des forces d'influences inégales. Il est évident que le milieu est bien plus stable que l'être vivant. C'est donc ce dernier qui doit s'adapter. Cependant, par la liberté dont il dispose et les choix qu'il effectue, tout individu a aussi le pouvoir, dans une certaine mesure, de modifier l'environnement.

Cette dynamique en boucle sans fin est au cœur du processus vivant et de son évolution.

Le couple individu/environnement

Par son fonctionnement analogue à une *structure dissipative* avec un *cycle assimilateur*, un être vivant est indissociable de son environnement, sans lequel il cesse d'exister.

Il peut être isolé pour faciliter son étude, sans perdre de vue que cet isolement est artificiel et qu'aucun modèle ne peut le représenter efficacement sans prendre en compte la part environnementale.

L'approche systémique qui considère l'être vivant comme un système auto-organisé, tout en étant lui-même un élément d'un méta-système également auto-organisé et plus vaste, est donc la plus apte à établir une représentation de cet ensemble complexe.

L'environnement, vaste système incluant tous les êtres vivants

L'environnement terrestre existait avant l'apparition de la vie. Les êtres vivants ne sont donc pas sa seule composante. Ce milieu, qui a permis le développement de la vie, fait partie lui-même d'un autre système plus vaste, l'univers, dans lequel il s'intègre pleinement en subissant ses lois. Certains facteurs de l'environnement terrestre sont donc indépendants du processus vivant. L'ensoleillement, l'arrivée possible d'une météorite en sont des exemples.

Depuis que la vie est apparue, les êtres vivants ont pris une place importante dans le système qui constitue leur propre environnement. Leur présence et leurs activités (notamment leurs *cycles assimilateurs*) modifient sans cesse le milieu.

Une interaction complexe

Les interactions d'un être vivant avec un environnement dont il dépend et qui dépend lui-même de l'ensemble des êtres vivants créent une dynamique circulaire complexe, impossible à comprendre en logique linéaire, et a priori impossible à stabiliser dans un équilibre définitif.

C'est pourquoi l'équilibre absolu ne peut exister. Nous pouvons seulement parler d'équilibre relatif, ou, comme PRIGOGINE à propos des *structures dissipatives*, de stabilité maintenue loin de l'équilibre.

En simulant sur un automate cellulaire un système complexe dans lequel chaque élément a toujours le même comportement, il apparaît une dynamique complexe qui finit par se stabiliser par un état statique ou un cycle répétitif. Cela est possible uniquement parce que chaque élément se comporte toujours de la même manière, et que l'automate cellulaire est un cadre fini et limité.

La biosphère, le système complexe dans lequel nous vivons et qui constitue également notre environnement, est constituée d'une multitude d'êtres vivants qui ont une autonomie (plus ou moins grande) et des comportements imprévisibles. Il est donc impossible qu'elle puisse se stabiliser de manière durable.

Cette instabilité permanente crée le mouvement qui dynamise chaque individu et l'oblige au minimum à s'adapter, parfois à se transformer. L'évolution est donc indissociable du processus vivant et la vie est elle-même le moteur de sa propre évolution.

Ceci éclaire sous un autre angle la *Dynamique Triangulaire de la Vie*.

En plus de la matière qui s'auto-organise et de l'*in-formation* qui lui fournit ses modèles, la vie alimente elle-même le troisième principe capable de générer cette dynamique, en créant sans cesse du mouvement qui déstabilise ce qui s'est précédemment stabilisé.

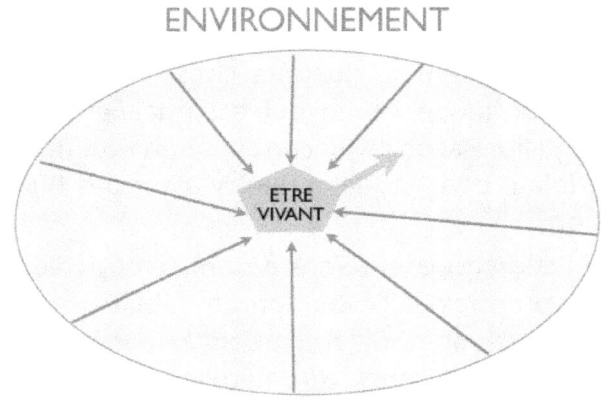

Fig. 26 : Relation entre l'être vivant et son environnement

L'être vivant reçoit les influences de l'environnement,
tout en influençant celui-ci par son comportement.
Cette interaction perpétuelle est le pôle dynamique de la vie qui déstabilise sans cesse ce qui s'est stabilisé et fait qu'aucun équilibre ne peut être atteint.

3. Stabilité, adaptation, transformation et évolution des êtres vivants

Le fait majeur du processus vivant est sa nécessité de maintenir continuellement une stabilité dans une situation jamais en équilibre.

Un organisme est en mouvement permanent et doit continuellement s'adapter à un milieu changeant, sans dépasser la ligne rouge de sa stabilité individuelle, au-delà de laquelle il serait menacé.

♦ Quelques définitions

Les termes employés dans ce contexte appartiennent au langage courant. Leurs domaines de signification se recoupent parfois, ce qui génère de la confusion. C'est pourquoi il est utile de les redéfinir.

Stabilité

La stabilité est le maintien de quelque chose qui existe déjà. Elle suppose donc la continuité de ce qui est qualifié de stable. À la différence d'un équilibre absolu qui conduit à un état figé, la stabilité est un équilibre relatif dans lequel il peut y avoir des fluctuations et aussi des évolutions.

Il y a une contradiction apparente entre stabilité et évolution. En fait, c'est la fixité qui est contraire à l'évolution. La stabilité est moins rigide. Lorsque la stabilité et l'évolution s'appliquent à un même phénomène, ce sont des aspects différents du même phénomène qui sont concernés par l'une et par l'autre.

Pour parler de stabilité, il faut au minimum le maintien d'une identité structurée, c'est-à-dire une continuité entre ce qu'elle était avant et ce qu'elle est devenue après adaptation ou transformation.
La fonction liée à cette identité est également maintenue, et c'est une composante essentielle du fil de cette continuité.

Adaptation

Adaptation est un terme général, donc peu précis, qui décrit un processus dans lequel un système peut modifier sa structure ou son comportement pour résoudre une situation qui menace sa stabilité.

On distingue alors des adaptations spontanées qui utilisent un programme déjà présent, et des adaptations transformantes qui nécessitent l'acquisition d'un nouveau potentiel par une modification du modèle d'organisation.

Assimilation et accommodation

L'*assimilation* et l'*accommodation* sont des termes de la théorie constructiviste de PIAGET déjà évoqués précédemment.

– <u>Assimilation</u> : lors de sa relation avec le milieu environnant un système intègre et échange dans sa propre organisation des éléments de ce milieu.

– <u>Accommodation</u> : lorsque cette *assimilation* ne peut plus se faire spontanément, elle nécessite une adaptation avec une modification de l'organisation existante, ce qui implique a minima un changement de fonction et si besoin un changement de structure.

Ces phénomènes sont des constantes du processus vivant, des *invariants* selon PIAGET.

Transformation

La transformation implique le passage d'une forme à une autre.

Ce terme général est équivalent à l'*accommodation* de PIAGET.

Dans ce contexte, une transformation est par définition irréversible.

Évolution

L'évolution est une transformation qui n'est pas un outil adaptatif transitoire, c'est une modification non réversible et donc durable.

L'évolution est une succession de transformations selon un axe rendu cohérent par la mémoire qui maintient l'identité.

Le mot décrit à la fois l'étape transformante et le processus global.

♦ Des conceptions différentes

Adaptabilité et capacité à évoluer sont des caractéristiques majeures des êtres vivants, reconnues par l'ensemble des scientifiques.

Les hypothèses divergent sur les mécanismes qui sont mis en œuvre pour cela. À ce niveau, les différences de paradigmes conduisent à des approches opposées.

Dans le <u>concept mécaniste</u> (atomiste, linéaire), ce sont les mécanismes biochimiques de base qui doivent définir les processus, en recombinant dans une synthèse toutes les propriétés séparées mises en évidence par l'analyse. Il en résulte une infinité de détails, et une modélisation accessible dans ses parties pour les spécialistes de la partie concernée, mais très compliquée dans son ensemble. Seule une chaîne complémentaire de spécialistes peut apporter l'ensemble autour d'une table, ce qui n'est pas aisé pour faire une synthèse cohérente !

Le concept systémique ne nie pas toutes ces connaissances, il relativise simplement leur intérêt. De ce point de vue, un processus complexe permet l'émergence des propriétés qui ne sont pas contenues dans les parties. Ces propriétés émergentes sont d'ailleurs celles qui font la spécificité de l'ensemble. C'est donc une observation plus générale du processus qui nous intéresse dans ce cas, et les corrélations possibles avec d'autres systèmes complexes dont les comportements sont déjà connus.

♦ L'adaptabilité des systèmes complexes

Tous les systèmes ne sont pas adaptables, alors que les êtres vivants le sont par essence. L'évolution de la non-adaptabilité à l'adaptabilité évolutive éclaire les différents niveaux du mécanisme.

Système complexe non adaptable et adaptable

L'étude des systèmes a établi une première distinction : ceux qui sont simples et ceux qui sont complexes, avec une frontière fluctuante.

La distinction est facile aux extrémités : un cristal est un système relativement simple alors qu'un organisme vivant est très complexe. En revanche, il n'est pas aisé de discerner où se fait le passage de l'un à l'autre. C'est une échelle progressive.

Une deuxième distinction sur l'adaptabilité est plus intéressante, car elle pose un critère plus net : un système est adaptable ou non. Un système n'est pas adaptable s'il a le même comportement quel que soit son environnement. Un radiateur qui se déclenche dès que la température descend au-dessous de 20° est un système non adaptable. Il ne sait faire qu'une seule chose et fait toujours la même, quel que soit le contexte. Son comportement est modélisable par schéma linéaire simple.

Un système adaptable est susceptible de développer plusieurs comportements suivant le contexte dans lequel il se trouve. Il va choisir le comportement le plus adapté en fonction de ses critères internes d'évaluation. Un ordinateur sait faire cela. Un programme de départ peut prendre en compte toutes les données initiales et mettre en route, en intégrant toutes ces données, le programme d'exécution le mieux adapté. Il reste cependant limité par les possibilités que lui donne sa palette de programmes préétablis. Il ne crée rien.

Imaginons maintenant un ordinateur intelligent, capable de créer de nouveaux programmes pour répondre à une situation pour laquelle il n'a pas été programmé. Nous franchissons là un palier des capacités d'adaptation, avec la mise en œuvre d'un pouvoir créateur. Cela est tout à fait envisageable, et les développements de l'intelligence artificielle l'ont montré (dans certaines limites).

Allons encore plus loin, en entrant dans la pure fiction, pour imaginer un ordinateur omnipotent qui face à l'incapacité de résoudre un problème, serait capable de modifier sa structure en ajoutant une carte mémoire ou en améliorant son processeur. C'est un troisième palier dans la capacité d'adaptation, utopiste dans le cadre de la machine, mais bien réel dans celui d'un système vivant.

Celui-ci a en effet une structure labile qui renouvelle sans cesse sa matière *(assimilation)*, peut changer son modèle de fonctionnement *(accommodation)* et peut aussi modifier l'organisation de sa structure pour les besoins d'une nouvelle fonction. Il a une capacité de renouvellement encore plus importante en reformant intégralement un nouvel organisme par la reproduction.

Quatre niveaux d'adaptabilité

Ces exemples distinguent quatre niveaux d'adaptabilité :

Niveau 0	Absence d'adaptation avec un comportement unique.
Niveau 1	Choix entre plusieurs comportements ou plusieurs combinaisons de comportements existants.
Niveau 2	Capacité de création de nouveaux comportements.
Niveau 3	Capacité de changer la structure de base pour accroître le niveau d'adaptation.

Chaque niveau est un potentiel maximal, un système pouvant avoir recours aux niveaux inférieurs lorsqu'ils sont suffisants pour répondre à une situation. L'étude des systèmes montre que ces quatre niveaux correspondent à des types d'organisation et de structure différents :

Niveau 0	Structure et organisation rigide.
Niveau 1	Structure et organisation rigide, mais avec un commutateur à l'entrée qui ouvre plusieurs possibilités et peut combiner les différents choix en plusieurs comportements ou plusieurs combinaisons de comportements existants.
Niveau 2	Structure de base fixe dans sa composition et malléable dans son organisation.
Niveau 3	Structure malléable, y compris dans sa composition.

Les niveaux 0 et 1 sont tout à fait accessibles aux machines. Leur mécanisme s'analyse en éléments et se comprend en logique linéaire. Leur champ d'adaptation est limité et prévisible.

Le niveau 2 s'applique à certains sous-systèmes d'un organisme vivant, comme l'ADN des cellules ou le cerveau humain. Il peut s'appliquer dans certaines circonstances aux groupes d'individus (insectes sociaux, meutes animales, groupes humains). La frontière avec le niveau 3 est souvent très proche. La logique linéaire est à ce stade impuissante pour expliquer le fonctionnement qui répond aux lois des systèmes complexes.

Le niveau 3 s'applique aux organismes vivants dans leur globalité. Un lézard qui a perdu sa queue est capable de la reconstituer. Une blessure cicatrise. Un organisme peut fabriquer une tumeur et aussi la résorber. Il s'applique également aux sociétés qui se maintiennent en intégrant ou en perdant de nouveaux membres. Il s'applique enfin, à un autre niveau, aux espèces vivantes qui ont montré leur capacité à se transformer en créant de nouveaux organes.

♦ L'adaptation des êtres vivants

Stabilité et adaptabilité : deux caractéristiques contradictoires

Plus la structure d'un système est stable, moins ce système est adaptable. Plus elle est malléable, plus il a la capacité de s'adapter.

Il est aisé de constater pour les machines que plus les structures sont rigides (donc stables), moins elles sont adaptables.

Un organisme vivant maintient sa stabilité loin de l'équilibre, à la frontière entre deux états :

– d'un côté sa structure garde sa cohérence et sa viabilité,
– de l'autre elle perd sa cohérence d'organisation et se désintègre.

Sa vie est fragile et demande sans cesse de s'adapter pour ne pas franchir cette frontière, au-delà de laquelle il y a la mort.

Un psychisme très structuré (psychorigide !) est difficile à ébranler et préserve efficacement l'organisme du danger extérieur habituel. Cependant, s'il est déstabilisé par un contexte pour lequel il n'est pas structuré, il peut s'effondrer. À l'inverse, un psychisme très adaptable est généralement plus fragile, il peut se laisser entraîner loin de ses bases et perdre facilement certaines de ses capacités. Mais il a plus de chance de s'en sortir face à un changement brutal. C'est la fable du chêne et du roseau.

Mécanismes généraux d'adaptation et de transformation

En biologie, l'adaptation est étudiée en détaillant les propriétés du système nerveux, des glandes surrénales, de l'adrénaline, du cortisol… Ces données réelles et intéressantes ne sont que le détail du fonctionnement d'un processus.

La science y attache une grande importance parce que cela repose sur des données biochimiques qui entrent pleinement dans le cadre de référence choisi. Cependant, les informations obtenues par cette démarche sont parcellaires. L'extrapolation à laquelle elles conduisent en les assemblant renseigne plutôt mal sur la nature profonde du processus d'adaptation.

Le modèle d'agent adaptatif selon HOLLAND

JOHN HOLLAND (1929-2015), inventeur des algorithmes génétiques, a proposé un modèle qui décrit les trois composantes d'un processus adaptatif complet, capable de modifier une structure.

1. Un dispositif d'exécution muni de détecteurs qui reçoivent des informations et d'effecteurs qui exécutent une action en appliquant des règles. Chaque règle équivaut à un micro-agent qui s'applique lorsque les conditions de son application sont remplies. Elle peut aussi se combiner à d'autres règles.

2. Un système d'évaluation qui récompense les comportements qui réussissent vis-à-vis de la fonction (ou de l'objectif) et qui pénalise ceux qui échouent. Ainsi, lorsqu'une règle est efficace, son poids augmente et elle s'applique d'autant plus facilement. Inversement si elle est inefficace.

3. Une procédure de modification de l'agent capable de remplacer les règles inefficaces et de créer une nouvelle organisation, avec si nécessaire une nouvelle structure. C'est à ce niveau que le mécanisme est le plus complexe. On y voit à l'œuvre la capacité des systèmes complexes à faire émerger de nouvelles propriétés par modification de leur modèle d'auto-organisation.

Le comportement d'un organisme vivant entre tout à fait dans ce modèle. Prenons l'exemple d'une adaptation de la réactivité à une situation pour un humain :
– Le dispositif d'exécution est le système nerveux, avec ses organes sensoriels et son système moteur.
– Les règles sont des comportements automatiques que le cerveau mémorise et déclenche instantanément quand l'alarme à laquelle ils sont associés réagit.
– Le système d'évaluation est le système plaisir/douleur ou l'émotion.
– La procédure de modification est la capacité à apprendre un autre comportement, et parfois à changer de croyance pour orienter différemment ce comportement (qui équivaut à un changement de structure pour un organisme).

Les voies de l'adaptation transformante selon ARTHUR

Un économiste, BRIAN ARTHUR (né en 1946), a défini trois moyens par lesquels un système s'adapte et évolue en accroissant ses facultés :

1. La création de diversité à l'intérieur du système en créant de nouvelles relations qui génèrent une nouvelle dynamique, donc l'émergence de nouvelles propriétés.

2. La sophistication de la structure qui crée des nouveaux sous-systèmes plus spécialisés avec différents niveaux d'intégration donnant un meilleur rendement sans perte de cohérence.

3. La capture et l'intégration de programmes extérieurs, tout en gardant la même cohérence d'ensemble.

Ces règles validées en économie pour améliorer les rendements s'appliquent aussi aux phénomènes vivants : les espèces au cours de leur évolution, les insectes sociaux dans leur organisation, les êtres humains dans leur environnement, les sociétés humaines…

♦ Des mécanismes invariants

Les mécanismes d'adaptation au niveau des *structures dissipatives* qui ne sont pas toujours des êtres vivants, de la biologie, de la psychologie et même des modèles économiques ont un mécanisme commun. Ainsi, ce qui se révèle plus spécifiquement à un niveau est applicable aux autres.

La science des systèmes a montré que les modes généraux de fonctionnement des ensembles cohérents sont les mêmes à tous les niveaux d'organisation.

L'œuvre de PIAGET, décrivant les mêmes processus pour la biologie, l'évolution des espèces, la psychologie et l'épistémologie (science de la connaissance), en est une magnifique illustration.

4. Les êtres vivants face à leur environnement

Le rôle dynamisant de l'environnement, les capacités d'adaptation et de continuité des êtres vivants, l'existence d'*attracteurs* capables de maintenir la stabilité par effet mémoire et d'apporter de nouvelles solutions en cas de nécessité adaptative, sont trois clefs majeures du processus vivant, entre lesquelles on retrouve la dynamique ternaire.

Matière auto-organisée	Stabilité et adaptabilité
In-formation (attracteurs)	Mémoire et innovation
Environnement	Mouvement de déstabilisation continuelle

Les êtres vivants sont des systèmes adaptables sans cesse soumis à la pression déstabilisante de leur environnement, face à laquelle ils doivent trouver des solutions.

Plus ils sont évolués, plus leur fonction adaptative se développe.

♦ Adaptation collective et individuelle

Un fait marquant de l'évolution des espèces est le glissement progressif du collectif vers l'individuel, et cela se manifeste notamment dans les capacités d'adaptation.

Adaptation organique collective

Au cours des premiers stades de la vie, l'automatisme comportemental lié à la structure est puissant et garantit la survie. Les variations environnementales, notamment liées au développement des autres êtres vivants, créent une pression adaptative face à laquelle les organismes doivent évoluer pour se préserver, et, par extension, préserver l'ensemble de l'écosystème.

Un exemple illustre bien cette situation. Suite à l'enrichissement de l'atmosphère en oxygène après l'apparition de la photosynthèse, le monde vivant s'est adapté en développant la respiration oxydative productrice d'énergie grâce à cet oxygène. Celui-ci est produit d'un côté et consommé de l'autre, et inversement pour le gaz carbonique. La composition de l'atmosphère nécessaire à la survie de tous reste ainsi constante. Ces deux évolutions qui concernent des espèces différentes ont été coordonnées pour maintenir l'ensemble de la vie.

Les grands mécanismes biochimiques du processus vivant se sont mis en place dès l'apparition des premiers organismes. Il est apparu également, dès le début du long chemin évolutif, un fonctionnement collectif coordonné, illustré par l'apparition complémentaire de la photosynthèse et de la respiration oxydative.

Les mécanismes de coopération entre les espèces sont un aspect négligé de l'évolution, et pourtant bien réel. Il est largement reconnu aujourd'hui que la mitochondrie, siège de cette respiration oxydative qui se trouve dans les cellules, est issue de bactéries. Cette association entre une cellule de plus grande taille et une composante capable de lui fournir l'énergie par la respiration illustre bien le fonctionnement collectif coopératif.

Rôle respectif des organismes et de l'*in-formation*

Le rôle respectif des organismes et de l'*in-formation* qui les structure dans l'évolution est également un sujet trop vaste et trop polémique pour être détaillé ici. L'hypothèse de la *Dynamique Triangulaire de la Vie* admet un rôle essentiel du champ d'*in-formation* dans l'évolution des espèces. Lorsque la pression environnementale menace la stabilité des organismes, ceux-ci entrent en phase critique et doivent trouver une nouvelle organisation pour se maintenir.

La science des systèmes a relié le changement d'organisation à un changement d'*attracteur*. Dans une dynamique ternaire, c'est par l'activation de nouveaux *archétypes* après déstabilisation de l'auto-organisation de la matière vivante sous la pression environnementale, que survient le processus évolutif.

Le processus est ainsi naturellement cohérent en empruntant des voies non hasardeuses, sans pour autant être prédéterminé.

Adaptation individuelle

La complexification des êtres vivants du règne animal s'accompagne d'une individualisation. Les individus deviennent moins dépendants du fonctionnement collectif, tout en y restant fortement lié. La notion d'adaptation individuelle prend alors plus de sens.

Le lien entre adaptation organique individuelle, adaptation collective et évolution est un autre sujet polémique. La théorie néodarwinienne, ne voit que des mutations aléatoires retenues par la sélection au fil de la descendance. L'évolution individuelle acquise au cours d'une existence est de ce point de vue inutile.

La notion de champ d'*in-formation* et l'accroissement du pouvoir attracteur de certains modèles organisateurs par *résonance morphique* apportent un éclairage nouveau au phénomène d'adaptation. Pour le considérer, il faut d'abord franchir la barrière du paradigme.

Adaptation psychique

Le développement du système nerveux et l'apparition d'une fonction psychique autonome sont un autre pas dans la capacité d'adaptation individuelle. La capacité pour un être vivant de choisir lui-même certains comportements acquis dans les situations qu'il rencontre est une avancée spectaculaire sur le chemin de l'individualisation.

Avec la conscience et le libre arbitre, l'espèce humaine va très loin, dans ce sens, jusqu'à en oublier qu'elle est encore fortement imprégnée d'un fonctionnement collectif !

Le lien entre adaptation psychique et évolution est encore plus polémique que celui évoqué précédemment, puisqu'il faut ajouter la relation somatopsychique qui reste un tabou de la biologie.

La globalité du système vivant nous montre régulièrement que tout est lié dans un ensemble cohérent. Il est donc probable que les grands mécanismes de fonctionnement soient les mêmes à tous les niveaux, et que l'évolution psychique participe aussi au processus évolutif. Sans faire des raccourcis simplistes expliquant la vie comme un conte pour enfant, il y a de nouvelles voies à explorer. Lorsque la communauté scientifique rassemblera les faits connus et cherchera à les comprendre sans rejeter ce qui aujourd'hui lui paraît encore inacceptable, une autre théorie de l'évolution pourra émerger.

Adaptation et évolution

Relier l'adaptation individuelle à l'évolution générale demande en premier lieu d'admettre que l'acquis par l'expérience est transmissible aux générations futures. Ce principe lamarckien violemment rejeté depuis plus d'un siècle ne mérite probablement pas un tel sort.

Sa réhabilitation, en plus de prendre en compte des faits aujourd'hui établis, contribuerait à la responsabilisation des êtres humains et au ré-enchantement du monde.

Nous oublions trop souvent les conséquences néfastes du postulat néodarwinien sur l'orientation idéologique qui guide le monde moderne. En prônant que seul le hasard aveugle peut apporter de la nouveauté et que le combat pour la survie permet de sélectionner le meilleur de cette nouveauté pour le rendre durable, cette théorie a conduit aux sociétés que l'on connaît !

♦ De la survie à la gratification

Un autre aspect important de l'adaptation est le système d'évaluation souligné dans le modèle de JOHN HOLLAND précédemment cité. Dans un premier temps, c'est la survie qui joue ce rôle de sélection des adaptations bénéfiques. Cela ne laisse pas droit à l'erreur, sinon l'expérience est terminée ! La contrepartie qui sauve l'ensemble est une grande inertie qui préserve la stabilité et rend le processus évolutif très lent.

Dans un second temps, comme le montre LABORIT, le développement d'une dimension affective dans le système nerveux fait émerger le processus de gratification qui devient un système d'évaluation individuel capable de choisir des comportements. Cela commence avec les mammifères et prend de plus en plus d'ampleur, pour culminer avec l'espèce humaine.

Ainsi, à l'échelle d'une vie individuelle, le bien-être directement ressenti sous forme de plaisir et de souffrance devient le principal système d'évaluation de l'adaptation psychique. Il détermine non seulement la construction psychologique au cours de l'enfance, mais aussi une grande part de la vie d'un être humain. Cela augmente considérablement le champ d'expérience et enrichit la capacité d'innovation et de créativité. Cela accroît aussi l'individualisation et le détachement de l'intérêt collectif. Cet effet double est très éclairant sur le monde dans lequel nous vivons aujourd'hui.

♦ Le stress moteur de l'évolution humaine

Sortons maintenant de la grande évolution. L'absence d'expérience concrète y favorise des spéculations contestables, il est en effet impossible d'expérimenter et d'observer sur des milliers d'années.

Le mécanisme adaptatif existe plus près de nous, à l'échelle d'une existence humaine. Les caractéristiques organiques d'un être humain sont déterminées par son patrimoine génétique. Comme nous l'avons déjà évoqué, celui-ci n'explique pas tout, même si son rôle est déterminant et particulièrement limitant sur le devenir de l'organisme. En revanche, le psychisme n'est pas préformé et se construit par adaptation au cours des premières expériences de la vie : lors de la gestation, de la naissance et de la petite enfance.

L'exemple de la maladie

Dès le début de la vie, l'adaptation est omniprésente dans toute existence, au niveau psychologique, de manière évidente, et aussi au niveau organique. Dans certaines situations, on observe une réorganisation de la structure organique du corps.

La maladie, en particulier le cancer, capable de développer de nouvelles structures (tumeur) qui s'intègrent à l'ensemble, est aussi une adaptation. La cause externe ou interne est un débat qui ne sera pas abordé ici, les deux jouant probablement un rôle.

Si nous considérons le processus qui conduit au cancer du point de vue systémique, il est une adaptation choisie par l'automatisme biologique parce qu'elle est la meilleure solution pour maintenir la stabilité de l'ensemble concerné face à une menace importante, qu'elle soit psychique ou environnementale. Cela n'empêche pas l'influence d'autres facteurs bien connus, comme le terrain génétique, le mode de vie et l'action de substances toxiques, de s'intégrer dans le mécanisme multifactoriel d'un processus global.

Notre regard individualiste et désireux de vivre longtemps nous fait regarder la maladie comme un accident malheureux. Une vision systémique montre en revanche un mécanisme adaptatif pour restaurer une stabilité menacée. La part collective est sans doute plus importante que celle que nous pouvons imaginer.

Un stress de plus en plus présent dans nos sociétés

Le stress, fléau des sociétés modernes occidentales, ne cesse de s'accroître avec l'accélération des changements créés par les activités humaines. En utilisant leur pouvoir adaptatif et leur capacité créatrice de situations nouvelles, les hommes transforment le monde, aussi bien dans sa structure matérielle que dans l'organisation sociale et culturelle. Ces environnements changeants sont une source de pression continuelle pour les individus. Leur structure psychologique construite sur un modèle qui n'existe plus, doit sans cesse s'adapter.

Cet engrenage d'accélération du changement déborde les capacités d'adaptation. Le stress psychologique est une situation d'instabilité pour notre structure existante pour laquelle nous n'avons pas de solution satisfaisante immédiate en mémoire. Son apparition est trop récente et les modèles adaptatifs collectifs font encore défaut.

L'instabilité liée au stress ne pouvant durer, elle nous met en situation de trouver de nouvelles solutions, c'est-à-dire évoluer. À défaut la stabilisation s'effectue par des moyens de protection automatiques, archaïques, peu adaptés pour trouver une solution et peu avantageux pour l'individu lui-même.

Dans la mémoire de notre espèce, le stress est fortement lié aux dangers climatiques et aux prédateurs. Il demandait alors avant tout de fuir, c'est pourquoi le modèle adaptatif a appris à mobiliser les moyens d'action : accélération du rythme cardiaque et respiratoire, oxygénation préférentielle des muscles et du cerveau au détriment du système digestif et reproductif. Tout ceci est bien utile lors d'un stress psychologique. Pire que cela, cette surchauffe du moteur métabolique destinée à courir vite alors que rien ne démarre épuise l'organisme et le met sous tension musculaire.

Cela peut conduire à la dépression, une solution de stand-by qui laisse encore du temps pour trouver une autre solution. Le stade ultérieur est le burn-out (épuisement complet), ou une maladie organique. LABORIT a montré ce processus de somatisation chez l'animal, lors des situations d'*inhibition de l'action* qui sont des formes aiguës de stress.

Le stress, accélérateur d'évolution

Le stress joue un rôle central dans le processus adaptatif humain, au niveau de chaque destinée individuelle.

Le passage de la stabilité à l'instabilité (stress) puis à la transformation, est un mécanisme général bien connu des systèmes complexes. Une période de déstabilisation (une crise !) est donc une opportunité de transformation[21]. Une fois le processus engagé, lorsque la structure existante s'est décrochée de son modèle antérieur, aucun retour en arrière n'est possible et le fait de s'accrocher à un modèle antérieur risque d'aggraver la situation.

Le niveau élevé de stress de nos sociétés est le témoin d'une pression évolutive importante.

> L'adaptation, et la pathologie immédiate qui résulte de son échec, le stress, sont au cœur du processus vivant, conduisant à la fois à nos évolutions et à un grand nombre de nos maladies.

---

[21] *Dans la tradition chinoise, la crise inclut deux notions : danger et opportunité.*

XIII - L'être vivant dans son environnement : stabilité, adaptation et évolution (en résumé)

Dans les modèles décrivant le comportement des êtres vivants, l'environnement joue toujours un rôle essentiel. L'interaction entre un individu et son environnement est complexe et ne peut se comprendre de manière linéaire. D'une part, l'organisme puise dans son milieu matière et énergie qu'il assimile dans sa propre structure et, d'autre part, le comportement de tous les êtres vivants constitue un facteur de variation de ce milieu dans lequel ils sont immergés.

Pour comprendre cet ensemble, il faut donc considérer l'environnement comme un système cohérent à l'intérieur duquel chaque organisme est un sous-système autonome stable, et chaque relation d'un organisme avec son environnement un système adaptable dans lequel l'individu peut se transformer.

L'adaptation est donc une caractéristique majeure des êtres vivants. D'abord régulée par la survie et s'exerçant au niveau organique, de manière lente et plutôt collective, elle glisse progressivement vers une régulation par la gratification et s'exerce davantage au niveau psychologique tout en devenant plus individuelle.

Chez l'être humain, l'adaptation est omniprésente au cours de son existence, de sa structuration psychologique acquise par adaptation à son milieu aux divers choix de son existence motivés par la gratification, jusqu'à la maladie qui, dans certains cas, est la solution de recours pour résoudre l'instabilité insupportable d'une situation nouvelle (stress) à laquelle aucune autre solution n'a été trouvée.

XIV - La vie individuelle
dans une dynamique triangulaire

La *Dynamique Triangulaire de la Vie* (DTV) est une hypothèse générale qui propose, face au mystère fondamental du processus vivant et à l'ensemble des phénomènes observés, un nouveau paradigme. Ce paradigme synthétique intègre trois approches innovantes développées au cours du XXe siècle qui se conjuguent naturellement dans une dynamique ternaire :
– la science des systèmes complexes appliquée à la matière vivante et aux organismes,
– l'*in-formation* non locale et holographique comme source de modèles d'organisation,
– une énergie propre à la vie qui lui donne un dynamisme spontané.

Cette dynamique établie pour la globalité du processus vivant se décline sur différents plans et éclaire sous un angle nouveau de nombreuses manifestations de la vie.

Comment s'applique-t-elle à l'échelle de la vie individuelle, celle qui nous concerne au premier degré ?

1. Une dynamique qui se décline sur différents plans

Du processus vivant dans sa globalité au processus individuel capable de maintenir la continuité et la cohérence d'un être vivant tout au long de son existence, une même dynamique ternaire s'applique aux situations très diverses de la vie.

Le grand triangle de la vie

La vie est une énergie immatérielle qui n'est perceptible que lorsqu'elle se manifeste. Pour se manifester, elle a besoin de matière capable de s'auto-organiser et d'*in-formation* capable de lui fournir des modèles d'organisation.

La dynamique en triangle qui active ces trois pôles permet la manifestation du processus vivant tel que nous l'observons.

Le petit triangle de la vie individuelle

La vie individuelle est une dynamique structurante qui s'établit entre un corps et son âme, telle que nous l'avons définie au chapitre XII. Elle est capable de se maintenir dans le temps pour faire une expérience durable dans son environnement : c'est ce qu'on appelle une vie, ou une existence.

Nous y retrouvons **les trois pôles de la DTV :**

– La matière constituante des organismes, forme un système complexe, entretenu par un *cycle assimilateur*, c'est-à-dire un échange constant d'éléments matériels et d'énergie avec son environnement, suivant un schéma qui se boucle sur lui-même et maintient la stabilité de la structure.

– *L'in-formation* organise la structure, agissant directement ou indirectement par l'intermédiaire du psychisme.
Elle fournit, par activation de résonances avec des *archétypes*, des modèles d'organisation appelés *attracteurs*.
En référence à la métaphore d'ARISTOTE sur le pilote du navire, le terme **psycho-pilote** a été introduit.

– *L'énergie* propre de l'être vivant permet sa constitution et le maintien de son intégrité.
L'énergie individuelle d'un organisme en interaction avec celle de l'environnement crée une dynamique perpétuelle capable de maintenir la stabilité des individus et de l'ensemble dans un flux tendu. La nature même de la vie est un mouvement loin de l'équilibre.
Ce troisième pôle qui se caractérise essentiellement par les relations de l'individu avec son environnement est son
écosystème personnel.

Le troisième principe, qui active la dynamique, est le plus impalpable. Pour le comprendre, nous devons distinguer deux types d'agitation. Dans une agitation homogène, les éléments de même nature ont un comportement constant et prévisible. Dans une agitation hétérogène, les éléments ont individuellement un degré de liberté qui rend les comportements imprévisibles.

Dans le premier cas, celui de l'agitation homogène, l'ensemble du système tend vers un équilibre cyclique en adoptant un modèle d'organisation qui intègre les comportements de tous ses éléments.

Dans le second cas, celui de l'agitation hétérogène, le processus d'organisation nécessaire pour stabiliser le système s'active en permanence, mais tout équilibre est illusoire car le degré de liberté des êtres vivants, même s'il est minime, change sans cesse les données. Le système doit constamment ajuster son modèle d'organisation. Cette dynamique qui doit sans cesse ramener à la stabilité sans jamais pouvoir atteindre l'équilibre est au cœur du processus vivant. Elle exerce une forme de pression sous laquelle les organismes sont obligés de mettre en œuvre leurs capacités d'adaptation et leur pouvoir créatif, pour se maintenir et maintenir l'ensemble.

Chaque être vivant étant à la fois dépendant et co-acteur des caractéristiques de cet environnement, il se crée un système d'une complexité inextricable, échappant à toute logique linéaire. Essayons de faire des liens avec des flèches sur un schéma, nous verrons que cela ne peut jamais s'arrêter. C'est un vrai sujet de méditation sur le rapport que nous entretenons avec cet environnement et notre part de responsabilité à la fois dans ce qui nous arrive et dans le devenir de l'ensemble auquel nous appartenons.

Le mystère de la « sainte trinité »

Certaines traditions religieuses ont mis en avant cette dynamique triangulaire, notamment l'hindouisme (Brama, Shiva, Vishnu) ou le christianisme (Père, Fils et Saint-Esprit).

Dans la tradition chrétienne, on parle du « mystère de sainte trinité », ou comment Dieu peut être trois en un. Comment l'homme, à qui ce modèle divin est destiné, peut-il avoir une existence unique incluant trois principes. Le mystère est du même ordre.

Suivant l'approche proposée par la *Dynamique Triangulaire de la Vie* : *le Père* est l'esprit, c'est-à-dire l'ensemble des lois, des modes d'organisation, y compris les meilleurs capables de conduire au monde parfait. *Le Fils* est incarné sur la terre, il est fait de matière et il expérimente les modèles du Père en les intégrant dans son corps (sa structure) et ses comportements. Le *Saint-Esprit* est le souffle qui amène la vie et entretient la dynamique. On peut se demander pourquoi ce *Saint-Esprit*, si mystérieux, a été introduit, si le *Père* possède déjà tout ce qui permet la vie !

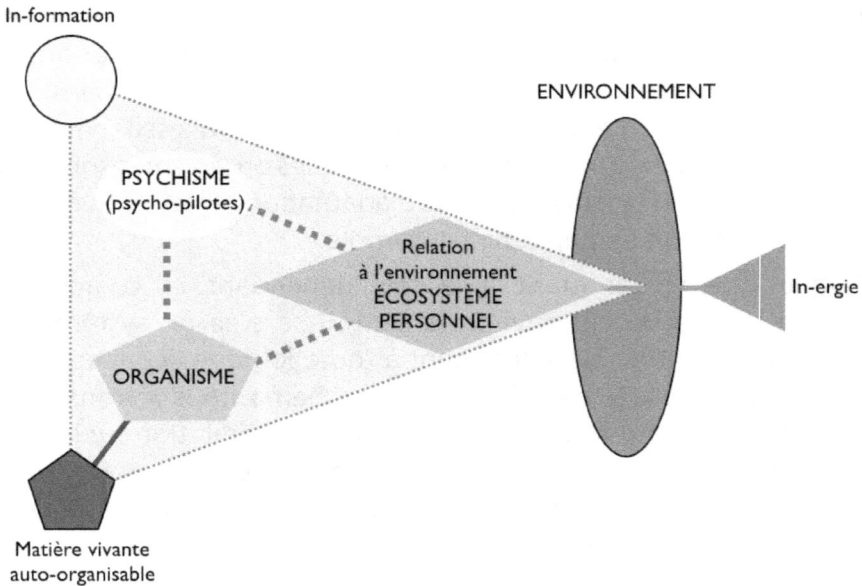

Fig. 27 : Vie individuelle et Dynamique Triangulaire de la Vie

Observés à l'échelle de l'individu, les trois pôles de la DTV sont l'organisme, le psychisme au sens large (ou son équivalent *psycho-pilote* lorsque le système nerveux n'est pas développé) et l'environnement, plus précisément la relation complexe que l'individu entretient avec son environnement dont il est un élément actif.

2. Dynamique triangulaire et vie individuelle

Suivant le schéma de la DTV, voyons la brève histoire d'une existence.

L'origine d'un être vivant

Passé le mystère des conditions d'apparition des premiers êtres, nous savons qu'un être vivant apparaît toujours dans la filiation d'un ascendant : soit parce que celui-ci se sépare en deux (ce que font les bactéries, et les plantes d'une autre manière), soit par reproduction sexuée. Dans la reproduction sexuée, deux gamètes venant de deux organismes différents se réunissent et font un œuf, cellule primordiale qui va devenir un nouvel organisme.

Le rôle de l'ADN

Dans l'œuf, l'ADN transmise par le parent contient une identité forte, capable à la fois de définir l'espèce et d'autres particularités liées à l'ascendance. Cet ADN contient, sous forme de gènes, l'information pour fabriquer toutes les protéines qui vont constituer l'organisme.

Déjà, à ce niveau, le mécanisme en jeu n'est pas linéaire. L'ADN n'est pas une bande magnétique qui se lit dans l'ordre, c'est une suite d'accords (les gènes) dont l'ordre spécifique de lecture écrit une composition (un ensemble de protéines), à partir de laquelle peut se jouer une symphonie (la structuration d'un organisme par auto-organisation de ces protéines). Au-delà de l'information capable de produire les notes, une *in-formation*, que nous appelons ici *psycho-pilote,* permet de les organiser en symphonie cohérente.

En d'autres termes, l'ADN n'est pas un programme, seulement une boîte à outils. Un programme s'exécute de lui-même, alors qu'une boîte à outils nécessite des informations supplémentaires apportées par un opérateur.

Le rôle du milieu environnant

L'organisme ainsi formé vit en interaction avec son milieu extérieur. Pour un mammifère, il s'agit de sa mère dans un premier temps, puis un environnement plus large dans lequel il respire, se nourrit, rencontre des difficultés…

Cette interaction permanente avec l'extérieur, le *cycle assimilateur,* maintient la dynamique de vie entre l'organisme et son schéma d'organisation (le *psycho-pilote*). La continuité de la dynamique de vie est liée à celle du *cycle assimilateur.*

L'organisme se structure et se comporte pour assurer sa fonction majeure : maintenir sa stabilité dans l'espace et dans le temps. Le *psycho-pilote* fournit des modèles d'organisation pour sa structure et ses comportements. Dans certains cas, l'adaptation demande une réorganisation importante de la structure : c'est une transformation ou *accommodation*.

Les transformations

Lorsque l'organisme entre dans un état d'instabilité, il est « secouru » par une mémoire immédiate apportant un modèle déjà éprouvé par lui-même ou par d'autres individus de son espèce, qui rétablit une organisation stable. Cela peut être une simple adaptation, ou une *accommodation* qui entraîne une modification de structure. Parfois, aucune mémoire n'est directement accessible. La relation entre l'organisme et son *psycho-pilote* se relâche sans alternative de secours : c'est la crise aiguë. À l'extrême, il peut y avoir rupture.

La mort

Lorsqu'il y a rupture, le souffle initial de vie qui se logeait précisément dans le lien entre l'organisme et son pilote perd son ancrage. C'est la mort de l'être vivant. Le souffle de vie qui n'a rien de personnel, retourne dans sa source originelle et continue à dynamiser tout ce qui vit. Le *psycho-pilote* qui a mémorisé le vécu de l'organisme devient libre, et toutes les spéculations sur son devenir sont possibles (esprits errants, réincarnation, dissolution dans l'inconscient collectif…). Quant à l'organisme, il devient de la matière sans vie qui entre aussitôt sous la loi de l'*entropie*, c'est-à-dire qu'il va se décomposer vers l'état inerte le plus stable pour tous ses composants.

Le vieillissement

Au cours de l'existence, il se produit spontanément un processus de vieillissement qui traduit l'irréversibilité de certains phénomènes et de la flèche du temps.

Suivant le concept de la DTV, le temps se comprend comme une accumulation de mémoire, le futur étant toujours enrichi de l'expérience du présent, qui s'ajoute sans effacer celle qui précède.

Le vieillissement est souvent considéré comme une usure de la matière qui compose la structure : les cellules, les organes. C'est ce qui se passe en effet pour une machine, mais cela ne peut pas être transposé à un organisme vivant, puisque celui-ci renouvelle en permanence sa structure. Le vieillissement peut se voir alors comme un épuisement de la capacité de renouvellement, associé à une rigidification des schémas de fonctionnement renforcés par la répétition, ce qui limite les capacités d'adaptation.

Ainsi, mettre sans cesse de la nouveauté dans sa vie et éviter de s'enfermer dans trop d'habitudes aiderait à vieillir moins vite.

À tous les niveaux : la dynamique triangulaire.

À chacun des stades évoqués de l'existence, nous retrouvons la triade du monde vivant : la matière qui s'auto-organise, l'*in-formation* capable de fournir les modèles qui pilotent cette organisation, et l'énergie propre de la vie qui dynamise l'ensemble.

3. L'importance du collectif

Isoler artificiellement la vie individuelle pour mieux comprendre le mécanisme de son autonomie est une démarche réductionniste et un piège. Cela simplifie la construction d'un modèle, et il est ensuite tentant de conserver le modèle obtenu en minimisant le rôle de l'environnement.

Or, l'individu évolue toujours dans un ensemble complexe où il est à la fois donneur et receveur d'influences, et il ne peut pas être dissocié de cet ensemble.

La vie individuelle dans une dynamique collective

Tout individu est un système autonome qui appartient à d'autres systèmes plus grands. Deux ont un fort impact sur lui : son espèce, avec des sous-groupes comme la communauté culturelle, le clan, la famille, et l'écosystème dans lequel il vit.

Ces deux systèmes (l'espèce, l'écosystème) influent sur son existence à plusieurs niveaux.

L'écosystème inclut la matière non vivante (au sens biologique conventionnel) : l'eau, l'air, les roches… et aussi l'ensemble des êtres vivants. Il est la source d'énergie matérielle indispensable au maintien de la vie, pour la respiration, la nutrition, le réchauffement… Il est aussi un risque de danger permanent par la prédation, les maladies infectieuses, les catastrophes naturelles…

L'environnement agit comme dynamiseur de la vie. Il entraîne tous les êtres vivants dans une dynamique générale complexe où chacun doit à la fois s'adapter pour maintenir sa stabilité, tout en alimentant l'instabilité générale par ses choix d'adaptation.

L'espèce contient plusieurs niveaux d'influences. Certaines sont générales et concernent tous les individus. D'autres sont spécifiques à certains groupes : les communautés culturelles, les clans, les familles.

Certains facteurs sont obligatoires et entrent dans la *mémoire ontologique* indispensable à l'intégrité de l'être vivant. D'autres sont facultatifs et entrent dans une *mémoire expérientielle*. Ils constituent un réservoir communautaire de modèles archétypaux, pouvant être activés ou non par l'apprentissage.

Il y a dans les deux cas un véritable partage d'*in-formation* par la similitude des structures capables de la recevoir. Chez l'animal nous parlons d'instinct. Chez les humains, il s'agit d'un inconscient collectif, avec ses diverses strates (de l'universel au spécifique) qui s'empilent comme des poupées russes.

Mémoire collective et psychogénéalogie

Nous avons évoqué précédemment comment le pilote d'un être vivant, que nous pouvons assimiler à un psychisme au sens large, fournit ses modèles d'organisation. Tout ce qui est nécessaire pour organiser une structure ou des comportements est géré de manière automatique par des modèles qui s'imposent d'eux-mêmes.

Le système nerveux est un intermédiaire de plus en plus imposant au fur et à mesure que les espèces évoluent en se complexifiant. Il s'approprie une partie des commandes en matérialisant ses propres programmes, mais nous avons déjà évoqué que cela ne suffit pas à tout expliquer. D'où vient l'instinct animal ? D'où vient l'immense savoir-faire d'animaux qui ont un minuscule système nerveux ? Comment font les insectes sociaux pour avoir un comportement collectif si bien coordonné ? Comment expliquer qu'un cerveau humain exprime parfois des informations qu'il n'a jamais reçues ou adopte des comportements qu'il n'a jamais appris ?

Toutes ces énigmes ont conduit à l'hypothèse d'un champ d'information dans lequel des *archétypes* activés en *attracteurs* apportent les modèles d'organisation nécessaires aux êtres vivants.

Pourquoi un organisme est-il attiré par un modèle plutôt qu'un autre ?

Le couplage entre un organisme et le modèle qui organise sa structure (son *psycho-pilote*) est un lien d'affinité, d'attraction, dont le point de départ matériel est la nature des éléments constitutifs de cet organisme.

Au départ, la spécificité est donnée par l'ADN. Un ovule humain fécondé qui contient un ADN humain va se coupler à un modèle de développement humain qui coordonne l'expression de tous ses gènes pour façonner un organisme humain. On comprend très bien, d'un point de vue génétique, comment cette continuité se crée et pourquoi il y a des ressemblances physiques dans la descendance : les gènes expliquent cela.

En revanche, l'existence d'automatismes comportementaux qui ne sont pas liés à un apprentissage et qui correspondent parfois à des choses déjà vécues par des ancêtres nous interpelle.

L'hypothèse selon laquelle il n'y a que des comportements instinctifs contenus dans les gènes et des comportements acquis transmis par la culture et l'apprentissage par mimétisme est un postulat qui s'accommode mal aux faits observés.

Comment un simple gène peut-il expliquer un comportement complexe adaptable aux situations changeantes ? Un comportement complexe est un processus dynamique qui a besoin d'un modèle d'auto-organisation, et un code génétique ne peut pas inclure cela. Il ne peut inclure que les éléments de structure nécessaires à ce comportement. Il y a donc une première énigme sur le mécanisme conduisant aux comportements instinctifs complexes.

Une autre énigme concerne les comportements acquis. Des faits établis, comme l'histoire des mésanges décapsuleuses évoquées au chapitre XI, révèlent l'existence d'un mécanisme non local de transmission de savoir-faire.

La psychogénéalogie n'est pas reconnue dans les milieux scientifiques. Elle a cependant accumulé des observations qui méritent aujourd'hui davantage d'attention.

On y constate la répétition de comportements d'aïeux par des descendants qui ne peuvent pas avoir eu une connaissance préalable de ces comportements, parce qu'il n'y a pas eu de contact direct, ni de possibilité de transmission génétique, les ancêtres ayant vécu les évènements concernés après avoir enfanté leur descendance. Toute explication cherchant au niveau de la génétique par la transmission d'ADN ou de la culture par la transmission parlée ou observée échoue rapidement, puisqu'il n'y a aucun lien concret empruntant les circuits de la matière.

Les liens transgénérationnels non génétiques et non culturels étant constatés par l'observation des faits, une recherche ouverte ne peut pas les ignorer.

La modélisation des règles de transmission des influences transgénérationnelles, telle qu'elle est enseignée par certaines écoles, est en revanche contestable, du fait notamment que ces règles ont été établies de manière linéaire, comme un modèle mental sait le faire.

Ceux qui ont établi ces règles ne disent rien du mécanisme suivant lequel se fait la transmission, d'où probablement la méconnaissance de la non-linéarité fondamentale de ce type de phénomène. Un empirisme réducteur soutenu par des statistiques peut établir des modèles qui se vérifient dans la plupart des cas, mais se trompent parfois sans le soupçonner !

Le *champ biotique*, contenant des *in-formations* structurantes holographiques et non locales, explique clairement le processus de transmission intergénérationnelle, en concordance avec les faits observés, et suivant un mécanisme non compatible avec des enchaînements linéaires.

Le modèle organisateur issu de la mémoire familiale avec lequel un organisme se met en résonance s'impose à lui, spontanément. Il n'y a pas aujourd'hui d'éléments suffisants pour dire si cela est lié à une communauté d'ADN ou à autre chose qui se transmet à travers les générations et imprègne la structure. On observe simplement qu'un être humain va adopter préférentiellement des comportements qui ont déjà été manifestés par certains de ses aïeux.

C'est un fait, et cela n'est pas mystérieux.

La mémoire collective, stabilisateur de l'espèce et de l'ensemble du monde vivant

Cette mémoire collective du vivant, avec ses affinités qui la rendent plus ou moins spécifique d'une espèce ou d'un clan, est un facteur de stabilité qui favorise la continuité. Cette continuité sans interruption est une nécessité absolue du maintien de la vie.

L'inertie apparente résultant de cette stabilité portée par la mémoire n'est pas une fixité. Il reste une marge qui permet l'évolution.

Que ce soit à l'échelle individuelle ou collective, l'hypothèse d'une organisation des formes par un champ *d'in-formation* avec le mécanisme de *résonance morphique* et la mémoire cumulative éclaire le paradoxe d'inertie et d'évolutivité, qui s'observe en considérant l'évolution sur de longues périodes.

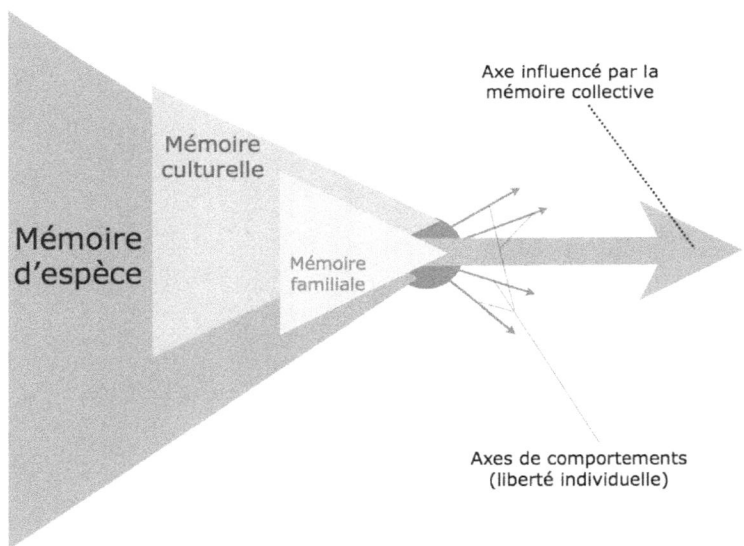

Fig. 28 : Vie individuelle et mémoire collective

Ce qu'exprime une vie individuelle résulte de la liberté créatrice
encadrée par l'énorme pression de la mémoire collective
qui pose le cadre d'un chemin déjà tracé.

XIV - La vie individuelle dans une dynamique triangulaire (en résumé)

La *Dynamique Triangulaire de la Vie* repose sur trois composantes : matière auto-organisable, modèles d'organisation archétypaux de type *attracteurs,* et force indépendante générant un mouvement.

Elle s'applique au processus vivant dans sa globalité, mais également à de nombreux aspects particuliers de ce processus, en particulier l'existence individuelle des êtres vivants.

La vie individuelle entre dans la DTV avec l'organisme (matière auto-organisable), son modèle organisateur (*psycho-pilote*) et une dynamique permanente impulsée par son environnement (*écosystème personnel*).

La relation complexe de l'individu avec son environnement est le moteur de la dynamique générale de la vie.

L'autonomie d'un être vivant ne doit pas faire oublier son appartenance à un système plus vaste, et les facteurs collectifs agissent de manière déterminante sur ce qui lui arrive à titre individuel.

XV - Applications de la DTV

*« La découverte commence avec la conscience d'une anomalie,
c'est-à-dire l'impression que la nature, d'une manière ou d'une
autre, contredit les résultats attendus dans le cadre du
paradigme qui gouverne la science normale. ».*
THOMAS S. KUHN

La *Dynamique Triangulaire de la Vie* est une hypothèse ambitieuse qui apporte un éclairage pertinent sur toutes les manifestations du monde vivant.

Elle propose un mécanisme explicatif qui démystifie la plupart des phénomènes énigmatiques. Son objectif est de décrire un processus dynamique qui s'applique à tout ce qui vit, afin de comprendre comment se déroulent les phénomènes, sans la finalité sous-jacente que donnent généralement les approches spiritualistes et sans spéculer sur le pourquoi les choses se passent ainsi.

C'est une attitude pragmatique, qui retient le modèle le plus probable à la lumière des connaissances actuelles. Le modèle descriptif proposé est rigoureux, cohérent et ouvert, là où le flou laisse généralement la place aux spéculations les plus diverses.

Comme tout pragmatisme, la DTV ouvre la voie à de nombreuses applications. Celles-ci peuvent débousoler au premier regard, car elles remettent en cause des faits ou des explications qui semblent établis ou en reconnaissent d'autres qui sont le plus souvent niés.

Cependant, en considérant cela de plus près et en toute objectivité, nous remarquerons que ce ne sont pas les faits qui sont rejetés par cette nouvelle approche, mais des interprétations dogmatiques qui sont passées à l'usage par habitude. Ce ne sont pas des phénomènes étranges imaginaires qui sont relatés, mais des phénomènes réellement observés et transcrits par observateurs dignes de foi.

Nous remarquerons aussi que la DTV élargit le cadre explicatif afin d'intégrer ce qui est expliqué par la science actuelle en précisant le pourquoi de ces explications, tout en ouvrant un espace plus grand qui intègre aussi l'inexpliqué.

1. Des applications multiples

♦ L'être humain global comme on ne l'a jamais décrit

Un organisme dont la dynamique repose sur trois pôles

Une première application est une description innovante de l'organisme humain avec :

– Un corps moléculaire, bien connu de la médecine.

– Un véritable *corps hydrique,* dans lequel l'eau prend sa véritable dimension au cœur du processus vivant, comme récepteur et diffuseur de l'information qui donne la forme.

– Un *corps vibratoire,* bien connu des médecines traditionnelles, dont la réalité matérielle prend forme dans les phénomènes électriques et électromagnétiques liés au processus vivant.

Les trois sont unifiés dans un même *appareil fonctionnel systémique,* dont la cohérence est plus proche de la cellule que des organes.

Un psychisme à trois étages

Le psychisme occupe une autre place majeure dans le fonctionnement global. Sa nature profonde peut être assimilée à un système d'*attracteurs* qui porte les modèles de fonctionnement du corps (avec le *psycho-pilote végétatif* commun à tous les êtres vivants), et du psychisme au sens plus classique qui se manifeste à travers le cerveau.

* Le *psycho-pilote végétatif* est une extension du système nerveux végétatif classiquement décrit par la biologie. Il élargit sa fonction en modèle organisateur de la structure, des fonctions et des comportements de survie. Il agit comme un pilote automatique qui dispose de nombreux programmes adaptables aux diverses situations connues.

C'est un concept réellement innovant pour éclairer les mécanismes mystérieux de la biologie (comme la cicatrisation) et comprendre comment l'unité fonctionnelle reste cohérente suivant un modèle à la fois stable et évolutif.

Son action organisatrice du corps d'un côté, et de l'autre sa pleine appartenance à l'ensemble du psychisme ouvrent une porte pour mieux comprendre les effets psychosomatiques, c'est-à-dire le fait que des phénomènes psychiques puissent entraîner de véritables changements organiques dans le corps.

* Au-delà de ce *psycho-pilote végétatif*, le psychisme comporte deux autres étages, bien distincts :
– L'un est comportemental, de fonctionnement automatique et inconscient, acquis par l'expérience et l'apprentissage chez les animaux dès qu'apparaît le système limbique.
– L'autre est cognitif, lié au développement du cerveau avec l'apparition de la conscience de soi, qui permet de mettre ses actions en scène par la pensée dans une représentation mentale maîtrisée, avant de choisir ou non de les accomplir. Après quelques prémices chez les primates, ce potentiel se développe pleinement avec le cerveau cortical des humains.

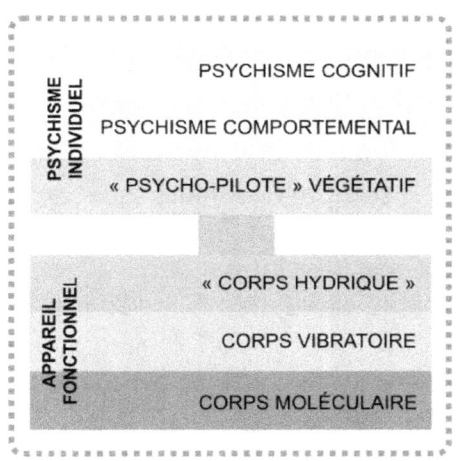

Fig. 29 : Organisation de l'organisme et du psychisme d'un être humain

La distinction au niveau du *psychisme cognitif* d'une fonction rationnelle et d'une fonction intuitive est la clef de bien des mystères de la nature humaine.
– Le *mental rationnel* représente le monde dans une modélisation interne pour faire des simulations qui seront ou non exportées en actions. C'est une faculté d'action, de personnalisation, de jugement, de transmission, mais pas de connaissance véritable.
– Le *mental intuitif* perçoit directement les *archétypes*, de manière abstraite, dans l'acuité du présent. Ce que nous en connaissons est la représentation, plus stable dans le temps, qui se fait ensuite dans l'appropriation par *mental rationnel*, avec notre mémoire personnelle

et notre raison, d'où les inévitables déviations par rapport à la réalité première qui était à la source.

Cette fonction intuitive est la véritable faculté de connaissance, capable d'apporter spontanément ce qui n'est pas encore connu.

Elle est distincte des émotions avec lesquelles elle est souvent amalgamée, du fait que la perception intuitive sur un psychisme confus est fortement génératrice d'émotions.

Dans la continuité de ce point de vue, le *psychisme transpersonnel*, avec tous les phénomènes étranges qui lui sont associés, n'a rien de surnaturel. C'est tout simplement un potentiel spontané de la faculté intuitive ou son développement structuré et cohérent par un travail intérieur.

L'organisation de l'être humain suivant ce modèle fait l'objet d'un autre ouvrage[22]. Seule sera évoquée ici, à titre d'exemple, une réflexion sur la pensée et l'intuition (paragraphe 2 de ce chapitre).

Un écosystème qui fait partie intégrante de l'être

Mêmes en prenant en compte tous leurs aspects, l'organisme matériel et le psychisme ne suffisent pas à définir et à comprendre un être humain. L'ensemble de ses interactions avec son environnement constitue un véritable *écosystème personnel*, dont le rôle est déterminant, au point que si l'on isolait son organisme et son psychisme de ces interactions, l'être ne survivrait pas !

Prendre en compte cet *écosystème personnel* comme un pôle constitutif à part entière dans une dynamique en triangle ouvre une vision résolument globale sur la véritable nature humaine : un organisme de matière complexe piloté par un psychisme complexe en mouvement permanent dans un écosystème complexe. L'ensemble permet un fonctionnement spontanément favorable à sa propre continuité et à celle de l'ensemble auquel il appartient.

♦ Santé vivante, une approche globale et systémique de la santé

La DTV ouvre des applications importantes dans le domaine de la santé et du soin. L'approche n'est ni centrée sur un matérialisme mécanique, ni un spiritualisme qui voit tout à travers le sens déterminé de la vie, ni un mauvais compromis entre les deux. Elle s'appuie sur un fonctionnement pleinement vivant dans lequel le corps, le psychisme

---

[22] *L'homme holosystémique – La dynamique triangulaire de l'être humain*

et l'environnement (plus précisément l'*écosystème personnel*) sont les trois pôles d'une dynamique triangulaire. C'est pourquoi j'ai retenu le terme de *Santé Vivante°*. Ce terme a été déposé en tant que marque pour qu'il puisse porter en lui-même le concept original de la santé *holosystémique* et pour qu'il ne soit pas utilisé à d'autres fins pouvant induire la confusion.

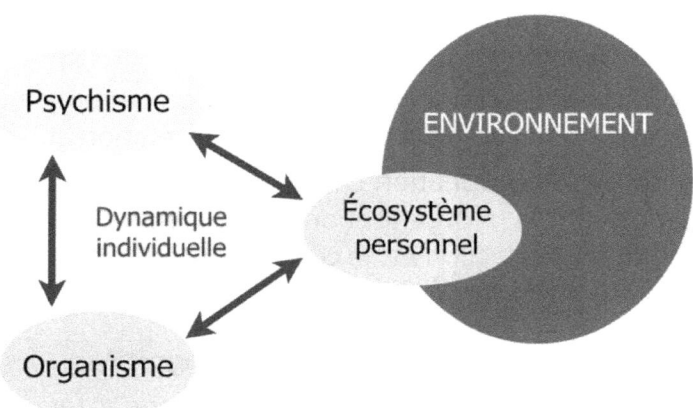

Fig. 30 : la dynamique individuelle de l'être humain
au cœur du concept Santé Vivante ®

Dans cette approche, les maladies ne sont plus analysées comme un enchaînement linéaire de causes et d'effets. Elles sont considérées comme une adaptation complexe dans un système multifactoriel.

Le psychosomatisme n'est ni une fable, ni la cause de tout : il est l'un des côtés du triangle. Tous les aspects actuels de la médecine, aussi bien conventionnels qu'alternatifs, ne s'opposent plus, ils trouvent chacun leur place à des niveaux différents de la dynamique générale.

La vision *holosystémique* permet d'englober sans raccords grossiers et sans compromis la globalité du processus vivant qui se manifeste dans la santé, dans toutes les maladies et dans toutes les guérisons.

Ce vaste sujet fait aussi l'objet d'un autre ouvrage[23].

---

[23] *Santé vivante : stratégies innovantes et pragmatiques face aux maladie chroniques pour une santé durable*

2. Intuition, pensée, attraction

♦ Organisation triangulaire du psychisme

Les trois pôles de la DTV se retrouvent au niveau du psychisme : la structure nerveuse qui est le siège indispensable de son activité, les modèles organisateurs qui donnent une forme spontanément cohérente à ses perceptions et ses actions, et le contexte dynamique dans lequel tout cela s'opère. C'est l'organisation triangulaire générale des processus vivants.

Sous l'angle plus restreint de son fonctionnement, une autre dynamique apparaît avec la perception, l'interprétation et l'action.

La perception est l'appropriation d'un signal provenant de l'extérieur, l'interprétation est la réorganisation de la représentation interne intégrant ce signal, et l'action est le comportement qui en résulte pour répondre à la situation.

♦ Organisation à deux faces du psychisme cognitif

Le *psychisme cognitif* permet de connaître le monde extérieur (et aussi intérieur) par une représentation interne, virtuelle, distincte du sujet qui peut se placer en observateur conscient. Cette connaissance représentative permet la mise en œuvre de comportements adéquats dans des situations complexes, quand le simple mode réactif est insuffisant. Elle permet aussi d'anticiper certains évènements pour ajuster les comportements.

Cette fonction mentale consciente est à deux faces. D'un côté, elle fonctionne sur le mode intuitif, permettant une connaissance immédiate et spontanée, comme une perception. De l'autre, elle opère sur un mode constructif qui permet par la pensée de s'approprier la représentation, de mener un raisonnement dans le cadre de cette représentation et d'élaborer une action.

Ces deux pôles, que l'on attribue de manière approximative au cerveau droit (intuitif) et au cerveau gauche (constructif), présentent une analogie avec les modes perceptif et actif déjà décrits. Cela suppose donc un troisième qui relie les deux, comme l'interprétation fait le lien entre perception et action. Dans la mesure où ce troisième pôle relie déjà des interprétations, sa nature est plus subtile et doit être recherchée du côté de la dynamique qui met l'ensemble en cohérence.

Le mode intuitif

Dans le mode intuitif, la structure portée par le cerveau est en position d'ouverture. Elle capte ce qui peut franchir la porte de cette ouverture, comme une forme s'organise par le champ d'un *attracteur* activé par la nature de ses composants. Il faut bien imaginer que ce n'est pas une simple porte coulissante plus ou moins ouverte, mais un canal très complexe, dans lequel nos croyances, nos attentes, mais aussi notre culture, l'image que nous avons de nous-mêmes et du monde… tissent un filtre très spécifique. Il y a autant de filtres à intuition que d'individus, c'est pourquoi les perceptions intuitives des uns et des autres ne peuvent jamais être exactement les mêmes. Chacun capte des sources différentes et capte différemment une même source d'information !

Ce qui est capté est profondément abstrait, proche d'un *attracteur*, fugace et impalpable en lui-même, avec cependant la capacité de donner une forme s'il y a un support pour la manifester. C'est la raison pour laquelle beaucoup de médiums utilisent un support, de la boule de cristal au thème astrologique, pour mieux capter l'abstraction et lui donner une forme durable.

Le mode constructif

Dans le mode constructif, la capacité organisatrice du support cérébral génère la pensée qui construit de manière virtuelle des formes mentales : une idée ou une stratégie d'action. Dans un premier temps, celle-ci s'organise dans la représentation mentale. Elle peut ensuite se mettre en œuvre ou non, en se comportant comme un « extracteur » qui concrétise la forme virtuelle dans la matière.

À l'inverse du mode intuitif qui se fait attirer par un modèle existant et se situe dans la non-linéarité, le mode constructif produit le modèle et l'exporte, pour générer des formes qui sont organisées dans une logique linéaire. La pensée rationnelle, comme un ordinateur, produit des machines, des discours structurés, des plans hiérarchisés, mais pas des systèmes complexes auto-organisés.

Interdépendance

L'interdépendance entre les deux fonctions mentales est évidente. D'un côté, la connaissance intuitive ne peut rester dans le mental qu'en générant une pensée. De l'autre, un raisonnement ne sait faire qu'une seule chose : recombiner des composants suivant des modèles qu'il a déjà. Il ne crée rien de vraiment neuf. Il ne peut s'enrichir de nouveauté qu'en allant la chercher à l'extérieur, ou en recevant des nouveaux modèles, de nouvelles formes, que l'intuition peut lui apporter.

La perception d'éléments nouveaux ou l'apprentissage mental peut enrichir la matière première avec laquelle la pensée logique construit ses représentations, mais elle ne peut apporter de nouveaux modèles d'organisation de ces constructions. C'est pourquoi les esprits purement rationnels sont des bases de données qui accumulent les informations, et non des intelligences synthétiques qui se les approprient dans un ensemble simplifié et cohérent.

C'est le mental intuitif qui permet cette autre capacité. C'est d'ailleurs souvent un bref éclair qui apporte la solution à un problème sur lequel la pensée logique tourne en rond depuis longtemps. En revanche, c'est la pensée logique qui construira ensuite une mise en forme.

Les êtres que l'on appelle surdoués, capables de percevoir et synthétiser très rapidement les choses, sont avant tout intuitifs. Ils sont en revanche moins doués pour l'action, dont le processus passe par le mental rationnel, capable d'exporter une stratégie précédemment élaborée dans la représentation.

♦ Mode intuitif et attraction

Dans le mode intuitif, le fonctionnement psychique suit le mode de l'attraction. Elle ouvre la porte au champ de mémoire et certaines informations trouvent une place dans l'organisation existante par affinité attractive.

C'est notre positionnement interne face à la situation qui permet le contact avec des informations capables de résoudre un problème en cours. Nous pouvons aussi entrer en résonance avec le champ d'attraction de certaines personnes ou de certaines dynamiques, et favoriser des rencontres ou des évènements.

L'attitude intérieure choisie crée un paysage d'attraction dans lequel nous sommes directement impliqués et guidés intuitivement vers ce qui résonne le mieux avec notre choix.

Le positionnement interne conscient, lorsqu'il est intensément vécu, est fortement générateur d'émotions. C'est pourquoi les propagateurs de la « loi d'attraction » affirment que les émotions sont importantes pour déclencher un phénomène attractif.

Dans l'intuition, comme dans la vie, nous ne choisissons pas ce qui nous arrive (rencontre, accident...). En revanche, nous recevons ce qui résonne le mieux avec notre positionnement interne, dans le cadre d'un fonctionnement collectif dont la priorité est toujours la stabilité de l'ensemble.

♦ Mode constructif et pensée programmante

Dans le mode constructif, porté par le mental rationnel, le fonctionnement psychique suit un mode affirmatif, qui exporte une production interne. Nous pouvons activer la pensée de manière « positive » ou « négative », selon les effets du programme qu'elle met en œuvre.

La pensée est analogue à un modèle d'organisation. Une fois émise, elle se comporte vis-à-vis du monde comme un *attracteur* dont la source n'est plus le *champ biotique*, mais le psychisme personnel du penseur. Elle est prévue pour mettre en forme une action et lui donner une structure. En émettant ainsi des *attracteurs personnels*, nous privilégions de manière nominative et précise la manière dont le monde va s'organiser autour de nous. Cela crée une attraction, à l'extérieur de nous, qui favorise également des rencontres et des évènements, mais suivant un processus différent.

Dans ce cas, nous ne nous laissons pas attirer par une situation existante, nous attirons à nous les éléments permettant de créer une situation nouvelle. Cela se fait en bousculant la globalité du système qui doit s'adapter à cette nouvelle donnée et apporter la meilleure réponse. Une réponse capable de s'intégrer dans le fonctionnement global, au prix parfois d'une déstabilisation de celui-ci.

La pensée, ainsi que l'action, sont des moyens par lesquels nous pouvons exercer concrètement notre pouvoir créateur, pour apporter notre couleur personnelle au monde qui nous entoure.

♦ Deux outils complémentaires

Nous utilisons en permanence ces deux modes de fonctionnement complémentaires, le plus souvent de manière automatique et confuse. Généralement il y a prédominance spontanée de l'un sur l'autre. Nous sommes plutôt volontaires actifs, ou plutôt perceptifs sensibles.

Un usage plus conscient de l'attraction et de la pensée « positive » est un atout majeur pour occuper pleinement notre place dans notre environnement et participer activement à ce qui nous arrive.

3. Réincarnation et le karma

La question des vies antérieures est différente de la transmission intergénérationnelle déjà évoquée. La réincarnation est très présente dans les traditions orientales et occidentales, largement diffusée par le mouvement *New Age*, et absente de la tradition amérindienne, qui ne reconnaît que l'influence des ancêtres.

Que l'on y croie ou non, certaines observations et expériences effectuées dans un cadre rigoureux montrent des choses troublantes à ce sujet. L'hypothèse de la transmigration des âmes est une explication, la plus facile à comprendre pour notre mental linéaire, mais ce n'est pas la seule.

La source extérieure de la mémoire

L'hypothèse du champ d'information qui est un pilier de la DTV indique que les informations qui se réactivent par la mémoire se situent en dehors et non à l'intérieur des organismes.

Les remontées de souvenirs sont donc le résultat d'un captage extérieur rendu possible par une structuration interne capable de faire antenne. Il y a ensuite mise en forme par cette structure, qui actualise l'information pour lui donner une image avec les éléments dont elle dispose.

Ainsi, toute mémoire est collective, accessible à tous les organismes qui ont un lien d'affinité avec ce qui est concerné, qu'ils l'aient eux-mêmes vécu ou non.

La mémoire des vies antérieures

Un être humain, et particulièrement un enfant, peut ainsi capter des faits vécus au cours d'une existence qui n'est pas la sienne et dont il ne peut avoir connaissance par transmission directe, c'est un fait qui a été rigoureusement démontré. Capter une mémoire ne veut cependant pas dire avoir vécu soi-même ce qui est mémorisé. Cela ne l'exclut pas non plus. C'est donc une affaire de croyance personnelle.

Croire ou ne pas croire à la « transmigration des âmes » est indépendant d'un processus de captation de mémoire qui lui, est un simple phénomène observé. Croire en la réincarnation conduit à s'approprier une mémoire sans vérification, et le fonctionnement du psychisme humain fait que nous pouvons nous approprier une histoire qui n'est pas la nôtre. Et plus nous y croyons, plus nous allons trouver des éléments qui vont la conforter !

La loi de cause à effets

On pourrait dire la même chose du karma. Dans un ensemble fonctionnant comme un système complexe, la loi de cause à effet est évidente, mais pourquoi serait-elle linéaire ? Un événement survient quand une synergie de conditions le fait surgir, et il se manifeste par l'auto-organisation d'un ensemble sous l'influence d'un modèle organisateur qui appartient à la mémoire commune.

Expliquer le douloureux problème des malformations congénitales ou des maladies infantiles avec une logique de réincarnation et de karma est simpliste, rassurant et déresponsabilisant pour l'entourage. Considérer ce qui émerge comme l'évolution d'une dynamique d'ensemble dans laquelle tous les éléments en présence sont concernés est un cadre dans lequel il est également possible d'envisager les processus de cause à effet. Cette autre vision qui sort de la causalité linéaire redonne davantage à chacun sa responsabilité relative sur la survenue d'un phénomène à la fois individuel et collectif, dont la causalité est complexe et inaccessible.

La conception habituelle du karma en a fait un processus linéaire. Or, on sait que les systèmes complexes se comportent de manière non linéaire. Les liens de cause à effet traçant une ligne droite entre les effets et la source qui les a provoqués ne peuvent être aussi simplistes dans un monde complexe ! La continuité évidente d'un processus avec sa source fait que cela se produit souvent, mais la complexité du fonctionnement global du système fait que ce retour ne répond à aucun déterminisme.

L'individu est moins important que le collectif et ce qui se passe pour un individu est le résultat du comportement de l'ensemble auquel il appartient et de la place qu'il occupe dans cet ensemble.

4. Une clef générale de compréhension des phénomènes vivants pour une action pragmatique

Ce sont quelques exemples d'applications explicatives ou pratiques de la DTV. Il y en a d'autres.

Dans toute situation, cette approche permet d'ouvrir son regard sur les parts respectives de la forme (structure ou comportement), du modèle organisateur, et du contexte qui les anime.

Elle offre une plus grande lucidité et de meilleures capacités à résoudre les problèmes, plus particulièrement ceux qui se répètent et ne trouvent pas de solution.

Nous pensons généralement qu'il faut connaître la cause pour trouver la solution, et cela nous rend très impuissant quand la cause nous échappe, ce qui est le cas de nombreux phénomènes complexes.

En considérant la dynamique ternaire d'une situation, il est plus aisé d'évaluer les différentes possibilités d'action pour la faire évoluer, que nous connaissions ou non les véritables causes du problème.

Conclusion

Imaginant la situation fictive de me retrouver face à un dignitaire de l'Académie des Sciences ayant lu mon ouvrage, je l'entends me faire deux remarques :

– Qui êtes-vous pour oser remettre en cause des fondements scientifiques qui se confirment depuis plus d'un siècle et proposer une telle hypothèse ?

– Comment pouvez-vous affirmer des principes sans aucune preuve réfutable ? C'est de la spéculation philosophique et cela n'a aucune place dans le débat scientifique.

Après ces deux gifles, je me retrouve face à lui avec deux solutions : m'excuser et me retirer humblement en reconnaissant que j'ai voulu jouer dans une cour qui n'est pas la mienne, ou lui répondre.

Il y a en effet une réponse à chacune de ces deux remarques :

1. Effectivement, n'ayant qu'une classique formation universitaire et aucun pedigree reconnu par la communauté scientifique, je suis un amateur qui n'est pas invité à jouer dans cette cour. D'ailleurs ce n'est pas ma prétention. Je m'inspire simplement du chemin déjà tracé par ERWIN LASZLO et JEAN STAUNE, en associant une démarche de type journalistique avec un esprit résolument transdisciplinaire pour prendre suffisamment de recul et envisager une hypothèse globale explicative du tout. Je me permets d'aller un plus loin qu'eux dans la globalité, car personne à ce jour, à ma connaissance, n'a relié de manière aussi aboutie les trois courants fondamentaux que je conjugue dans mon hypothèse.

Il me semble évident que plus on se spécialise, plus il est difficile de conserver une vision globale. La science académique a tellement fermé le cercle de ceux qui peuvent y officier, et il y a de tels intérêts (en termes économiques et de carrières) qu'il est devenu impossible que la remise en cause vienne de l'intérieur.

Alors c'est d'accord, je ne me situe pas dans le domaine de la science mais celui de la philosophie scientifique, et je fais une simple proposition, autour de laquelle je suis prêt à débattre.

2 S'interdire les principes non réfutables est un enfermement que la science matérialiste a choisi, ce qui est un choix, pas une nécessité. Un choix qui devient d'ailleurs dogmatique quand il rejette avant même de discuter ce qui le remet en cause. Le choix de la science

actuelle revient, pour citer la métaphore de Jacqueline Bousquet à essayer de comprendre l'image qui passe à la télévision en démontant le téléviseur et en étudiant toutes ses pièces. Cela paraît tellement ridicule que l'on n'imagine pas que ce soit possible. Et pourtant nous n'en sommes pas loin !

Les voix qui s'élèvent sont de plus en plus nombreuses pour dire que le paradigme de la science matérialiste est un enfermement limitatif et que la prochaine révolution scientifique le replacera dans un contexte plus restreint, comme les travaux d'Einstein ont pris le dessus sur ceux de Newton en les limitant à leur domaine d'application.

La science matérialiste a fait un travail fabuleux, dont les résultats sont à jamais précieux. Face à son incapacité à comprendre la vie, il faudra tôt ou tard qu'elle accepte que son domaine d'application se réduise à la matière inerte et à certains processus du monde vivant. En aucun cas ce domaine réduit ne peut comprendre la globalité de la vie.

Je ne prétends pas inventer un nouveau paradigme, je ne fais que rassembler et relier les propositions de ceux qui ont eu les compétences d'en poser les fondements dans leur domaine (approche systémique, champ d'information, constructivisme).

Je ne rejette pas la science matérialiste, je pense simplement que dans le secteur de la biologie, son domaine d'application est plus restreint que la globalité qu'elle prétend expliquer.

Je ne rejette pas les connaissances des traditions spirituelles, elles sont particulièrement éclairantes, je refuse simplement le déterminisme sous-jacent qu'elles contiennent et qui limite la part de création des êtres vivants, et des humains en particulier, dans notre monde.

L'approche *holosystémique* que je propose intègre les valeurs de l'un et l'autre, sans faire de compromis, simplement en ajoutant un troisième principe qui dynamise l'ensemble.

Faut-il être un scientifique ou un philosophe reconnu pour se prononcer sur ces questions ?

Le seul secteur dans lequel je peux prétendre avoir quelques compétences (formation universitaire et pratique professionnelle) est celui de la biologie médicale et de la santé dite « naturelle ». Cela est très loin de mon hypothèse, et c'est sans doute ce contexte qui m'a permis d'avoir le recul suffisant pour relier des domaines de connaissance aussi différents, dans un pragmatisme qui nous concerne tous, puisque au bout de tout cela il y a la santé et la maladie ou plus globalement le bien-être.

C'est d'ailleurs en cherchant des explications aux différentes énigmes rencontrées dans le domaine de la santé, notamment la relation entre corps et psychisme, que j'ai tiré progressivement les fils de tout ce qui constitue la *Dynamique Triangulaire de la Vie*.

La synthèse entre ces trois principes est devenue une évidence dans la mesure où j'ai appris depuis longtemps que la dualité ne peut créer que du conflit ou de l'équilibre par compromis, alors que la triade crée une dynamique qui peut se stabiliser dans le mouvement, et évoluer. Dans le domaine de la vie, la dualité matière esprit n'a jamais trouvé de réconciliation dans un modèle cohérent.

Présenter cette hypothèse n'a d'autre prétention que de la partager et l'ouvrir à la critique. Dès lors que celle-ci repose sur une rigueur qui se veut ouverte et non dogmatique, j'accepte par avance cette critique et je serai le premier à me réjouir des remises en causes fondées qui l'invalideront, si elle est profondément erronée, ou la corrigeront si elle s'est égarée dans un domaine.

Mon objectif était au départ de mieux comprendre la santé humaine, la maladie, et les moyens de guérison qui existent actuellement.

La Dynamique Triangulaire de la Vie me donne aujourd'hui un éclairage lumineux qui me permet de poser un regard bien plus pertinent sur les diverses situations que je rencontre, et d'être plus utile dans la recherche d'explications et de solutions, plus clair et plus ouvert dans les contenus que j'enseigne.

Sources des hypothèses développées dans la dynamique triangulaire de la vie

La *Dynamique Triangulaire de la Vie* (DTV) est une synthèse élaborée à partir de diverses hypothèses. Certaines ont été développées par des chercheurs occupant le plus souvent une position dissidente dans le monde scientifique, d'autres sont personnelles. Les tableaux suivants récapitulent la part de chacun.

Les apports considérés comme personnels le sont ainsi par le fait que je ne les ai jamais rencontrés chez d'autres auteurs et qu'ils ont émergé de ma réflexion. Cela n'exclut pas, bien entendu, que de telles hypothèses aient pu être déjà formulées. Si tel était le cas, je m'en excuse auprès de leurs auteurs et apporterai les rectificatifs dans toutes les circonstances où cela sera possible.

Assimilation des organismes vivants à des **systèmes complexes**	Hypothèse courante dans la science des systèmes complexes, formulée notamment par FRITJOF CAPRA, EDGAR MORIN ou Hervé P. ZWIRN
Notion d'**attracteur**	EDWARD LORENTZ Notion largement reprise par la théorie du chaos
Existence d'un **champ** non local **d'in-formation** mémorisées sous forme holographique	Hypothèse de DAVID BOHM, largement reprise par E. LASZLO
Relation entre *in-formation* et forme par **résonance morphique**	RUPPERT SHELDRAKE
Assimilation des **attracteurs** à une *in-formation* holographique de type archétypal	*JACQUES B. BOISLEVE*

Rôle actif des êtres vivants dans leur propre développement (**constructivisme**)	JEAN PIAGET
Existence d'une énergie non matérielle (*in-ergie*) à la source du processus vivant	JACQUES B. BOISLEVE
Existence d'une **âme** contenant les *in-formations* structurantes de l'être vivant (*psycho-pilote*) maintenue cohérente par une énergie spécifique non matérielle.	JACQUES B. BOISLEVE
Définition du psychisme comme l'intégration dans le système nerveux d'une partie du *psycho-pilote* collectif de l'espèce	JACQUES B. BOISLEVE
Dynamique Triangulaire de la Vie et du processus qui anime chaque être vivant	JACQUES B. BOISLEVE

Table des illustrations

INDEX

Vous pouvez poster un commentaire sur ce livre
sur la page de *La Dynamique Triangulaire de la vie*
sur **www.lulu.com**

ou l'adresser à
holosys@sante-vivante.fr

Actualités et compléments sur ce livre
notamment les schémas en couleurs
sur le site **www.sante-vivante.fr**

Bibliographie

Les ouvrages et articles qui ont contribué à l'élaboration de la *Dynamique Triangulaire de la Vie* sont nombreux. Ne sont cités ici que des livres publiés en français et apportant un éclairage déterminant sur l'un des points de cette thèse.

Sur les systèmes complexes et la dynamique non linéaire

❏ L. VON BERTALANFFY : *Théorie générale des systèmes*
Dunod, 1972 (version originale en 1968)

❏ J. GLEICK : *La Théorie du chaos*
Albin Michel, 1989

❏ I. PRIGOGINE
– *La nouvelle alliance* (avec Isabelle Stengers) – Gallimard, 1979
– *La fin des certitudes : temps, chaos et les lois de la nature* – Odile Jacob, 1996

❏ F. CAPRA : *La toile de la vie*
Éd. du Rocher, 2003

❏ E. MORIN : *Introduction à la pensée complexe*
Seuil, 2005 (première version en 1990 chez ESF éditeurs)

❏ H.P. ZWIRN : *Les systèmes complexes : mathématiques et biologie*
Odile Jacob, 2007

Sur les champs morphiques et l'*in-formation*

❏ H. PRAT : *Le champ unitaire en biologie*
Éditions P.U.F., collection La science Vivante, 1964

❏ R. SHELDRAKE :
– *Une nouvelle science de la vie*, Édition du rocher (version originale parue en 1981)
– La mémoire de l'univers, Édition du rocher (1988)

❏ E. LASZLO : *Science et champ akashique*
Éditions Ariane, collection science et holisme, 2005 (version originale parue en 2004)

❏ L. MC TAGGART : *L'univers informé*
Éditions Ariane, collection science et holisme, 2005

Sur l'évolution

❏ J. PIAGET : *le comportement moteur de l'évolution*
Gallimard, collection Idées, 1976

❏ J. STAUNE : *Notre existence a-t-elle un sens ?*
Éd. Presses de la renaissance, 2007

Sur la biologie

❏ H. LABORIT : *Éloge de la fuite*
Robert Laffont, 1976

❏ B. LIPTON : Biologie *des Croyances*
Ariane, collection Médecine du futur, 2006
Édition originale : *The Biology of Belief*, USA, 2005

Approches globales de la vie

❏ J.P. GAREL : *Le goût de la vie (Confession d'un ver à soie)*
Diamantel, collection Émergence, 1998

❏ P. MEIER : *Les trois visages de la vie*
Marco Pietteur, collection Résurgence, 1999

❏ J.S. BERGER : *L'énergie, l'information et le vivant :
la trilogie de l'être vivant*
Marco Pietteur, collection Résurgence, 2003

www.ingramcontent.com/pod-product-compliance
Lightning Source LLC
Chambersburg PA
CBHW071411180526
45170CB00001B/59